건 설 계 측 기술시방서

우종태 · 이채규 · 이래철 공저

도서출판 구미서관

머리말

최근 들어 국가의 사회기반시설 확충에 따라 교량, 터널, 다목적댐, 광역상수도, 하천제방, 절토사면, 지하철, 고속철도, 공항시설물, 대형건축물 등 국가 주요 기반 구조물의 건설과 유지관리 대상 시설물이 지속적으로 증가되고 있고, 이에 따라 시공 중 안전대책을 위한 공사계측과 시설물 공용 중의 유지관리계측인 건설계측의 적용이 일반화, 상용화되어 가고 있는 추세에 있다.

건설분야에서의 계측은 크게 공사계측과 유지관리계측으로 구분되며, 공사 중의 공사계측은 주로 설계의 불확정성 요소 등을 보완하고 설계의 타당성을 규명하므로 시공의 안전성과 경제성을 제공하는 반면, 유지관리계측은 이미 완공된 시설물에 대하여 공용 중에 지속적으로 시설물의 안전성 확인과 최적의 유지관리가 되도록 객관적이고 연속적인 자료를 제공하여 효율적이고 경제적인 건설 시설물 유지관리에 기여하는데 목적이 있다.

본 건설계측 기술시방서는 저자들과 한국건설계측협의회 공동으로 2006년부터 건설계측 표준시방서 초안 작성 학술연구 결과물을 바탕으로 2008년 2월 건설교통부에 건설공사 및 유지관리 계측표준시방서(안) 제정을 요청하였으나, 건설계측에 대한 법적규정이 없고 정부의 규제 완화 정책에 따라 건설교통부에서 제정이 보류된 상태에서 2008년 7월 소방방재청의 급경사지 재해예방에 관한 법률이 시행되어 급경사지 계측에 대한 관심이 높아지면서 2016년 6월 급경사지 계측표준시방서 및 해설서가 국민안전처 지침으로 시행되면서 건설계측 실무에 본격적으로 적용되기에 이르렀다.

본 건설계측 기술시방서는 제1편 건설구조물 공사계측, 제2편 건설구조물 유지관리계측, 제3편 급경사지 계측표준시방서 및 해설서로 구성되어 있어 토목공학, 건설시스템공학, 사회환경시스템공학, 토목환경공학, 건설환경공학, 건축공학, 건축학, 자원공학, 암반공학 분야를 전공 하는 전문대학교, 일반대학교, 대학원 학생들과 건설실무 기술자 및 계측 전문업체 기술자들이 건설 계측에 대한 전반적인 이론과 실무를 보다 쉽게 이해하도록 기술되어 있어 건설계측 실무에 큰 도움이 되도록 집필하였다.

본 책자를 집필하는데 많은 도움을 주신 한국건설계측협의회 회원사 여러분께 감사드리며, 더불어 본 책자에 인용한 내용들을 저자분들께 일일이 양해를 구하지 못한 부분이 있다면 깊은 양해를 구하는 바이다.

본 책자는 저자들의 실무경험과 이론을 토대로 나름대로 내용을 알기 쉽게 표현하려고 노력하였으나, 국내외적으로 계측기술의 빠른 발전과 함께 광범위한 부분을 다루다 보니 부족한 부분이 있을 것으로 판단되며, 부족한 부분은 기회가 되는대로 수정 보완하여 건설기술자들이 원하는 좋은 서적이 되도록 노력할 것을 약속드리며, 본 서적을 출판함에 있어 아낌없는 성원을 해주신 구미서관 대표님과 편집부 직원 여러분의 노고에 감사드린다.

2020년 1월

공동저자 경복대학교 **우 종 태 교 수**
㈜한국구조물안전연구원 **이 채 규 대 표**
에스큐엔지니어링(주) **이 래 철 대 표**

목 차

PART 01 건설구조물 공사계측

PART 01 건설구조물 공사계측 1

CHAPTER 01 총칙 ···· 3

1. 일반사항 ···· 3
   - 1.1 적용범위 ···· 3
   - 1.2 용어정의 ···· 3
   - 1.3 관련 규정 ···· 21
   - 1.4 계측의 분류 ···· 23
   - 1.5 계측계획의 수립 ···· 24
   - 1.6 계측단면의 선정 ···· 27
   - 1.7 계측항목의 선정 ···· 28
   - 1.8 계측기기의 선정 ···· 28
   - 1.9 계측기기의 배치 ···· 29
   - 1.10 제출물 ···· 30
2. 재료 ···· 32
   - 2.1 계측시스템의 구성 ···· 32
   - 2.2 계측기기 ···· 32
   - 2.3 계측 자료 획득시스템 ···· 34
   - 2.4 정적계측 자료 수집 장치(Static data logger) ···· 34
   - 2.5 동적계측 자료 수집 장치(Dynamic data logger) ···· 35
   - 2.6 계측 자료 전송 방법 ···· 35
   - 2.7 전원차단기 ···· 36
   - 2.8 전압안정기 ···· 36
   - 2.9 무정전 전원 공급 장치 ···· 36
   - 2.10 항온 항습장치 ···· 36
   - 2.11 보호함 ···· 36
   - 2.12 잡신호 필터 ···· 36
   - 2.13 접지설비 ···· 37
   - 2.14 운영 프로그램 ···· 37
   - 2.15 경보 전파 ···· 38

contents

3. 시공 ···· 38
3.1 계측기기의 설치 준비 ···· 38
3.2 계측기기별 설치 방법 ···· 39
3.3 계측기기의 보호 ···· 46
3.4 계측 자료 전송 케이블 설치 ···· 46
3.5 계측시스템 설치에 따른 검사 및 시험 ···· 48
3.6 계측의 수행 ···· 48
3.7 계측빈도 ···· 49
3.8 계측 기간 ···· 49
3.9 계측결과의 정리 및 분석 ···· 50
3.10 계측관리 기준 ···· 51
3.11 계측 결과 보고 ···· 52
3.12 계측기기의 관리 ···· 52
3.13 계측기기 및 계측시스템의 보정 ···· 53
3.14 계측시스템의 운용 ···· 53
3.15 직영관리체계의 기술지도와 관리 ···· 54

CHAPTER 02 연약지반 공사계측 ···· 55

1. 일반사항 ···· 55
1.1 적용범위 ···· 55
1.2 계측계획의 수립 ···· 55
1.3 계측단면의 선정 ···· 55
1.4 계측항목의 선정 ···· 56
1.5 계측기기의 배치 ···· 56

2. 재료 ···· 56
2.1 계측시스템 선정 ···· 56

3. 시공 ···· 57
3.1 계측기기의 설치 ···· 57
3.2 계측의 수행 ···· 57
3.3 계측빈도 ···· 59

3.4 계측 기간 ······ 59
3.5 계측결과의 정리 및 분석 ······ 60
3.6 계측결과의 활용 ······ 60

CHAPTER 03 **비탈면깍기 공사계측** ······ 61

1. 일반사항 ······ 61
1.1 적용범위 ······ 61
1.2 계측계획의 수립 ······ 61
1.3 계측단면의 선정 ······ 61
1.4 계측항목의 선정 ······ 62
1.5 계측기기의 배치 ······ 62

2. 재료 ······ 66
2.1 계측시스템 선정 ······ 66
2.2 계측기기의 정밀도 ······ 66

3. 시공 ······ 66
3.1 계측기기의 설치 ······ 66
3.2 계측빈도 ······ 67
3.3 계측 기간 ······ 69
3.4 계측관리 기준 ······ 69

CHAPTER 04 **기초공사 계측** ······ 71

1. 일반사항 ······ 71
1.1 적용범위 ······ 71
1.2 계측계획의 수립 ······ 71
1.3 계측항목의 선정 ······ 72
1.4 계측기기의 배치 ······ 73
1.5 제출물 ······ 74

2. 재료 ······ 75
2.1 계측기기의 선정 ······ 75

contents

2.2 말뚝의 동재하시험장치 ... 75
2.3 말뚝의 정재하시험장치 ... 75
2.4 현장타설콘크리트 말뚝 건전도 검사 ... 76

3. 시공 ... 76

3.1 계측기기의 설치 ... 76
3.2 계측기기의 보정 ... 77
3.3 계측시스템 설치에 따른 검사 및 시험 ... 77
3.4 계측기기의 보호 ... 78
3.5 계측의 수행 ... 78
3.5.4 수평재하시험 ... 80
3.6 계측빈도 ... 81
3.7 계측결과의 정리 및 분석 ... 82
3.8 계측관리 기준 ... 83

CHAPTER 05 콘크리트타설 공사계측 ... 85

1. 일반사항 ... 85

1.1 적용범위 ... 85
1.2 계측계획의 수립 ... 85
1.3 계측단면의 선정 ... 85
1.4 계측항목의 선정 ... 86
1.5 계측기기의 배치 ... 86
1.6 계측기기의 선정 ... 86
1.7 제출물 ... 86

2. 재료 ... 86

2.1 계측시스템 선정 ... 86

3. 시공 ... 87

3.1 계측기기의 설치 ... 87
3.2 계측기기의 보호 ... 87
3.3 계측기기의 관리 ... 87
3.4 계측의 수행 ... 87

3.5 계측빈도 ········ 87
3.6 계측 기간 ········ 88
3.7 계측결과의 정리 및 분석 ········ 88
3.8 계측관리 기준 ········ 88

CHAPTER 06 **상하수도 공사계측** ········ 89

1. 일반사항 ········ 89
1.1 적용범위 ········ 89
1.2 계측계획의 수립 ········ 89
1.3 계측항목의 선정 ········ 89
1.4 계측기기의 배치 ········ 90

2. 재료 ········ 91
2.1 계측시스템 선정 ········ 91

3. 시공 ········ 91
3.1 계측기기의 설치 ········ 91
3.2 계측의 수행 ········ 92
3.3 계측빈도 ········ 95
3.4 계측관리 기준 ········ 96

CHAPTER 07 **PSC(Pre-Stressed Concrete) 공사계측** ········ 99

1. 일반사항 ········ 99
1.1 적용범위 ········ 99
1.2 계측계획의 수립 ········ 99
1.3 계측단면의 선정 ········ 100
1.4 계측항목의 선정 ········ 100
1.5 계측기기의 배치 ········ 100
1.6 계측기기의 선정 ········ 100

2. 재료 ········ 101
2.1 계측시스템 선정 ········ 101

3. 시공 …… 101
3.1 계측기기의 설치 …… 101
3.2 계측기기의 관리 …… 101
3.3 계측의 수행 …… 101
3.4 계측결과의 정리 및 분석 …… 102
3.5 계측관리 기준 …… 102

CHAPTER 08 포장 공사계측 …… 103

1. 일반사항 …… 103
1.1 적용범위 …… 103
1.2 계측계획의 수립 …… 103
1.3 계측단면의 선정 …… 103
1.4 계측항목의 선정 …… 103
1.5 계측기기의 배치 …… 104

2. 재료 …… 104
2.1 계측기기 …… 104

3. 시공 …… 105
3.1 계측기기의 설치 …… 105
3.2 계측빈도 …… 105
3.3 계측관리 기준 …… 106

CHAPTER 09 터널 공사계측 …… 109

1. 일반사항 …… 109
1.1 적용범위 …… 109
1.2 계측계획의 수립 …… 109
1.3 계측단면의 선정 …… 109
1.4 계측항목의 선정 …… 110
1.5 계측기기의 배치 …… 110

2. 재료 ······ 114

2.1 계측기기 ······ 114

3. 시공 ······ 115

3.1 계측기기의 설치 ······ 115

3.2 계측의 수행 ······ 116

3.3 계측빈도 ······ 116

3.4 계측결과의 정리 및 분석 ······ 117

3.5 계측관리 기준 ······ 118

CHAPTER 10 댐 공사계측 ······ 119

1. 일반사항 ······ 119

1.1 적용범위 ······ 119

1.2 계측계획의 수립 ······ 119

1.3 계측단면의 선정 ······ 119

1.4 계측항목의 선정 ······ 120

1.5 계측기기의 배치 ······ 120

1.6 계측기기의 선정 ······ 122

2. 재료 ······ 122

2.1 계측시스템 선정 ······ 122

3. 시공 ······ 122

3.1 계측기기의 설치 ······ 122

3.2 계측기기의 보호 ······ 123

3.3 계측빈도 ······ 123

3.4 계측결과의 정리 및 분석 ······ 124

3.5 계측관리 기준 ······ 125

CHAPTER 11 하천제방 공사계측 ······ 127

1. 일반사항 ······ 127

1.1 적용범위 ······ 127

1.2 계측계획의 수립 ······ 127
1.3 계측단면의 선정 ······ 127
1.4 계측항목의 선정 ······ 127
1.5 계측기기의 배치 ······ 127

2. 재료 ······ 128

2.1 계측시스템 선정 ······ 128

3. 시공 ······ 128

3.1 계측기기의 설치 ······ 128
3.2 계측시스템 설치에 따른 검사 및 시험 ······ 128
3.3 계측빈도 ······ 128
3.4 계측결과의 정리 및 분석 ······ 129
3.5 계측관리 기준 ······ 130

CHAPTER 12 항만 공사계측 ······ 131

1. 일반사항 ······ 131

1.1 적용범위 ······ 131
1.2 계측계획의 수립 ······ 131
1.3 계측단면의 선정 ······ 132
1.4 계측항목의 선정 ······ 132
1.5 계측기기의 배치 ······ 134

2. 재료 ······ 134

2.1 계측시스템 선정 ······ 134

3. 시공 ······ 134

3.1 계측기기의 설치 ······ 134
3.2 계측빈도 ······ 135
3.3 계측결과의 정리 및 분석 ······ 136
3.4 계측관리 기준 ······ 136

CHAPTER 13 건축 공사계측 ······ 137

1. 일반사항 ······ 137
1.1 적용범위 ······ 137
1.2 계측계획의 수립 ······ 137
1.3 계측항목의 선정 ······ 137
1.4 계측기기의 배치 ······ 138

2. 재료 ······ 139
2.1 계측시스템 선정 ······ 139

3. 시공 ······ 140
3.1 계측기기의 설치 ······ 140
3.2 계측빈도 ······ 140
3.3 계측결과의 정리 및 분석 ······ 141
3.4 계측관리 기준 ······ 142

CHAPTER 14 지하굴착 공사계측 ······ 143

1. 일반사항 ······ 143
1.1 적용범위 ······ 143
1.2 계측계획의 수립 ······ 143
1.3 계측단면의 선정 ······ 143
1.4 계측항목의 선정 ······ 144
1.5 계측기기의 배치 ······ 144

2. 재료 ······ 144
2.1 계측시스템 선정 ······ 144

3. 시공 ······ 145
3.1 계측기기의 설치 ······ 145
3.2 계측기기의 보호 ······ 145
3.3 초기치 계측의 수행 ······ 146
3.4 계측빈도 ······ 146
3.5 계측 기간 ······ 146

3.6 계측관리 기준 ······ 147

CHAPTER 15 발파진동유발 공사계측 ······ 149

1. 일반사항 ······ 149
1.1 적용범위 ······ 149
1.2 계측계획의 수립 ······ 149
1.3 계측항목의 선정 ······ 150
1.4 계측기기의 배치 ······ 150
2. 재료 ······ 150
2.1 계측시스템 선정 ······ 150
3. 시공 ······ 151
3.1 계측기기의 설치 ······ 151
3.2 계측기기의 보정 ······ 152
3.3 계측기기의 관리 ······ 153
3.4 계측의 수행 ······ 153
3.5 계측빈도 ······ 154
3.6 계측결과의 정리 및 분석 ······ 154
3.7 계측관리 기준 ······ 155

CHAPTER 16 가물막이 및 동바리 공사계측 ······ 157

1. 일반사항 ······ 157
1.1 적용범위 ······ 157
1.2 계측계획의 수립 ······ 157
1.3 계측단면의 선정 ······ 158
1.4 계측항목의 선정 ······ 158
1.5 계측기기의 배치 ······ 158
2. 재료 ······ 158
2.1 계측시스템 선정 ······ 158
3. 시공 ······ 159

3.1 계측기기의 설치 159
3.2 계측빈도 159
3.3 계측관리 기준 159

PART 02 건설구조물 유지관리계측 161

CHAPTER 17 연약지반 유지관리계측 163

1. 일반사항 163
1.1 적용범위 163
1.2 계측 대상 선정 163
1.3 계측계획의 수립 164
1.4 계측단면의 선정 164
1.5 계측항목의 선정 164
1.6 계측기기의 배치 164
2. 재료 165
2.1 계측시스템 선정 165
3. 시공 165
3.1 계측기기의 설치 165
3.2 계측결과의 정리 및 분석 165
3.3 계측관리 기준 165
3.4 계측 기간 166

CHAPTER 18 비탈면 및 옹벽(석축) 유지관리계측 167

1. 일반사항 167
1.1 적용범위 167
1.2 계측관리 대상 선정 167
1.3 계측계획의 수립 168
1.4 계측단면의 선정 168

1.5 계측항목의 선정 ··· 168
1.6 계측기기의 배치 ··· 169
1.7 계측기기의 선정 ··· 169

2. 재료 ··· 170
2.1 계측시스템 선정 ··· 170

3. 시공 ··· 170
3.1 계측기기의 설치 ··· 170
3.2 계측빈도 ··· 171
3.3 계측 기간 ··· 172

CHAPTER 19 상수관로 유지관리계측 ··· 173

1. 일반사항 ··· 173
1.1 적용범위 ··· 173
1.2 계측 대상 선정 ··· 173
1.3 계측계획의 수립 ··· 174
1.4 계측단면의 선정 ··· 174
1.5 계측항목의 선정 ··· 174
1.6 계측기기의 배치 ··· 175
1.7 계측기기의 선정 ··· 175

2. 재료 ··· 175
2.1 계측시스템 선정 ··· 175

3. 시공 ··· 176
3.1 계측기기의 설치 ··· 176
3.2 계측빈도 ··· 176
3.3 계측관리 기준 ··· 176

CHAPTER 20 교량 단기 유지관리계측 ··· 177

1. 일반사항 ··· 177
1.1 적용범위 ··· 177

1.2 계측계획의 수립 ········ 177
1.3 계측단면의 선정 ········ 178
1.4 계측기기의 배치 ········ 179
1.5 계측기기의 선정 ········ 179

2. 재료 ········ 179
2.1 계측시스템 선정 ········ 179

3. 시공 ········ 180
3.1 계측기기의 설치 ········ 180
3.2 계측기기의 보호 ········ 181
3.3 자료 전송 케이블 설치 ········ 182
3.4 계측의 수행 ········ 182
3.5 계측결과의 정리 및 분석 ········ 186

CHAPTER 21 교량 장기 유지관리계측 ········ 189

1. 일반사항 ········ 189
1.1 적용범위 ········ 189
1.2 계측 대상 선정 ········ 189
1.3 계측계획의 수립 ········ 190
1.4 계측단면의 선정 ········ 190
1.5 계측항목의 선정 ········ 190
1.6 계측기기의 배치 ········ 192

2. 재료 ········ 193
2.1 계측시스템 선정 ········ 193

3. 시공 ········ 193
3.1 계측기기의 설치 ········ 193
3.2 계측장비의 설치위치 선정 ········ 194

CHAPTER 22 터널 유지관리계측 ········ 195

1. 일반사항 ········ 195

1.1 적용범위 ··· 195
1.2 계측 대상 선정 ··· 195
1.3 계측계획의 수립 ··· 195
1.4 계측단면의 선정 ··· 196
1.5 계측항목의 선정 ··· 196
1.6 계측기기의 배치 ··· 197

2. 재료 ··· 198
2.1 계측시스템 선정 ··· 198

3. 시공 ··· 198
3.1 계측기기의 설치 ··· 198
3.2 계측빈도 ··· 198
3.3 계측관리 기준 ··· 199

CHAPTER 23 댐 유지관리계측 ··· 201

1. 일반사항 ··· 201
1.1 적용범위 ··· 201
1.2 계측 대상 선정 ··· 201
1.3 계측계획의 수립 ··· 201
1.4 계측단면의 선정 ··· 202
1.5 계측항목의 선정 ··· 202
1.6 계측기기의 배치 ··· 202

2. 재료 ··· 204
2.1 계측시스템 선정 ··· 204

3. 시공 ··· 204
3.1 계측기기의 설치 ··· 204
3.2 계측빈도 ··· 205
3.3 계측 기간 ··· 206

CHAPTER 24 하천제방 유지관리계측 ········ 207

1. 일반사항 ········ 207
   1.1 적용범위 ········ 207
   1.2 계측 대상 선정 ········ 207
   1.3 계측계획의 수립 ········ 207
   1.4 계측단면의 선정 ········ 208
   1.5 계측항목의 선정 ········ 208
   1.6 계측기기의 배치 ········ 208
2. 재료 ········ 209
   2.1 계측시스템 선정 ········ 209
3. 시공 ········ 209
   3.1 계측기기의 설치 ········ 209
   3.2 계측빈도 ········ 209
   3.3 계측 기간 ········ 210

CHAPTER 25 항만 유지관리계측 ········ 211

1. 일반사항 ········ 211
   1.1 적용범위 ········ 211
   1.2 계측 대상 선정 ········ 211
   1.3 계측계획의 수립 ········ 211
   1.4 계측단면의 선정 ········ 212
   1.5 계측항목의 선정 ········ 212
   1.6 계측기기의 배치 ········ 212
2. 재료 ········ 213
   2.1 계측시스템 선정 ········ 213
3. 시공 ········ 213
   3.1 계측기기의 설치 ········ 213
   3.2 계측빈도 ········ 214
   3.3 계측결과의 정리 및 분석 ········ 215

CHAPTER 26 건축물 유지관리계측 ········· 217

1. 일반사항 ········· 217
   1.1 적용범위 ········· 217
   1.2 계측 대상 선정 ········· 217
   1.3 계측계획의 수립 ········· 218
   1.4 계측단면의 선정 ········· 218
   1.5 계측항목의 선정 ········· 218
   1.6 계측기기의 배치 ········· 219
2. 재료 ········· 220
   2.1 계측시스템 선정 ········· 220
3. 시공 ········· 220
   3.1 계측기기의 설치 ········· 220
   3.2 계측빈도 ········· 221

PART 03 급경사지 계측표준시방서 및 해설서 223

CHAPTER 27 급경사지 계측표준시방서 ········· 225

1. 일반적 사항 ········· 225
   1.1 목적 ········· 225
   1.2 적용범위 ········· 225
   1.3 용어의 설명 ········· 226
   1.4 계측의 분류 ········· 228
   1.5 계측계획의 수립 ········· 228
   1.6 계측단면의 선정 ········· 229
   1.7 기준점의 선정 ········· 229
   1.8 계측항목의 선정 ········· 229
   1.9 계측기기의 배치 ········· 230

1.10 계측기기의 선정 ······ 230

2. 계측시스템 ······ 231

2.1 계측시스템의 구성 ······ 231
2.2 계측기기의 종류 ······ 231
2.3 계측 데이터 취득시스템 ······ 231
2.4 계측 데이터 통신방법 ······ 232
2.5 전원 차단기 및 전압 안정기 ······ 232
2.6 보호함 ······ 232
2.7 노이즈 필터 ······ 232
2.8 접지설비 ······ 232
2.9 운영시스템 및 프로그램 ······ 232
2.10 정보 전파 ······ 233

3. 설치 및 시공 ······ 233

3.1 계측기기의 설치 ······ 233
3.2 계측기기의 보정 ······ 233
3.3 계측시스템의 보호 ······ 234
3.4 계측 데이터 전송 케이블 설치 ······ 234
3.5 계측시스템 설치에 따른 검사 및 시험 ······ 234
3.6 계측기기의 관리 ······ 234
3.7 계측의 수행 ······ 235
3.8 계측기간 ······ 235
3.9 계측 데이터의 정리 및 분석 ······ 235
3.10 계측관리 기준 ······ 235
3.11 계측 결과 보고 ······ 236
3.12 계측 결과 활용 ······ 236
3.13 기술지도와 관리 ······ 236

4. 관리 감독 및 유지 관리 ······ 237

4.1 관리 감독 ······ 237
4.2 유지 관리 ······ 237

contents

CHAPTER 28 급경사지 계측표준시방서 해설서 ······ 239

1. 설치 및 시공 ······ 239
   1.1 일반사항 ······ 239
   1.2 장치 ······ 250
   1.3 설치 및 시공 ······ 258
2. 공사 중 상시계측 ······ 268
   2.1 일반사항 ······ 268
   2.2 장치 ······ 272
   2.3 설치 및 시공 ······ 273
3. 유지관리 상시계측 ······ 278
   3.1 일반사항 ······ 278
   3.2 장치 ······ 284
   3.3 설치 및 시공 ······ 285

참고사항 ······ 289
참고문헌 ······ 296
찾아보기 ······ 298

PART
01

건설구조물 공사계측

CHAPTER 01 총칙
CHAPTER 02 연약지반 공사계측
CHAPTER 03 비탈면깎기 공사계측
CHAPTER 04 기초 공사계측
CHAPTER 05` 콘크리트타설 공사계측
CHAPTER 06 상하수도관로 공사계측
CHAPTER 07 PSC(Pre-Stressed Concrete) 공사계측
CHAPTER 08 포장 공사계측
CHAPTER 09 터널 공사계측
CHAPTER 10 댐 공사계측
CHAPTER 11 하천제방 공사계측
CHAPTER 12 항만 공사계측
CHAPTER 13 건축 공사계측
CHAPTER 14 지하굴착 공사계측
CHAPTER 15 발파진동유발 공사계측
CHAPTER 16 가물막이 및 동바리 공사계측

CHAPTER

01 총칙

1 일반사항

1.1 적용범위

(1) 본 건설계측 기술시방서는 공사 중인 건설구조물의 안전 및 품질관리와 준공되어 유지관리 되고 있는 건설시설물의 안전관리를 목적으로 실시하는 계측의 계획 및 시행에 대해서 일반적이고 기본적인 내용을 제시하는 것을 목적으로 한다.

1.2 용어정의

(1) 가속도계 : 구조물의 진동을 전기적인 신호로 변환하여 물리량 값을 지시계 또는 자료처리장치에 전송하는 계측기기. 가속도계는 원리에 따라 여러 가지의 형식이 있으며, 현재 일반적으로 많이 사용되는 형식으로는 전기저항식, 서보형식 및 압전형식 등이 있다.

(2) 간접 측정(Indirect measurement) : 측정량과 일정한 관계가 있는 개개의 양에 대해서 측정을 하고 그것으로부터 측정치를 유도해 내는 것이다.

(3) 감도(Sensitivity) : 어떤 계측기가 측정량의 변화에 느끼는 정도. 즉 어떤 측정량에서 지시량변화의 측정량 변화에 대한 비. 감도계수, 흔들림 계수로도 사용. 통상 분해능 (Resolution)과 비슷한 개념으로 사용된다.

(4) 감독자 : 건설기술진흥법 제 49조의 규정에 의한 감독의무를 수행하도록 발주자의 장이 임명한 직원이나 대리인으로 공사계약일반조건 제2조 제3호의 공사감독관. 다만, 건설기술진흥법 제27조의 규정에 의하여 책임감리를 하는 공사에 있어서는 당해 공사의 감리를 수행하는 감리자를 말한다.

(5) 감리자 : 건설기술진흥법 제60조의 규정에 의한 감리전문 회사의 감리자로 등록한 자로서 일정한 자격을 갖추고 감리 전문회사에 종사하면서 책임감리 업무를 수행하는 자를 말한다.

(6) 감쇠(Damping) : 진동의 진폭이 시간적으로 감소하는 것을 말한다.

(7) 감시(Monitoring) : 정확한 동작을 확인하거나, 정확하지 않은 동작을 검출하기 위하여 행하는 시스템(전부 또는 일부)의 운전의 관측. 실제의 감시는 시스템의 하나 이상의 변수를 측정하고, 그 측정값과 정해진 값을 비교함으로써 시행된다.

(8) 검사 : 공사계약 문서에 나타난 시공 등의 단계 및 납품된 공사재료에 대해서 완성품의 품질을 확보하기 위해 계약상대자의 확인검사에 근거하여 검사자가 기성부분 또는 완성품의 품질, 규격, 수량 등을 확인하는 것을 말한다. 그리고, 이 경우에는 계약상대자가 실시한 확인결과 중 대표가 되는 부분을 추출하여 확인 또는 시험할 수 있다.

(9) 검출(Detection) : 측정량을 신호로서 꺼내는 것을 말한다.

(10) 검출기(Detector) 변환기 중 양을 계기 또는 전송기에 전하는 신호로 변환하는 기구 또는 물질을 말한다.

(11) 게이지 기준선(Gauge guide line, gauge guide mark) : 게이지 수감부의 중심 위치·방향 등을 나타내기 위하여 게이지 베이스에 표시된 선 또는 기호를 말한다.

(12) 게이지(Gauge) : 대상의 상태에 관한 측정량을 신호로 변화하는 계의 최초의 요소로서 계측기기에 포함된다.

(13) 게이지 리드(Gauge lead) : 게이지 수감부 또는 게이지 태브에서 뺀 가는 도선을 말한다.

(14) 게이지 율(상수)(Gauge factor) : 접착된 변형 게이지의 게이지 축 방향에 가한 한쪽 축응력으로 인해 발생하는 저항 변화율과 게이지 축 방향의 변형 ε의 비. 계측기기가 표현하는 측정값과 이에 대응하는 힘, 하중, 응력, 변위 및 각도 등과 같은 공학 단위와의 관계에서 산출해 낸 비례상수(기울기)를 뜻하는 것으로 통용되는 계기상수와 같은 의미로 사용하며 측정값을 공학단위로 환산할 때 게이지율을 측정값에 곱하여 환산한다.

(15) 경년변화(Secular change) : 장기의 시간경과에 따라 생기는 계측기 또는 그 요소의 특성변화를 말한다.

(16) 경보(Alarm) : 미리 정한 상태로 되었을 때 그것에 대하여 주의를 환기시키기 위하여 신호를 발생시키는 것 또는 그 기호를 말한다.

(17) 경보전파 : 계측 자료를 분석하여 위험수준에 도달한 경우 이를 알리기 위한 행위를 말한다.

(18) 계기(Measuring instrument, measuring meter, measuring gauge) : 측정량의 값, 물리적 상태 등을 표시, 지시 또는 기록하는 장치. 검출기, 전송기 등을 포함한 기구 전체를 의미한다.

(19) 계약상대자 : 공사계약일반조건 제2조의 계약상대자를 말한다.

(20) 계측 : 특정한 목적을 가지고 사물을 양적으로 받아들이기 위한 방법·수단을 강구하여 실시하고 그 결과를 이용하여 소기의 목적을 달성시키는 것을 말한다.

(21) 계측 자료 전송시스템 : 유선 혹은 무선에 의하여 계측 자료를 전송하기 위한 장치들이다.

(22) 계측 자료 획득시스템 : 계측기기, 스위치박스, 데이터 수집 장치(Data Logger), 기록기 등의 데이터 저장 및 분석을 위한 컴퓨터, 그 밖의 주변기기를 포함한다.

(23) 계측관리 : 계측활동의 체계를 관리하는 것을 말한다.

(24) 계측관리 운용방법 : 수동계측 혹은 자동화 계측 등을 말한다.

(25) 계측기기(Measurement hardware) : 재료의 감지소자에 의해 물리적 에너지를 전기 또는 빛 에너지로 변환하여 자료의 정보처리가 되도록 하는 센서 및 게이지 등을 총괄한다.

(26) 계측시스템 : 계측 자료 획득시스템과 계측 자료 전송시스템을 포함하여 계측에 필요한 모든 장치 및 운용시스템을 말한다.

(27) 계측시행 : 계측기기를 선정, 설치, 계측, 분석 및 보고 등 계측에 관련된 일련된 행위를 말한다.

(28) 계측실(Logging room) : 계측 자료 획득시스템과 데이터 전송시스템을 제어하고 데이터의 저장 및 분석을 하는 공간을 말한다.

(29) 계측용 배관 : 계측 자료 전송을 위한 케이블을 보호할 목적으로 사용하는 파이프이다.

(30) 계측책임기술자 : 계측관리를 전담하는 조직의 책임자를 말한다.

(31) 고유 주파수(Natural frequency) : 제동 변수를 포함하는 2차 선형계의 스텝 응답에 있어서 자연 고유 주파수와 관계를 맺는 겉보기 주파수를 말한다.

(32) 공사계측 : 공사기간중 시공자 및 주변시설물의 안전성을 확보하고, 시설물의 품질 및 초기값을 확보하기 위하여 실시하는 계측을 말한다.

(33) 공사시방서(Project specifications) : 각 사업장별 공사발주 설계서에 첨부되는 시방서로서 당해 공사별로 건설공사를 수행하기 위한 기준으로 계약문서의 일부가 되며 표준시방서와 전문시방서를 기본으로 하여 작성하되 설계도면에 표기하기 곤란한 내용과 당해공사를 하기 위한 재료, 공법, 품질시험 및 검사 등 품질관리, 안전관리계획에 관한 사항을 기술하고 당해 공사 특수성, 지역여건, 공사방법 등을 고려하여 공사별, 공종별로 정하여 시행하는 시공기준을 말한다.

(34) 공인시험기관 : 건술기술진흥법 제25조에 의거하여 건설교통부 장관에게 등록된 품질검사 전문기관, 국·공립시험기관 또는 기술표준원의 한국인정기구(KOLAS) 등을 말한다.

(35) 공칭치(Nominal value) : 표준기 또는 측정기에 주어진 각 눈금상의 값을 말한다.

(36) 과도량 (Overshoot) : 스텝 응답에서 출력신호가 과도적으로 최종치를 넘을 때, 최종치로 부터의 흔들림의 최대량을 말한다.

(37) 과도응답(Transient response) : 입력 신호가 어떤 정상 상태에서 임의의 시간적 변화를 거쳐, 다른 정상상태에 도달했을 때 지시치, 표시치 또는 출력신호가 정상상태에 도달할 때까지의 응답. 임의의 시간적 변화로서는 임펄스, 스텝 등의 변화가 사용된다.

(38) 관리주체 : 시설물을 관리하고 있는 공공기관 및 민간기관을 말한다.

(39) 관측(Observation) : 어떤 사상을 조사하기 위하여 관찰하고 사실을 확인하는 행위를 말한다.

(40) 광섬유 게이지 : 광섬유를 이용한 계측기기. 광섬유 자체가 신호 전달 역할을 하므로 하나의 단일 광섬유를 이용하여 구조물의 여러 부위에서 측정된 정보를 수집, 처리할 수 있는 다중점(Multi-point) 게이지 또는 분포 (Distributed) 게이지로 구현이 가능한 광섬유 게이지를 말한다.

(41) 광학식 게이지(Optical sensor) : 위치검출소자 (PSD: Position Sensitive Device)를 이용하여 반도체의 표면저항을 이용해서 1개의 핀 접합으로 입사광점의 위치를 검출하는 반도체 소자. PSD에는 1축 방향만의 광을 검출하는 1차원 PSD와 각 변위측정에 적합한 1차원 PSD, 평면상의 광점 위치를 검출할 수 있는 2차원 PSD가 있다.

(42) 교정(Calibration) : 표준기, 표준시료 등을 사용하여 계측기가 나타내는 값과 그 참값의 관계를 구하는 것을 말한다.

(43) 구성 요소(Component) : 시스템을 구성하는 최소 기능 단위의 요소를 말한다.

(44) 구성(Configuration) : a) 하드웨어 : 모듈의 선정, 그들의 배치, 상호 접속의 결정 등 시스템 설계의 한 공정 b) 소프트웨어 : 논리 모듈을 사전에 장착한 시스템에 맞추고, 필요로 하는 모듈의 선정, 그들의 적절한 논리 배치로의 할당(보기 제어 루프, 표시 장소 등) 및 그들의 접속. 이 용어는 하드웨어와 소프트웨어에 사용된다.

(45) 국가표준(National standard) : 국가에 의한 공식 결정에 따라 인정된 측정 표준을 말한다.

(46) 국제단위계(ISU ; International System of Units, SI ; System International) : 국제도량형 총회에서 채용되어 권고된 일관된 단위계. 기본단위, 보조단위, 그들로부터 조립되는 조립단위 및 10의 정수승배의 접두어로 이루어진다. 약칭을 SI라 한다.

(47) 국제표준(International standard) : 국제적인 합의에 따라 인정된 측정 표준이다.

(48) 기기(=하드웨어, Hardware) : 특정의 목적이나 기능을 실행하기 위하여 사용하는 기계, 기구, 부품 등을 의미한다.

(49) 기록(Recording) : 측정량의 값, 물리적 상태 등을 나중에 읽을 수 있도록 남기고 표시하는 것을 말한다.

(50) 기록계(Recorder) : 기록계기중 측정량의 값을 기록하는 계기를 말한다.

(51) 기본단위(Base unit) : 채용하는 단위계에서 조립량의 단위이다.

(52) 기본량(Base quantity, Fundamental quantity) : 일정한 이론체계 하에 물리량을 정의하는 경우에 무정의적으로 취해야 할양을 말한다.

(53) 기술시방(Technical specification) : 제품 및 서비스에 관한 품질 수준·성능·안전·치수 등의 각종 특성을 기술한 문서. 기술 시방에는 용어·정의·기호·시험 및 시험 순서, 포장, 표기・표시 등에 관한 필요 사항을 포함할 때가 있다. 또한 법규에 따를 경우도 있다.

(54) 기준오차(Datum error) : 계기를 점검하기 위하여 선정 지정한 눈금치 또는 측정량의 지정한 값에서 그 계기의 오차를 말한다.

(55) 내구성(Durability) : 시스템을 운영할 때 시스템이 외부적인 충격이나 내부에서 발생하는 스트레스에 견딜 수 있는 능력으로 여기에서 스트레스란 시스템의 수명에 영향을 주는 여러 가지 변수(온도, 압력, 전압, 충격)를 말한다.

(56) 내전압(Withstanding voltage) : 기기, 부품 등이 어느 정도의 전압까지 견디는가를 나타내는 값으로 사용전압의 수배이상의 고전압이 가해질 수 있으므로 이런 조건에서 견디는 능력을 평가 또는 보증하기 위한 시험을 말한다.

(57) 노출형 계측기기 : 상시 접근이 가능하도록 설치하는 계측기기를 말한다.

(58) 누수시험(Leak test) : 제품을 수송, 보관, 취급, 사용 또는 기타의 과정 등에서의 환경변화 중에서 특히 물 또는 액체와 관련하여 규정된 조건에 견디는 능력(정도, 상태의결과)을 평가 또는 보증하기 위한 시험을 말한다.

(59) 눈금(Scale) : 양의 크기를 표시하기 위하여 어떤 규칙에 따라 그어진 선 또는 기타 표지의 집합이며 필요에 따라 그 중의 몇 개에 숫자 및 부호를 첨가한 것을 말한다.

(60) 눈금결정(Calibration) : 기준에 따라 측정기의 눈금을 정하는 것. 새로 눈금을 넣을 때는 눈금결정이라 하고, 이미 어떤 눈금의 보정을 구할 때는 교정이라 한다.

(61) 눈금계수(Scale factor) : 측정치를 얻기 위하여 눈금치에 거는 계수를 말한다.

(62) 눈금선(Granduation line, scale mark) : 눈금을 구성하는 선을 말한다.

(63) 눈금의 배율 (Scale factor) : 측정치를 얻기 위하여 눈금치에 거는 배율이다.

(64) 다이알 게이지(Dial Gauge) : 눈금바늘을 이용하여 변위를 측정하는 계측기기이다.

(65) 다중화기(Multiplex) : 하나의 계측 자료 획득시스템이 제공하는 채널 수 보다 많은 계측기기를 측정하기 위해서는 사용하는 장치를 말한다.

(66) 단기계측 : 단기간에 수행하는 계측으로서 크리프나 온도 변화 등이 계측결과에 큰 영향을 받지 않는 계측을 말한다.

(67) 단위(Unit) : 양을 측정하기 위하여 기준으로 사용하는 일정한 크기의 양을 말한다.

(68) 단위계(System of units) : 특정한 1조의 기본단위 및 그와 대응하는 조립단위의 체계. 특별한 경우에는 보조단위를 포함한다.

(69) 데이터 검증 : 사람에 의한 오류, 또는 데이터 전송에서의 오류를 최소로 하기 위하여 보통 기계를 사용하여 데이터의 각인 결과 또는 기록을 다른 것과 대조하는 것을 말한다.

(70) 데이터(Data) : 정보를 표현하는 문자, 혹은 연속적으로 변화 가능한 양 또는 형식을 말한다.

(71) 동적계측, 동적측정(Dynamic measurement) : 변동하는 양의 순간치 측정 및 경우에 따라서는 그 시간적 변동의 측정. 동적이라는 수식어는 측정법에서가 아니라 측정량에 적용된다.

(72) 동적 데이터 수집 장치(Dynamic data logger) : 동적계측의 데이터를 수집하기 위해 사용하는 장치를 말한다.

(73) 동적오차(Dynamic error) : 시간적으로 변화하는 측정량에 대한 계측기의 오차를 말한다.

(74) 동적특성(Dynamic characteristics) : 시간적으로 변화하는 측정량에 대한 계측기의 응답특성을 말한다.

(75) 드리프트(Drift) : 일정한 환경조건하에서 측정량 이외의 영향에 따라 생기는 변화에 대하여 얼마만큼 변하지 않는가의 정도. 수치로 정량적으로 표시할 때는 안정도라 할 수 있다.

(76) 등가 잡음 파워(NEP : Noise Equivalent Power) : 출력잡음 파워의 입력 환산치와 같은 입력 파워. 잡음에 의한 식별한계의 표현이다.

(77) 디바이스(Device) : 소정의 기능을 실행할 수 있는 기기의 요소를 말한다.

(78) 디지털 계기(Digital instrument) : 측정량을 숫자 등을 사용하여 이산적인 값으로 표시하는 계기를 말한다.

(79) 디지털 데이터(Digital data) : 수치 또는 문자로 표현된 데이터를 말한다.

(80) 디지털 필터(Digital filter) : 신호 중의 바람직하지 않은 주파수 성분을 감소시키는 알고리즘을 말한다.

(81) 디지털신호(Digital signal) : 숫자에 대응한 이산적인 상태로 표시한 신호를 말한다.

(82) 로드셀(Load cell) : 가해진 힘에 대하여 어떤 정의된 관계로 신호를 발생하는 기기. 액체압, 공기압, 압전, 탄성, 전자 유도 등, 여러 가지 물리 현상을 이용한 여러 종류의 로드 셀이 있다.

(83) 리드와이어(Lead Wire) : 계측기기와 측정 장비를 연결하는 전선을 말한다.

(84) 매설형 계측기기 : 콘크리트나 지중에 묻히도록 설치하는 계측기기를 말한다.

(85) 면적식 유량계(Variable area flowmeter) : 위를 향하여 벌어지는 원뿔형 수직관을 흐르는 유체 내의 플로트의 위치에 의하여 유속을 검출하는 방식의 유량계를 말한다.

(86) 무선계측 : 계측기기로부터 측정된 결과를 케이블을 통하지 않고 무선으로 전송하여 데이타를 수집하는 계측을 말한다.

(87) 무영향성(Transparency) : 측정량의 값에 영향을 주지 않는 계측기의 성능을 말한다.

(88) 무정전 전원 공급 장치 : 정전 및 단전 발생 시 일정시간 동안 전원을 공급할 수 있는 기기를 말한다.

(89) 물리량(Physical quantity) : 물리학에서 일정한 물리체계 하에서 자원이 확정되고 정해진 단위의 배수로 표시할 수 있는 양을 말한다.

(90) 반복성(Repeatability) : 동일 방법으로 동일한 측정 대상을 같은 조건에서 비교적 짧은 시간에 되풀이하여 측정하는 경우 개개의 측정치가 일치하는 정도. 정량적으로는 그 결과 측정된 측정치의 최대치와 최소치와의 차이의 1/2 로 나타낸다.

(91) 반자동 계측 : 기록지 또는 저장장치에 계측자료를 기록할 때까지를 자동화하고, 그 후의 처리는 별도의 컴퓨터로 실시하는 계측을 말한다.

(92) 발주자 : 구조물의 설계나 시공을 의뢰하는 개인 또는 단체로서, 민간 구조물의 경우에는 건축주, 공공 구조물의 경우에는 발주기관의 장 및 그 법적승계자를 말한다.

(93) 방수 게이지(Water proof strain gauge) : 변형 게이지 표면 및 리드선을 방수성이 있는 플라스틱 등으로 덮고, 피 측정체에 접착하는 것만으로 방수 효과가 있도록 만들어진 변형 게이지를 말한다.

(94) 백분율 오차(Error expressed as a percentage of the fiducial value) : 계측기 오차의 기저치에 대한 비를 백분율로 표시한 것. 혼동될 우려가 없는 경우에는 단순히 오차라고 해도 좋다.

(95) 범위(Range) : 각 계측기기가 측정할 수 있는 범위. 이것을 보통 풀 스케일(full scale), 풀 스팬(full span) 또는 풀 스트록(full stroke)으로 나타내기도 하며, 약어로 FS를 사용한다.

(96) 변위계(Displacement) : 구조물의 처짐 및 변위를 측정하는 계측기기. 변위계측에 이용되는 계측기기의 종류에는 다이얼 게이지(dial gauge), 차동트렌스 게이지(LVDT : Linear Variable Differential Transformer), ring type 변위변환기, 포텐셔미터(potentiometer), 균열 및 신축이음부의 간격변화를 측정하기 위해 간혹 균열계 등이 있다.

(97) 변형률(Strain) : 물체에 있어서 탄성을 보유하는 응력한계를 탄성한계라고 하고 가해진 외력을 제거할 때 없어지는 변형률을 탄성 한계율(elastic strain)이라 하며, 변형량과 원래의 치수와의 비율로서, 즉 단위길이에 대한 변형량으로 변형의 정도를 비교한 것을 변형률이라 하고 단위는 율(ratio) 개념으로 무차원수이지만 100을 곱하여 %로 나타낼 수 있다.

(98) 변환(Signal conversion) : 신호 또는 양을 그것에 대응하는 다른 종류의 신호 혹은 양 또는 같은 종류의 신호 혹은 양으로 바꾸는 것을 말한다.

(99) 변환기(Signal converter, transducer) : 변환하기 위한 기구 또는 물질을 말한다.

(100) 보상(Compensation) : 측정량이외에 양에 근거하는 바람직스럽지 못한 영향을 상쇄하기 위한 대책이다.

(101) 보상기(Compensator) : 보상을 하기 위한 기구를 말한다.

(102) 보상법 (Compensation method) : 측정량에서 그것과 거의 같은 기지량을 빼서 그 차를 측정하여 측정량을 아는 방법을 말한다.

(103) 보정기준(Correction reference) 보정을 할 때에 사용하는 기준 또는 기준값을 말한다.

(104) 보정(Correction) : 보다 참에 가까운 값을 구하기 위하여 판독치 또는 계산치에 어떤 값을 더하는 것 또는 그 값. 치우침의 추정치 부호를 바꾼 것에 상당한다. 보정과 판독치 또는 계산치의 비를 보정율이라 하고, 보정율을 백분율로 나타낸 값을 보정백분율이라 한다. 예상되는 계통오차를 보상하기 위하여 보정전의 측정결과에 곱하는 계수를 보정계수라 한다.

(105) 보조기기, 보조장치(Accessory hardware, Auxiliary devices) : 2차적, 부가적 및 종속적 기능을 가진 기기. A/M(Auto/Manual) 스테이션(자동/수동 조작기), 비율 설정기, 릴레이, 스위치, 기록지 등이 있다.

(106) 보호관(Well) : 검출단을 측정 대상의 영향으로부터 보호하기 위한 관을 말한다.

(107) 보호함 : 계측기기, 계측자료 수집장치를 보호하기 위한 케이스이다.

(108) 분해능(Resolution) : 각 계측기기가 측정할 수 있는 최소 물리량을 나타내며, 계기의 지시량이 얼마나 세밀하게 분리할 수 있는지를 나타내는 해상력으로 전체 측정범위의 백분율로 표시함. 작을수록 좋은 계측기기이다.

(109) 불확실성(Uncertainty) : 측정량의 참값이 존재하는 범위를 나타내는 추정치를 말한다.

(110) 비교측정(Comparison measurement) 같은 종류의 양과 비교하는 측정을 말한다.

(111) 비직선성(Non-linearity) : 계측기기의 입력대비 출력 관계가 이상적인 직선 관계로부터 벗어남의 정도. 비 직선성에서 나타나는 수치가 작은 계측기기일수록 더 신뢰할 수 있는 계측기기라는 의미이다.

(112) 설계도서 : 건설기술진흥법 시행규칙 제14조의 2 제3항에 따라 발주자가 발주한 건설공사의 설계 등 설계용역 업체가 작성한 기본설계, 실시설계도면, 구조계산서, 공사시방서, 부대도면, 기타 관련서류를 말한다.

(113) 세밀성(Fineness) : 측정기의 지시를 얼마만큼 읽을 수 있는가의 정도를 말한다.

(114) 센서(Sensor) : 대상의 상태에 관한 측정량을 신호로 변화하는 계의 최초의 요소로서 계측기기에 포함된다.

(115) 수동 계측 : 조작부를 직접 또는 간접으로 사람이 조작하여 행하는 계측을 말한다.

(116) 수신기(Receiver) : 전송된 신호를 받아 지시, 기록, 경보 등을 하는 기구를 말한다.

(117) 스위치박스 : 측점이 많은 경우 변형 측정기만으로 계측기기와 연결이 불가능할 때 사용하는 일종의 교환기로 스캐너라고도 한다.

(118) 스텝응답(Step response) : 입력신호가 어떤 일정값에서 다른 일정값으로 돌변했을 때의 응답을 말한다.

(119) 승인 : 계약상대자로부터 제출, 계출 등의 방법으로 요청 받은 어떤 사안에 대하여 감독자(또는 감리자)가 그 권한범위 내에서 서면으로 동의한 것을 말한다.

(120) 시운전 시험(Commissioning test) : 기기의 설치 및 작동이 정상임을 증명하기 위하여 현장에서 행하는 시험을 말한다.

(121) 시험환경(Test atmosphere) : 시험 중에 그 대상이 놓여 있는 환경을 말한다.

(122) 식별능(Discrimination) : 측정량이 극히 근접한 2개의 값을 유의한 것으로서 구별하는 측정기의 능력을 말한다.

(123) 식별한계(Discrimination threshold) : 측정기에서 출력에 식별 가능한 변화를 생기게 할 수 있는 입력의 최소치를 말한다.

(124) 신뢰 구간(Confidence interval) : 신뢰한계에 포함되는 구간을 말한다.

(125) 신뢰성(Reliability) : 계측기 또는 그 요소가 규정된 조건의 범위 내에서 규정된 기능과 성능을 비유하는 시간적 안전성을 표시하는 성질 또는 정도를 말한다.

(126) 신호(Signal) : 정보를 전하기 위하여 사용되는 양을 말한다.

(127) 실시 설계도면 : 사업을 실시하기 위해 기본설계 후 시행하는 실시설계 과업에서 요구되는 성과도면 또는 공사를 시행할 때 작성하는 설계서의 기본이 되는 설계도면을 말한다.

(128) 아날로그 계기(Analogue instrument) : 측정량을 연속크기로 표시하는 계기를 말한다.

(129) 아날로그 신호(Analogue signal) : 연속되는 양의 크기로 표시되는 신호를 말한다.

(130) 안전성(안정성) 평가계측 : 공사 중 혹은 유지관리하고 있는 시설물의 안전성 또는 안정성을 평가하기 위하여 실시하는 계측을 말한다.

(131) 안정성(Stability) : 계측기 또는 그 요소의 특성이 시간의 경과 또는 영향량의 변화에 대하여 얼마만큼 변하지 않는가의 정도. 수치로 정량적으로 표시할 때는 안정도라 해도 좋다.

(132) 알고리즘(Algorithm) : 입력 변수로부터 출력 변수가 산출 가능한, 정확히 결정된 유한의 순서를 가진 명령군을 말한다.

(133) 압전식 압력 트랜스듀서(Piezoelectric pressure transducer) : 압력 변화를 받아서 전하를 발생하는 압전 재료를 이용하여 압력을 측정하고, 출력 신호를 발생하는 압력계를 말한다.

(134) 양(Quantity) : 현상, 물체 또는 물질이 가진 속성으로서 정성적으로 구별할 수 있고 또한 정량적을 결정할 수 있는 것을 말한다.

(135) 연산기(Computing unit) : 입력신호에 일정한 연산을 한 출력신호를 얻는 기기를 말한다.

(136) 오차(Error) : 측정치에서 참값을 뺀 값으로서, 오차의 참값에 대한 비율을 오차율이라 한다.

(137) 왜곡률(Distortion factor) : 파형의 왜곡정도를 나타내는 것으로 고조파 실효치가 기본파의 실효치에 대한 비 즉 고조파의 실효치 / 기본파의 실효치. 왜곡파 중에는 고조파 이외의 잡음 등이 포함되므로, 보통 측정되는 것은 고조파 함유율 또는 총 왜곡율이다. 왜곡율은 일반적으로 백분율 혹은 dB로 나타낸다. 왜곡률이 10 % 이하 일 때는 왜곡률계로 측정한 값을 왜곡률이라고 간주할 수 있다.

(138) 운영 프로그램 : 계측 자료 획득시스템과 계측 자료 전송시스템을 포함하는 계측시스템을 제어하는 프로그램을 말한다.

(139) 원격측정(Telemetering) : 측정량을 검출하여 전송기에 의해 그것을 신호로서 떨어져 있는 수신기에 전하여 측정하는 것을 말한다.

(140) 유・무선 계측 : 계측자료를 수집하는 과정에서 계측기기와 계측 자료 획득시스템 간의 데이터 전송 또는 계측 자료 획득시스템과 데이터 저장 및 모니터링 장치 구간에서 데이터 전송방법을 무선과 유선 방식으로 자료를 전송하는 계측을 말한다.

(141) 유선계측 : 계측기기로부터 측정된 계측 결과를 케이블을 통하여 전송하여 계측 자료 획득시스템 또는 컴퓨터로 직접 수집하는 계측을 말한다.

(142) 유지관리계측 : 준공된 시설물에 대해서 시설물의 안전성, 사용성 및 내구성을 파악하기 위하여 실시하는 계측을 말한다.

(143) 유효숫자(Significant figures) : 측정결과 등을 표시하는 숫자 중에서 자리수를 나타내기만 하는 0을 제외한 의미가 있는 숫자를 말한다.

(144) 유효측정범위(Effective measuring range) : 측정범위 중 오차가 허용차에 들어가는 범위를 말한다.

(145) 응답 시간(Response time) : 스텝응답에서 출력신호가 최종치로부터 특정범위에 들어가기까지의 시간을 말한다.

(146) 응답(Response) : 계측기로의 입력신호에 대해 출력신호가 대응하는 상태를 말한다.

(147) 응력 게이지(Stress gauge) : 임의 방향의 응력을 직접 계측할 수 있는 형태의 변형 게이지를 말한다 .

(148) 이력(Hysteresis) : 무부하에서 정격부하까지 증가, 감소시의 최대출력차를 정격출력으로 나눈 백분율을 말한다.

(149) 이상치 : 동일 조건 하에서 얻어진 1조의 측정치 중, 어떠한 원인에 의해 다른 것과 현저하게 차이가 난 값. 엄밀하게는 1조의 다른 측정치와 모집단이 다른 것과 통계적으로 판단된 값을 말한다. 통계적으로 검정되기 이전의 값은 의심스러운 값이다.

(150) 인수시험(Acceptance test) : 시방서에 표시되어 있는 시방 조건에 합치하는가를 고객이 확인하기 위하여 행하는 시험을 말한다.

(151) 읽기(Reading) : 측정량에 대하여 계측기로부터 얻은 그대로의 값을 말한다.

(152) 입력신호(Input signal) : 신호를 처리하는 장치에 들어가는 신호를 말한다.

(153) 자동제어(Automatic control) : 제어계를 구성하여 자동적으로 행하는 제어를 말한다.

(154) 자동계측 : 자료 수집, 해석, 그래프 까지를 유선, 무선으로 온라인화 된 시스템으로 일관하여 실시하는 계측을 말한다.

(155) 자동화 계측 : 반자동계측과 자동계측을 포함하는 계측을 말한다.

(156) 자료수집 장치(Data logger) : 계측 자료 획득시스템의 핵심으로 브릿지 전원, 신호증폭기, A/D변환기 등의 기본 기능 외에 교환기의 제어와 컴퓨터와의 인터페이스 등의 기능을 가지고 있는 장치를 말한다.

(157) 잡신호 레벨(Noise level) : 잡음이 연속하여 존재할 때, 그 평균적인 수준을 말한다.

(158) 잡신호(Noise) : 측정계에 혼입 또는 측정계 내에서 발생하여 신호의 전달 혹은 수신에 방해되는 것을 말한다.

(159) 장기계측 : 정밀 시공 및 유지관리를 위해 시간경과에 따른 온도 및 크리프가 계측결과에 반영이 될 정도로 장기간에 걸쳐 수행되는 계측을 말한다.

(160) 장치(Apparatus, equipment) : 특정의 목적을 수행하도록 기기류를 조직화한 것. 계측장치, 제어장치, 감시장치, 중앙처리장치, 전원장치 등을 말한다.

(161) 재현성(Reproductibility) : 동일한 방법으로 동일한 측정대상을 측정자, 장치, 측정 장소, 측정시기의 모두 또는 어느 쪽인가 다른 조건으로 측정한 경우, 개개의 측정치가 일치하는 성질 또는 정도를 말한다.

(162) 전기저항식 게이지, 변형 게이지(Electric resistance, Strain gauge) : 전기 저항체에 변형을 주었을 때, 저항값이 변화하는 물리 현상을 응용하여 변형 측정을 하기 위하여 사용하는 것. 간단히 게이지라고 하는 것도 있다.

(163) 전문시방서 : 시설물별 표준시방서를 기본으로 모든 공종을 대상으로 하여 특정한 공사의 시공 또는 공사시방서의 작성에 활용하기 위한 종합적인 시공기준을 말한다.

(164) 전송(Transmission) : 검출기, 전송기 등으로부터 신호를 수신기에 보내는 것. 전송을 하기 위하여 신호로 변환하거나 또는 신호의 크기를 바꿀 수 있는 기능이 필요하다.

(165) 전송기, 발신기(Transmiter) : 검출기로부터 신호를 전송하기 위하여 다른 신호로 변화하거나 또는 신호의 크기를 바꿀 수 있는 기능을 가진 기구를 말한다.

(166) 전압안정기 : 정전압, 정주파수를 공급할 수 있는 기기를 말한다.

(167) 전원장치(Power supply device) : 계측 제어 시스템 또는 시스템의 요소에 적절한 에너지를 공급하기 위하여 주전원에서의 에너지 변환, 정류, 조정, 그 밖의 에너지의 형태를 변경할 수 있는 독립 유닛을 말한다.

(168) 전원전압(Power supply voltage) : 시스템 또는 시스템 요소로 공급되는 전원의 전압을 말한다.

(169) 전원차단기 : 누전 및 과전압 발생 시 자동으로 전원을 차단하는 기기를 말한다.

(170) 절연저항(Insulation resistance) : 절연체에 직류전압을 가하면 극히 작은 전류가 흐르며 이경우의 전압과 전류의 비율로서 저항값이 클수록 절연성능이 우수하며 전기적 잡음의 영향이 작다.

(171) 접지 설비 : 보호함, 내부 기기, 전원 접지 단자, 차폐 케이블의 실드 등은 적절하게 접지를 하여 유입된 잡신호를 흘려보낼 수 있는 경로를 마련해 주는데 사용되는 장비를 말한다.

(172) 정밀도 : 계측기가 나타내는 값 또는 측정결과의 정확성과 정밀성을 포함한 종합적인 양호도를 말한다.

(173) 정밀성(Precision) : 산포가 작은 정도. 산포를 표준편차 또는 그 지정한 배수로 표시한 값을 정밀도, 그 모평균 또는 그 추정치에 대한 비를 정밀율이라 한다.

(174) 정적계측(Static measurement) : 측정 중 일정한 값을 갖는다고 간주할 수 있는 양의 측정. 정적이라는 수식어는 측정법에서가 아니라 측정량에 적용된다.

(175) 정적 데이터 수집 장치(Static data logger) : 정적계측의 데이터를 수집하기 위해 사용하는 장치를 말한다.

(176) 정적오차(Static error) : 시간적으로 변화하지 않은 측정량에 대한 계측기의 오차를 말한다.

(177) 정적특성(Static characteristics) : 시간적으로 변화하지 않은 측정량에 대한 계측기의 응답 특성을 말한다.

(178) 정확도(Accuracy) : 계측기가 나타내는 값 또는 측정 결과의 정확성과 정밀성을 포함한 총체적인 양호성으로 전체 측정범위의 백분율로 표시한다.

(179) 정확성(Accuracy) : 치우침이 작은 정도. 추정한 치우침의 한계치로 표시한 값을 정확도, 그 참값에 대한 비를 정확률이라 한다.

(180) 제로 검출기(Null detector, Zero detector) : 영위법에서의 불평형신호가 영인지의 여부를 검지하는 기구를 말한다.

(181) 조절계(Automatic controller) : 양을 표시함과 동시에 이것을 자동적으로 조절하는 기능을 가진 계기를 말한다.

(182) 조절기(Blind controller) : 양을 표시하지 않고 이것을 자동적으로 조절하는 기능을 가진 기구를 말한다.

(183) 조정환경(Conditioning atmosphere) : 시험 전에 그 대상을 유지하여 두는 시험환경과 같은 환경을 말한다.

(184) 주기(Period) 및 주파수(Frequency) : 일정한 시간마다 되풀이해서 크기나 방향이 바뀌는 교류의 전압이나 전류에 있어서 1회의 변화가 완료하는, 즉 1사이클에 요하는 시간을 주기라 하며, 1초 동안의 진동수를 주파수라 함. 정현파(sine파) 교류에 있어서 주기를 T(단위:sec), 주파수를 F(단위:Hz)로 하면 다음과 같은 관계가 있다. T = 1 / F, F = 1 / T .

(185) 주위 온도(Ambient temperature) : 기기가 통상의 동작을 하거나, 또는 보관 혹은 수송되는 환경(근접하여 발연체가 있는 경우도 포함한다.)에 있어서 그 대표점에서 측정된 온도를 말한다.

(186) 주파수 응답(Frequency response) : 응답이 주파수에 따라서 변화하는 모양, 즉 응답의 주파수 특성을 말한다.

(187) 주파수 특성(Frequency characteristic) : 공급치, 측정치 등의 성능량의 값, 또는 응답이 주파수에 따라서 변화하는 모양을 말한다.

(188) 증폭(Amplification) : 입력신호보다도 높은 레벨의 출력신호를 주는 것을 말한다.

(189) 증폭기(Amplifier) : 증폭하기 위한 기구를 말한다.

(190) 지시 : 감독자(또는 감리자)가 계약상대자에 대하여 그 권한의 범위 내에서 필요한 사항을 지시하여 실시토록 하는 것을 말한다.

(191) 지시(Indication) : 눈금 혹은 지침 또는 숫자를 사용하여 측정량의 값을 표시하는 것을 말한다.

(192) 지시계기(Indicating instrument, Indicator) : 측정량의 값을 지시하는 계기. 검출기, 전송기 등이 있을 때는 그들도 포함한 기구전체를 가리킬 수 있다.

(193) 지시범위(Indicating range) : 측정기가 지시하는 양의 범위를 말한다.

(194) 지연(Dead time) : 입력신호의 변화에 대하여 출력신호의 변화가 측시 따르지 않은 것. 또는 그것을 특정지우는 시간을 말한다.

(195) 지침표찰 : 계측기기에 부착된 명찰. 일반적으로 계측명, 위치, 초기 측정 일자와 초기 측정값, 계측기기 유지관리 담당자를 기록한다.

(196) 직독계기(Direct reading instrument) : 측정량의 값을 눈금으로부터 직접 읽을 수 있는 계기를 말한다.

(197) 직접 측정(Direct measurement) : 측정량과 함수관계에 있는 다른 양의 측정에는 따르지 않고 측정량의 값을 직접 구하는 측정. 측정치에 대하여 보장을 하기 위해 영향량의 값을 결정하는 보정적 측정을 할 필요가 있다고 해도 그 방법을 직접 측정하는 것에 변함이 없다.

(198) 진동현식 게이지 : 진동현식 게이지의 구조는 피아노선과 전자석으로 구성되며, 피아노선(현)을 양단에 일정한 장력이 유지되도록 정착하고 전자석에 펄스를 인가하여 현이 자력선에 의해 고유 진동주파수로 진동하는데 이때, 현의 장력에 따라 진동 주파수가 변하게 되며 변화하는 진동 주파수를 측정하여 현의 장력을 계산하여 계측하는 원리를 이용하는 계측기기를 말한다.

(199) 차동증폭기(Differential amplifier) : 두 개의 동종의 입력 회로를 가지며, 그것들이 두 전압 또는 전류의 차에 따라 동작하도록 결합된 증폭기를 말한다.

(200) 차동트랜스(Differential transformer transducer) : 가동 부분의 철심을 가진 변압기의 철심 가동 부분의 변위에 비례하는 교류 신호를 발신하는 기기를 말한다.

(201) 차폐케이블 (Shield cable) : 각종 잡신호를 차단하기 위하여 사용하는 자료 전송용 케이블로서 가는 선을 망사 모양으로 꼰 것과 알루미늄 호일 형태가 있다.

(202) 출력임피던스(Output impedance) : 동작 상태에서 기기의 출력단자로부터 기기측을 본 임피던스. 신호발생기에서는 출력임피던스가 신호원의 임피던스와 다를 경우도 있다.

(203) 출력신호(Output signal) : 신호를 처리하는 장치로부터 나오는 신호를 말한다.

(204) 측정표준(Measurement standard) : 측정에 보편성을 주기 위하여 정해진 기준으로서 사용하는 양의 크기를 표시하는 방법 또는 물건을 말한다.

(205) 측정(Measurement) : 기준으로 하여 사용하는 양과 비교하여 수치 또는 부호를 사용하여 표시하는 것을 말한다.

(206) 측정값(Measured value) : 측정하여 구한 값을 말한다.

(207) 측정량(Measured quantity): 측정의 대상이 되는 양. 측정량은 측정한 량(Measured quantity) 또는 측정하는 양(Quantity to be measured)의 것도 있다.

(208) 측정범위(Measuring range) : 측정계 의해 측정할 수 있는 양의 범위를 말한다.

(209) 측정변량(Variables to be measured) : 특정대상을 특정지우는 몇 개 종류의 측정량을 말한다.

(210) 측정의 척도(Scale of measurement) : 양이 수치로 표시하기 위해 정한 양과 수치 사이의 1대 1 대응의 법칙을 말한다.

(211) 측정점(Point of measurement) : 측정대상이 공간적으로 또는 시각적으로 널리 펴져 있는 경우에 실제로 측정하는 위치 또는 시각을 말한다.

(212) 트랜스듀서(Transducer) : 측정량에 대응하여 처리하기 쉬운 출력신호를 주는 변환기. 변환기와 같은 뜻으로 사용한다.

(213) 트레이셔빌리티(Traceability) : 표준기 또는 계측기가 보다 고위의 표준측정에 따라 차례차례 교정되어 국가표준, 국제표준으로 이어지는 경로가 확립되어 있는 것을 말한다.

(214) 트리거 기능 : 측정치가 임계치 이상의 값을 갖는 경우에 계측 시작과 저장을 지시하는 기능을 말한다.

(215) 특급기술자 : 건설기술진흥법 시행령 제4조 및 별표1에서 정의한 건설기술자를 말한다.

(216) 파워스펙트럼(Power spectrum) : 시간적 또는 공간적으로 변동하는 양의 제곱평균을 주파수 성분의 분포로서 표시하는 것을 말한다.

(217) 포텐셔미터 : 가변저항 양단에 정전압을 인가한 상태에서 피 측정 물체에 연결된 와이퍼(wiper)가 저항체 위를 이동하면 저항이 변위량의 크기에 비례하여 변화하는 전압을 얻는 원리를 이용하는 계측기기를 말한다.

(218) 표선 : 표면 처리된 표면에 계측기기의 부착을 위하여 다시 부착위치를 표시하는 선을 말한다.

(219) 표시(Display, Indication) 측정량의 값, 물리적 상태 등을 관측자에게 표시하는 것을 말한다

(220) 표시계기(Display) : 검출기, 전송기 등으로부터의 신호를 받아서 측정량의 값, 물리적 상태 등을 표시하는 계기를 말한다.

(221) 표점거리(Gauge length) : 변위나 변형률을 측정하기 위한 2개의 측정점 사이의 거리를 말한다.

(222) 표준시방서(Standard specifications) : 정부가 시설물의 안전 및 공사시행의 적정성과 품질 확보 등을 위하여 시설별로 정한 표준적인 시공기준으로서 발주자 또는 설계자가 공사시방서를 작성하는 경우 활용하기 위한 시공기준을 말한다.

(223) 퓨리에 변환(Fourier transform) : 함수 f(t)를 다음 식에 의하여 나타내는 실변수 w 의 함수 F(jw)로의 변환을 말한다.

(224) 품질관리 계측 : 공사 중인 시설물의 품질을 확인하기 위하여 실시하는 계측을 말한다.

(225) 피드백(Feedback) : 계의 출력쪽 신호를 입력쪽으로 되돌려 계의 출력에 영향을 미치는 것을 말한다.

(226) 하자 : 계약상대자의 책임으로 발생된 결함 또는 계약 설계도서와 일치하지 아니하는 사항을 말한다.

(227) 합성 오차(Resultant error) : 몇 개 양의 값으로부터 간접적으로 산출되는 양의 값의 오차로서 부분오차를 합성한 것을 말한다.

(228) 합치법(Coincidence method) : 눈금선 등의 합치를 관측하여 측정량과 기준으로서 사용하는 양 사이에 일정한 관계가 성립한 것을 알고 측정하는 방법을 말한다.

(229) 항온 항습장치 : 계측실의 온도 및 습도를 최적조건으로 유지할 수 있는 기기를 말한다.

(230) 허용 입력 전압(Allowable input voltage) : 입력단자에 걸어 주어도 장비에 지장이 없는 최대 전압치를 말한다.

(231) 허용차(Limit deviation tolerance) : 기준으로 취한 값과 거기에 대하여 허용되는 한계치의 차를 말한다.

(232) 현장요원 : 당해 공사에 상당한 기술과 경험이 있는 자로서 계약상대자가 지정 또는 고용하여 현장시공을 담당하게 한 건설기술자를 말한다.

(233) 확인 : 공사를 공사계약문서대로 실시하고 있는지의 여부 또는 지시, 조정, 승인, 검사이후 실행한 결과에 대하여, 감독자(또는 감리자)의 원래 의도와 규정대로 시행되었는지를 확인하는 것을 말한다.

(234) 히스테리시스 차(Hysteresis error) : 측정의 전력에 의하여 생기는 동일 측정량에 대한 지시치의 차를 말한다.

(235) 히스토그램 분석기 : 구조물의 피로해석 및 이에 따른 잔존수명 예측에서 정확한 응력 빈도함수를 측정하기 위해서 사용되는 장치를 말한다.

(236) 1차 표준(Primary standard) : 특정 분야에서 최고의 특성을 가진 측정 표준. 1차 표준의 개념은 기본단위에 대하여도, 조립단위에 대하여도 똑같이 유효하다.

(237) 2차 표준(Secondary standard) : 1차 표준과 비교하여 그 값이 정해지는 측정 표준을 말한다.

(238) ABC factor :진동현식 센서의 비직선적인 출력특성을 고려하여 정확도가 높은 공학단위의 계측데이터를 얻기 위해 측정값과 공학단위의 관계를 2차 함수로 나타내었을 때 2차 함수 각 항의 계수를 ABC Factor라 함. 측정값은 ㎐단위의 주파수, μsec 단위의 주기, microstrain 단위의 변형률 등을 적용할 수 있다.

(239) AD변환(Analogue-to-Digital conversion) : 아나로그 신호를 디지털 신호로 변환하는 것을 말한다.

(240) DA변환(Digital-to-Analogue conversion) : 디지털 신호를 아나로그 신호로 변환하는 것을 말한다.

(241) PARD(Periodic And/Or Random Deviation) : 기기의 지시치, 표시치 또는 공급치의 주기적, 무작위적인, 또는 그 쌍방을 포함하는 바람직하지 않은 변화. PARD는 각종의 원인에 따라서 발생하며, 입력신호의 유무에 관계없이 존재할 수 있다. 힘과 맥동은 주기적인 변화이며, 잡음, 요동은 무작위적인 변화의 예이다.

(242) F.F.T 분석기 : 퓨리에 변환(Fast Fourier Transform)회로를 이용하여 계측 자료의 주파수를 분석하고 출력하는 기기를 말한다.

(243) Ring type 변위계 : 구조물의 변위에 따라 Ring에 부착된 변형률계를 이용하여 ring의 변형을 변위로 환산하여 측정하는 계측기기를 말한다.

1.3 관련 규정

- 토목공사일반표준시방서
- 도시철도(지하철)공사표준시방서
- 건축공사표준시방서
- 도로교표준시방서
- 건축전기설비공사표준시방서
- 건축기계설비공사표준시방서
- 산업·환경설비공사표준시방서
- 가설공사표준시방서
- 상수도공사표준시방서
- 항만 및 어항공사표준시방서

- 농업토목공사표준시방서
- 건설환경관리표준시방서
- 건설공사비탈면표준시방서
- 콘크리트표준시방서
- 조경공사표준시방서
- 도로공사표준시방서
- 터널표준시방서
- 하천공사표준시방서
- 콘크리트구조설계기준
- 건축구조설계기준
- 구조물기초설계기준
- 조경설계기준
- 도로설계기준
- 도로교설계기준
- 터널설계기준
- 하천설계기준
- 댐설계기준
- 건축전기설비설계기준
- 건축기계설비설계기준
- 강구조설계기준
- 내진설계기준
- 상수도시설기준
- 하수도시설기준
- 항만 및 어항설계기준
- 철도설계기준
- 고속철도설계기준
- 농업생산기반정비사업계획설계기준
- 건설공사비탈면설계기준
- 구조물기초설계기준
- 주택건설공사전문시방서

- 댐 및 상수도공사전문시방서
- 건설공사전문시방서
- 고속도로공사전문시방서
- 철도공사전문시방서
- 철도건설공사전문시방서
- 고속철도공사전문시방서
- 항만 및 어항공사전문시방서
- 서울특별시전문시방서
- 농어촌정비공사전문시방서
- 행복도시건설공사전문시방서
- KS A 3009 계측용어
- KS A 3802 공업프로세스 계측제어 용어
- KS B 0163 공업프로세스 계측제어 용어 및 정의
- KS B 0550 비파괴 시험 용어
- KS B 4006 관로에서의 유량 측정- 용어 및 이론
- KS F 1003 토질역학에 관한 용어 및 기호의 정의

1.4 계측의 분류

(1) 시설물의 계측은 계측목적, 계측기간, 계측시기, 작용 하중, 계측관리 운용방법, 계측 자료 전송방법의 제반특성에 따라 분류한다.

(2) 계측은 계측목적에 따라 안전성 평가 계측과 품질관리 계측으로 구분한다.

(3) 계측은 계측기간에 따라서 단기계측과 장기계측으로 구분한다.

(4) 계측은 계측시기에 따라 공사계측과 유지관리계측으로 구분한다.

(5) 계측은 계측 대상 시설물에 작용하는 하중의 특성에 따라 정적계측과 동적계측으로 구분한다.

(6) 계측은 계측관리 운용방법에 따라 수동 계측과 자동화 계측으로 구분하며, 자동화 계측은 반자동계측과 자동계측으로 구분한다.

(7) 계측은 계측 자료의 전송 방법에 따라 유선계측, 유무선계측, 무선계측으로 구분한다.

1.5 계측계획의 수립

(1) 계측계획의 수립 시 계측 자료 획득시스템은 자동화 계측을 원칙으로 한다.

(2) 계측책임기술자는 계측 착수 전에 기 작성된 계측계획이 있는 경우 기 작성된 계측계획을 검토하고 현장여건을 반영하여 상세한 계측수행 및 분석계획을 작성하여 발주자의 승인을 득하여야 한다.

(3) 계측 시행 측정자료는 측정→수집→분석→시공반영→효과검토와 향후 공사 반영의 유기적인 운영체계를 확립할 수 있도록 계측계획을 수립하여야 한다.

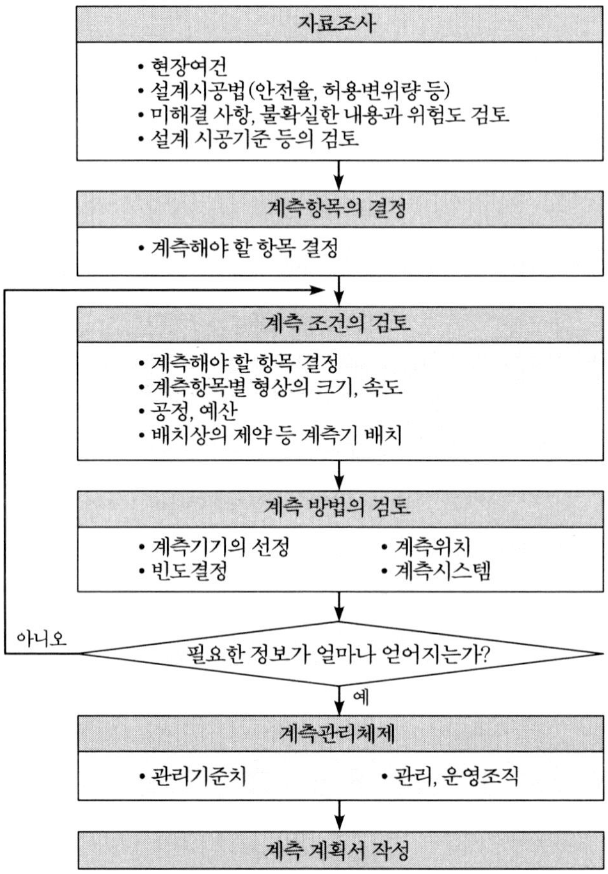

【그림 1】 계측계획의 흐름도

(4) 계측 계획서는 계측의 목적을 효과적으로 확보할 수 있도록 다음 사항을 포함한다.

① 계측대상시설물(공사)의 개요 및 규모

② 계측대상시설물의 구조적 형태 (여건, 환경 등의 자료조사 포함)

③ 계측 목적, 계측항목, 계측범위, 계측위치, 계측 방법 및 시스템의 구성

④ 계측기기의 종류, 사양 및 수량

⑤ 계측기기의 설치, 유지관리 방법

⑥ 계측 결과의 수집방법

⑦ 계측 결과의 해석방법

⑧ 계측 자료의 보관, 활용 방법 및 체계

⑨ 계측 결과를 유지 관리에 활용하는 방법

⑩ 계측 관리방법(위탁 또는 직영), 직영 관리 시 계측 요원의 교육방법

(5) 공사 중 제반 여건상 장·단기적인 안전관리가 필요한 경우에는 계측계획을 수립하여야 하며, 공사계측이 유지관리계측으로 이관되는 경우에는 공사계측 계획 수립 시 본 시방서의 유지관리계측편을 반영하여 계측계획을 수립하여야 한다.

(6) 시설물을 유지관리하고 있는 관리주체는 관리하고 있는 시설물에 인접하여 건설공사 등 영향을 줄 수 있는 주변의 변화가 발생되거나, 관리대상 시설물의 붕괴 발생시 사회·경제적으로 미치는 영향이 큰 것으로 판단되는 경우 시설물의 손상 및 이상거동 여부에 관한 정보를 조기에 파악할 수 있도록 계측관리 계획을 수립하여야 한다.

(7) 계측책임기술자는 신뢰성 있는 계측결과를 도출하기 위해서 계측에 참여하는 기술자에 대해 충분한 교육계획을 수립하여야 한다.

(8) 계측기기중 수리 및 교체가 불가능한 매설형기기는 작동불량이나 고장에 대비하여 계측계획을 수립하여야 하며, 아울러 계측기간 동안 정상적으로 작동할 수 있도록 관리주체는 계측시스템 유지보수 계획을 수립하여야 한다.

(9) 계측결과에 직접적으로 영향을 미칠 수 있는 다음 요인들을 분석하여 계측계획을 수립하여야 한다.

① 계측기기 설치에 따른 영향

㉠ 곡면 부착의 영향

변형률계는 구조부재에 부착시켜 신호를 측정하는 방식이므로 계측기기가 부착될 표면의 처리 및 부착품질에 따라서 계측결과의 신뢰성이 영향을 받는다. 강재 또는 철근에 변형률계를 부착하는 경우, 그라인딩 등으로 청결 작업하는 과정에서

측정면이 오목한 곡면 형상으로 표면처리 되면 저항값의 변화를 가져와 오차를 유발시킬 수 있으므로 계측기기의 부착면은 가급적 평면이 되도록 주의하여야 한다.

㉡ 응력집중 부분의 부착

강교량 주형의 단면 급변화부, 부재의 연결부 등에는 응력이 집중되는 현상이 나타날 수 있으므로 이러한 부분들에 변형률계를 부착하고자 하는 경우, 계측의 목적이 국부적인 응력집중 현상을 파악하고자 하는 것인지 또는 공칭응력을 파악하고자 하는 것인지에 따라 적절한 위치를 선정하여 부착하여야 한다.

② 계측기기 게이지율의 보정

사용 계측기기의 게이지율과 측정에 사용되는 계측기기의 게이지율이 다른 경우, 이에 대한 보정을 하여야 한다.

③ 각도오차

측정하고자 하는 방향과 계측기기의 설치방향이 일치하지 아니하는 경우, 설치각도 오차가 발생하므로 계측기기 설치시 설치각도가 측정하고자 하는 방향과 일치하도록 신중히 설치하여야 한다.

④ 계측기기 이동오차

교하공간이 높은 상부구조의 계측을 위해서는 비계 등을 설치하여 계측기기를 고정하게 되는데, 이러한 경우 계측기기를 비계 등에 견고하게 고정하여야 하며, 비계의 움직임 등에 의해 오차가 발생하지 않도록 주의하여야 한다.

⑤ 계측결과의 온도 의존성

전기저항식 계측기기를 사용하여 측정한 값의 정밀도는 환경, 재질, 시간, 회로, 측정기 등의 영향을 받으며, 그 중에서도 가장 큰 영향인자는 측정 중의 온도 변화이다. 계측기기를 측정하고자 하는 곳에 부착하면 하중을 가하지 않은 상태에서도 온도의 변화에 따라 저항 값이 달라지게 되어 측정값에 영향을 주게 된다. 온도에 의한 영향을 보상하기 위해서는 일반적으로 자기온도 보상형 계측기기를 사용하거나, 회로구성을 적절히 하는 방법들이 있다. 이에 관련된 상세한 내용은 계측기기 제조사의 사용자 설명서를 참고하도록 한다.

⑥ 습도에 의한 영향

계측기기의 측정값은 계측기기 주변의 습도에 의해서도 큰 영향을 받는다. 일반적으로 실내에서 짧은 시간동안 계측이 이루어지는 경우, 방습처리는 불필요할 수 있으나, 장시간 습한 현장에서 재하시험을 실시하는 경우는 방습처리가 필수적이다. 특히, 콘크리트 표면에 계측기기를 부착하는 경우 콘크리트표면의 건조 상태,

측정 장소의 환경 및 콘크리트 내부로부터의 습기 등을 고려하여 적절한 방습처리를 하여야 한다.

⑦ 리드와이어(Lead Wire) 길이에 의한 영향

계측기기와 계측 자료 획득시스템을 연결하는 리드와이어의 길이가 너무 길면 저항값이 변화되어 정밀한 측정이 불가능하므로 주의하여야 한다. 일반적으로 와이어의 길이는 정적측정의 경우 50m, 동적측정의 경우 30m 이하로 제한하는 것이 바람직하다.

⑧ 직사광선에 의한 영향

계측 수행 중에 노출되어 있는 리드와이어에 직사광선 또는 기타의 원인으로 인하여 온도가 상승하면 오차를 유발할 수 있으므로 현장 계측에서 계측기기는 물론, 노출된 리드와이어의 관리에 세심한 주의가 필요하다.

⑨ 잡신호의 영향

전기저항식 계측기기로부터 계측된 값은 계측기기에서 발생되는 매우 미소한 전기적 신호로부터 변환된다. 이 전기적 신호에 계측기기의 내·외부에서 발생되는 자기장, 고전압 및 무전기 사용 등의 원인으로 인한 잡신호(노이즈)가 혼입되면 원하는 신호에 대한 오차를 발생시키므로 측정 전 잡신호를 제거하여야 한다. 현장 계측 시 잡신호에 대한 근본적인 문제를 완전히 해결하는 것은 쉽지 않으나, 확실한 접지로 잡신호 감소효과를 얻을 수 있다.

1.6 계측단면의 선정

(1) 계측단면의 선정은 설계도서 검토 혹은 상세한 현장조사를 통하여 구조적인 거동 및 안전성에 결정적인 영향을 미칠 수 있는 단면, 현장 상황을 대표할 수 있는 단면, 또는 큰 변형이 예측되는 단면을 선정하여야 하고, 구조적으로 가장 위험한 단면을 주 계측단면으로 선정하여야 한다.

(2) 계측기간 중 계측기기의 파손 또는 고장 가능성을 고려하여 계측단면을 선정하여야 하며, 계측기기의 설치 및 배선을 확실히 할 수 있는 위치를 선정하여야 한다.

1.7 계측항목의 선정

(1) 공사계측에서 설계도서 상의 계측항목은 구조해석, 시공 방법, 계측 결과의 활용 목적, 평가 방법을 명확히 이해한 후 선정되므로 특별한 사유가 없는 한 설계 도서를 따라야 한다.

(2) 계측책임기술자는 시공 시 확인되는 현장여건, 지반상태 및 초기 계측결과 등에 근거하여 필요한 경우 설계 시 수립된 계측항목을 보완할 필요가 있는 지 확인하여야 한다.

(3) 공사계측 항목은 시설물의 품질 및 안전을 직·간접적으로 확인할 수 있도록 계측항목을 선정하여야 한다.

(4) 유지관리하고 있는 시설물의 계측항목은 시설물의 안전을 직·간접적으로 확인할 수 있도록 선정하여야 한다.

1.8 계측기기의 선정

(1) 계측기기는 계측목적, 계측기간, 계측항목, 계측대상, 계측방법, 계측환경 등을 고려하여 선정되어야 한다.

(2) 계측기기는 KS 또는 이와 동등 이상의 품질인증이 된 제품 중에서 사용하는 것을 원칙으로 한다.

(3) 계측기기는 필요로 하는 자료의 정밀도, 기기특성, 현장조건 등을 고려하여 계측항목에 따라 적절한 것을 선정하여야 한다.

(4) 유지관리용 계측기기는 매설형 계측기기나 노출형 계측기기를 사용하여야 하며, 매설형 계측기기는 수리가 불가능한 경우가 있으므로 기기 작동불량이나 고장에 대비하여 계측기기를 선정하여야 한다.

(5) 각종 계측기기의 작동방식을 가능한 한 같은 형식으로 선정하여야 한다.

(6) 계측기기는 설치, 측정 및 유지관리가 용이하고, 측정기간 동안 내구성이 유지되어야 한다. 특히 유지관리로 연계되는 계측기기는 공사기간 뿐만 아니라 소정의 유지관리 기간중에도 내구성이 보장되어야 한다.

(7) 계측기기는 계측목적에 적합한 정확도를 가져야 하고 최대 예상변화량 이상의 측정범위를 가져야 한다.

【표 1】 계측기기 일반적인 평가 항목 및 기준

평가항목	평가기준
적응성	- 측정간격을 임의로 설정할 수 있는 것 - 측정치의 시계열 표시가 가능한 것 - 전원에 적합한 것 - 측정값의 정밀도를 확보할 수 있는 것 - 계측기기의 정밀도와 시스템의 정밀도가 일치하는 것
신뢰성	- 낙뢰에 대해서 계측기기를 보호하는 기능을 가지고 있는 것 - 정전에 대해서 백업 기능을 가지는 것
편리성	- 상황에 따라 계측기기의 추가, 현지국의 증설을 실시하는데 있어서 전원장치, 자료송수신장치 등이 기존의 것을 그대로 사용할 수 있는 것 - 계측결과를 신속하게 전달할 수 있는 것
내후성	- 호우 및 폭설 지역 등의 특수성에 대처할 수 있는 것 - 방수, 방습성이 뛰어난 것 - 예측되는 기온 조건에서 정상적으로 작동되는 것
보수성	- 점검빈도가 작은 것 - 단시간에 점검할 수 있는 것
경제성	- 기능성을 유지하면서 저렴한 계측기기

(8) 계측기기를 선정하기 위해 구조해석, 시공 방법, 계측 결과의 활용 목적, 평가 방법을 명확히 이해하고 일반적인 평가항목뿐만 아니라 계측대상, 계측기간, 계측 장비 등을 고려하여 선정하여야 한다.

1.9 계측기기의 배치

(1) 계측대상 시설물의 규모나 위험도를 기준으로 계측기기 배치밀도를 설정하는 것이 바람직하며, 일반적으로 붕괴나 활동 등의 위험인자별로 여러 종류의 계측기기를 수 개소에 배치하여 상호의 계측자료를 검토할 수 있도록 배치하여야 한다.

(2) 구조적으로 가장 위험한 단면에서 계측 대상 시설물의 최대변위와 최대응력이 작용할 것으로 예상되는 위치에 중점적으로 계측기기를 배치하여야 한다.

(3) 구체적인 계측기기의 배치에 대해서는 상세한 현장조사, 기존자료 및 구조계산서를 참고하여 붕괴 또는 활동의 형태를 추정한 다음, 각각의 원인별로 계측 항목과 계측기기의 관련성을 검토한 다음에 배치 계획(설치위치, 배치밀도, 설치심도 등)을 수립하여야 한다.

(4) 계측기기의 배치는 계측 목적을 고려하여 각 계측기기는 서로의 연관성을 유지하도록 가능한 동일단면에 배치하여야 한다.

(5) 배치되는 계측기기의 수량은 계측 목적, 결과분석, 계측 대상 시설물의 상황, 계측기기의 고장, 손망실 등을 고려하여 20%정도를 추가하여 결정한다.

1.10 제출물

(1) 계측책임기술자는 계약 후 계측시스템에 관련된 제반 도면, 자료 및 시방서를 승인용으로 제출하여야 한다.

① 시스템 종합 규격 및 설명서

- 본 시방서의 각 항목별로 기술 규격이 일치하도록 작성

② 공급 자재 명세 및 자재별 규격

- 종류 및 규격
- 도면 및 구조
- 제작 특기사항 및 특성
- 제조사 교정 장비 공인성적서 혹은 제품 검정 또는 교정 성적서
- 카다로그
- 품질보증서 혹은 품질 공인 인증서
- 제품 및 부속자재 구비유무
- 기타 필요한 사항

③ 종합 공정 계획표

- 설계, 제작, 조립, 시험, 교육 등의 계약 내용 제반에 대한 상세한 단계별 공정표

④ 기자재 공급 내역

⑤ 기술 자료 및 도면

⑥ 설치를 위한 상세한 방법, 지침 및 도면

- 기기간 연결도 및 공급 케이블 내역
- 기기 설치 환경 조건

(2) 계측책임기술자는 계측시스템을 설치한 후 취급설명서와 운전설명서를 제출한다. 각 측정계기에 대한 취급설명서에는 다음 사항을 포함하여야 한다.

① 작동이론

- 계기의 사용 목적
- 계기의 기본측정 원리
- 시스템의 측정범위
- 설치요령

② 작동 및 측정순서

- 장비 측정준비 및 측정개시를 위한 세부적인 순서
- 사용자 및 장비에 관련된 주의사항
- 계기 설치 후 초기치를 얻는 방법
- 초기치 이후의 계측치를 얻는 순서
- 측정치에 의한 원인 및 영향분석에 사용될 수 있도록 매 측정시 기록해야 할 시공 및 환경적 사항
- 측정 시 필요한 기구 및 준비물의 목록
- 현장 자료 기록 야장
- 완성된 현장 자료 기록 야장의 견본
- 차후 측정자료 분석 시 필요한 설치기간 중 기록해야 할 사항

③ 보수 및 유지관리

- 현장상태로의 보관에 관한 사항
- 장비 교체시기 및 방법에 관한 사항
- 현장점검 사항
- 소모품을 포함한 예비부품의 추천목록
- 유지관리에 필요한 기구, 예비품, 준비물의 총목록

2 재료

2.1 계측시스템의 구성

(1) 계측시스템은 계측 자료 획득시스템과 계측 자료 전송시스템으로 구성한다.

(2) 계측 자료 획득시스템은 계측기기, 스위치박스, 자료 수집 장치(Data Logger), 기록기, 제어와 데이터 저장 및 분석을 위한 컴퓨터, 그 밖의 주변기기 등을 포함한다.

(3) 계측 자료 전송시스템은 유선 혹은 무선으로 계측된 데이터를 전송하기 위한 모든 장치를 포함한다.

2.2 계측기기

(1) 계측기기는 물리적 에너지를 변환하기 위해 재료의 감지소자가 내장된 변환기에 의해 전기 또는 빛 에너지로 변환되어 자료 수집과정을 거쳐 정보화처리 되는 것이다.

【표 2】 감지소자에 따른 대표적 계측항목

감지소자	대표적 계측항목
전기저항식 게이지	변형, 변위, 하중, 경사, 압력, 토크, 온도, 가속도
차동트렌스 게이지	변위, 하중, 각도, 압력, 가속도
진동현식 게이지	변형, 변위, 하중, 경사, 압력, 토크, 온도
포텐셔미터	변위, 하중, 각도, 가속도
광학식 게이지	변위, 하중, 각도, 가속도
광섬유 게이지	변형, 변위, 하중, 경사, 압력, 토크, 온도, 가속도
다이알 게이지	변형, 변위

【표 3】 계측항목에 따른 대표적 감지소자

계측항목	대표적 감지소자
응력 및 변형	전기저항식, 진동현식, 광섬유
변위	전기저항식, 진동현식, 포텐셔미터, 차동트렌스, 광섬유, 광학식
각도	차동트렌스, 포텐셔미터, 광학식
경사	전기저항식, 진동현식, 광섬유, 포텐셔미터, 차동트렌스, 전해질, 광학식
가속도	전기저항식, 차동트렌스, 압전소자, 정전용량소자, 서보형
하중	전기저항식, 진동현식, 광섬유, 포텐셔미터, 차동트렌스

(2) 계측기기의 정밀도는 계측목적 및 계측대상 시설물을 고려하여 계측 목표를 달성할 수 있을 정도로 책임기술자에 의하여 결정하여야 하며, 별도의 정밀도를 명시하지 않은 한 각 계측기기별 정밀도는 다음을 기준으로 한다.

① 지중경사계(경사계, Inclinometer) : 지반의 수평방향 활동을 계측하기 위해 적용한다. 계측기기의 측정오차 한계는 ± 1.0mm/500mm를 기준으로 한다. 댐 중앙에 설치하는 수직지중경사계는 ± 5° 이상을 측정할 수 있어야 한다.

② 지표경사계 : 비탈면에 설치하는 경사 계측기기는 ± 9° 이상을 측정할 수 있어야 한다.

③ 지하수위계(Water level meter) : 지하수의 변화가 예상되어 계측결과분석에 지하수위를 반영하여야 하는 경우에 적용한다. 정밀도는 ± 10mm를 원칙으로 하고 해당 지반의 투수계수보다 2배 정도 되는 필터가 내장되어 있어야 한다.

④ 지표침하계(Surface settlement) : 지표침하계의 측정오차 한계는 ± 1.0mm 이내이어야 한다.

⑤ 지중침하계(Extensometer) : 연약지반 굴착공사와 인접하여 중요한 지중구조물이 매설된 경우 적용한다. 계측기기의 측정오차 한계는 ± 1.0mm/500mm이내이어야 한다.

⑥ 간극수압계 : 지반내 간극수압 변위를 확인하기 위하여 설치한다. 간극수압 변위를 0.1MPa 이상의 정확도로 측정할 수 있어야 한다.

⑦ 강우량계 : 강우량의 기상 자료 취득을 위하여 지표에 설치한다. 강우의 양을 1mm 이상의 정확도로 측정하여야 한다.

⑧ 온도계 : 정밀도가 ± 1℃이내의 오차를 갖는 온도계를 사용하여야 한다.

⑨ 습도계 : 정밀도가 상대습도 ± 1% 이하의 오차를 갖는 습도계를 사용하여야 한다.

⑩ 하중계 : 전자식 하중계를 사용하여야 하고, 최대시험하중의 200~300%이상 용량을 갖는 것을 사용하며, 최대시험하중의 1%이내의 오차를 정밀도로 갖는 것을 사용하여야 한다.

⑪ 변위계 : 1/100mm 이하의 정밀도를 가져야 한다. 계측대상 및 계측목적에 따라 정밀도를 변경할 수 있다.

⑫ 변형률계 : 측정범위는 3,000 $\mu\epsilon$ 이상이어야 하며, 최소측정치는 0.1 $\mu\epsilon$ 이하이어야 한다.

⑬ 건물경사계 (Tiltmeter) : 굴착공사로 인한 지반변위의 영향범위내에 위치한 건물

이나 구조물의 부등침하 발생에 기인된 구조물의 기울기 변화를 측정하는 것을 적용범위로 한다. 계측기기의 측정오차 한계는 ± 1.0mm/500mm를 기준으로 한다.

⑭ 균열측정계(Crack meter) : 건물이나 구조물에 발생된 균열의 변화를 측정하는 것을 적용범위로 한다. 1/100mm 이하의 정밀도를 가져야 한다.

2.3 계측 자료 획득시스템

(1) 계측 자료 획득시스템은 측정의 편리성, 측정빈도, 측정방법, 기기의 호환성 및 경제성 등을 고려하여 구성하여야 한다.

(2) 계측 관리 운용 방법은 붕괴 및 활동의 진행 특성, 계측대상 시설물의 중요도, 피해발생 시 영향, 경제성, 계측빈도 등을 고려하여 선택하여야 한다.

(3) 자동화 계측은 계측기기로부터 계측 자료를 계측실의 컴퓨터로 전송하여 컴퓨터에 서 저장, 분석이 가능해야 하며, 필요시 수동 계측이 가능한 시스템으로 계획하는 것을 원칙으로 하여야 한다.

(4) 자동 계측은 각 지점의 계측기기를 원격지에서 원격 제어하여 계측의 빈도를 조정할 수 있도록 계획하여야 한다.

(5) 피해를 미연에 방지하거나 최소화하기 위해서는 조기에 징후를 감지하는 것이 중요하고, 감시(모니터링)와 동시에 신속하게 그 정보를 전달, 처리하는 것이 필요하므로 계측자료의 수집, 처리, 해석까지를 일관하여 처리하는 자동 계측을 원칙으로 한다.

(6) 자동화 계측을 하는 경우 안정적으로 계측자료를 측정, 저장, 송신할 수 있도록 필요시 전원공급장치, 전압안정장치, 제습장치, 항온장치, 낙뢰 방지장치, 진동의 영향을 받지 않도록 방진장치 등의 부속기기를 설치하여야 한다.

2.4 정적계측 자료 수집 장치(Static data logger)

(1) 정적계측 자료 수집 장치는 정적 계측기기로 측정할 수 있는 신호처리회로와 자료저장 메모리, 컴퓨터와의 통신을 위한 통신 인터페이스장치가 내장되어야 한다.

(2) 정적계측 자료 수집 장치는 다양한 전기적 신호를 처리할 수 있어야 하며, 계측기기의 정밀도를 안정적으로 보장하여야 한다.

(3) 정적계측 자료 수집 장치는 측정 자료의 저장, 일정 주기로 자동 측정할 수 있는 스케쥴 설정기능, 자가진단기능 및 자동복귀기능을 갖추어야 한다.

(4) 다수의 계측기기를 연결하기 위한 채널확장장치를 사용하는 경우 제어신호에 따라 순차적으로 측정이 이루어져야 한다.

2.5 동적계측 자료 수집 장치(Dynamic data logger)

(1) 동적계측 자료 수집 장치는 계측대상시설물의 동적 분석이 가능한 측정 속도를 수행할 수 있어야 한다.

(2) 동적계측 자료 수집 장치는 계측치가 임계치 이상의 값을 갖는 경우에 계측 시작과 저장을 지시하는 트리거 기능을 보유하여야 한다.

(3) 동적계측 자료를 저장할 수 있는 적절한 용량의 내장메모리가 장착되어 있거나 외부메모리장치를 연결할 수 있어야 한다.

(4) 대용량 자료 전송이 가능한 통신 인터페이스장치를 내장하고 있어야 한다.

2.6 계측 자료 전송 방법

(1) 계측자료 전송 방법은 유선 혹은 무선방식을 사용할 수 있다.

(2) 계측자료 전송 방법은 전압드롭, 전자기 간섭 등 주위 환경뿐만 아니라, 유지 관리비를 고려하여 결정하여야 한다.

(3) 유선에 의한 계측 자료 전송에는 차폐 케이블(Shielded cable)을 사용하여야 한다.

(4) 무선에 의한 계측 자료 전송에는 무선 통신관련 법규에 위배되지 않는 방법을 적용하여야 한다.

(5) 자동계측의 계측 자료 전송 시스템은 현장의 제반여건을 고려하여 선정 및 보완하여 구축하도록 한다.

(6) 공사계측과 연계하여 유지관리계측을 수행할 경우에는 계측 자료 전송 시스템에 대한 장기간 안정성과 유지관리의 효율성 및 경제성 등을 고려하여 자료 전송 시스템을 계획하여야 한다.

(7) 통신 매체와 통신 프로토콜은 계측기기의 데이터를 전달하기 위해 적절한 방식을 이용하여야 한다.

(8) 자료 전송망 구축 시에는 도면에 표시된 규격 또는 그 이상의 규격을 사용하여야 한다.

(9) 자료 전송용 케이블의 배선은 색상을 통일하여 배선하도록 하며, 접속방법은 안정적인 결속이 되도록 견고한 고정방식을 적용하여야 한다.

2.7 전원차단기

(1) 누전에 의한 자동화계측장치의 오동작, 파손, 계측자료의 오류를 방지하기 위하여 전원차단기를 사용한다.

(2) 전원차단기의 용량은 전체 시스템의 소비전류를 감안하여 적정한 용량을 선정하여야 한다.

2.8 전압안정기

(1) 불안정한 전원으로 인한 자동화 계측의 오동작, 파손, 계측 자료의 오류를 방지하기 위하여 정전압, 정주파수를 공급할 수 있는 전압안정기를 사용하여야 한다.

2.9 무정전 전원 공급 장치

(1) 정전 및 단전으로 인한 계측 자료 손실을 최소화하기 위하여 무정전 전원 공급 장치를 사용한다.

(2) 무정전 전원 공급 장치의 용량은 시스템 소비전류와 지속시간을 감안하여 적정한 용량을 선정하여야 하며, 정전압, 정주파수를 공급할 수 있어야 한다.

2.10 항온 항습장치

(1) 항온 항습장치는 주변환경이 시스템의 가동에 영향을 줄 경우에 적용한다.

2.11 보호함

(1) 보호함은 계측기기 및 계측 자료 수집 장치를 보호하기 위하여 사용한다.

(2) 보호함의 재질은 주변여건에 대해 충분한 내구성을 갖는 것을 선정하여야 한다.

(3) 보호함은 시건장치를 장착하여 외부인의 접촉을 방지하여야 한다.

(4) 보호함은 내부장치 및 배선의 점검이 용이한 크기이어야 한다.

2.12 잡신호 필터

(1) 잡신호 발생이 예상되는 부분에는 적정한 잡신호 필터장치를 사용하여야 한다.

2.13 접지설비

(1) 전기저항식 계측기기로부터 계측된 값은 계측기기에서 발생되는 매우 미소한 전기적 신호로부터 변환된다. 이 전기적 신호에 계측기의 내·외부에서 발생되는 자기장, 고전압 및 무전기 사용 등의 원인으로 인한 잡신호가 혼입되면 원하는 신호에 대한 오차를 발생시키므로 측정 전 잡신호를 제거시켜야 한다. 현장 계측 시 잡신호에 대한 근본적인 문제를 완전히 해결하는 것은 쉽지 않으나, 확실한 접지로 잡신호 감소효과를 얻을 수 있다.

(2) 접지설비는 주변환경과 접지의 용도에 따라 적합한 형태를 선정하여야 한다.

(3) 접지설비는 이용 가능한 현장구조물 접지설비를 사용하며, 현장여건이 여의치 않을 때는 별도의 접지공사를 하여야 한다.

(4) 접지로 인하여 오히려 계측시스템에 역기능이 발생할 경우에는 접지설비의 설치여부를 재검토하여야 한다.

2.14 운영 프로그램

2.14.1 일반사항

(1) 운영 프로그램은 각 계측기기로부터 전달되는 신호를 관리하고, 제어하며, 계측자료를 분석하는 종합기능의 컴퓨터 프로그램이어야 한다.

(2) 운영프로그램의 기능은 그래픽을 바탕으로 구성되어 사용이 간편하고, 한글화된 구조이어야 한다.

(3) 계측기기로부터 전달되는 계측자료는 실시간으로 관측이 가능하여야 한다.

2.14.2 운영 프로그램 구성

(1) 운영 프로그램은 그래픽 화면 구성으로 설치단면의 위치 및 단면내 설치된 계측기기의 위치를 표기하여 사용자가 이해하기 쉽도록 구성되어야 한다.

(2) 계측 자료는 시간이력에 대한 그래프로 표시가 되어야 하며, 계측항목에 따른 다양한 비교 분석기능이 가능하여야 한다.

(3) 자동계측을 하는 경우 원격으로 계측시스템을 제어하여 계측빈도 및 설정상태를 조절할 수 있어야 한다.

(4) 자동계측의 결과는 가능한 인터넷을 통하여 다수의 사용자에게 실시간으로 제공되어야 한다.

(5) 운영프로그램은 자동계측 자료 외에 수동계측자료 및 기타 계측 자료를 입력할 수 있어야 하며 종합적인 분석이 가능하여야 한다.

2.15 경보 전파

2.15.1 일반사항

(1) 현장의 계측결과가 위험수준에 근접한 경우 다양한 방식으로 경보가 전파될 수 있도록 하여야 한다.

2.15.2 경보전파 방법

(1) 휴대폰 문자전송방식을 이용하여 관리자에게 즉시 경보전파가 되도록 한다.
(2) 현장의 여건에 따라 경광등, 사이렌을 사용하여 경보전파가 되도록 한다.

3 시공

3.1 계측기기의 설치 준비

(1) 현장에 사용될 계측기기는 현장실정 및 사용 목적에 적합한 장비를 선정, 구매하여야 하며, 계측기기의 구입 및 설치 전에 각종 장비의 시방서를 발주자에게 제출하고 승인을 받아야 한다.
(2) 계측을 위한 계측장비의 설치위치는 리드와이어 길이, 계측기기 설치에 따른 시설물의 손상, 전원공급 및 계측결과에 영향을 미칠 수 있는 환경을 고려하여 결정한다.
① 각 계측기기에서 연결되는 리드와이어의 길이가 가장 짧게 될 수 있는 곳으로 선정한다. 계측 장비의 설치 여건이 양호하지 못하여 리드와이어의 길이가 길어져 오차의 혼입이 커질 경우에는 무선계측을 고려할 필요가 있다.
② 각 지점의 계측기기는 구조물에 손상을 최소화하고, 경비 절감, 잡신호 제거, 유지관리가 용이한 최적 지점에 설치한다.
③ 주변에 변압기 등 잡신호 발생 가능성이 없는 곳과 전원 공급이 유리한 곳으로 선정한다.
④ 우천 또는 대기온도가 계측장비의 작동에 주는 영향이 가장 적은 곳으로 선정한다.

(3) 각 위치별 계측기기 및 기타 장비는 발주자가 승인한 도면에 표시된 지점과 위치에 설치되어야 하며, 현장 여건상 설치가 곤란한 경우, 발주자에게 보고 후 변경하여야 한다.
(4) 계측책임기술자는 각 기기별 설치지침서를 사전에 검토하여 계측기기의 제작사가 제공한 지침서에 명시된 절차에 따라서 정확하게 기기를 설치하도록 준비하여야 하며, 계측기기 설치 시 발생될 수 있는 제반 문제점을 파악하고, 이에 대한 대책을 수립하여야 한다.
(5) 모든 계측기기는 가능한 한 각종 인자로 인한 영향을 최소로 받는 상황에서 설치하고, 초기치 측정을 완료할 수 있도록 계획하고 준비하여야 한다.
(6) 계측시스템에 공급되는 전원은 안정적으로 공급되는 가를 확인하여야 하며 아래와 같은 사항을 설치 전에 확인해야 한다.
① 계측기에 필요한 전원의 규격을 확인하여 필요한 전원을 확보하도록 한다.
② 공급되는 전원을 테스트기로 확인하여 적정한 전압이 안정적으로 공급되는지 확인한다.
③ 전원이 불안정한 경우, 자동전압조절기를 이용하여 안정된 전원이 공급될 수 있도록 한다.
④ 정전 또는 단선은 시험일정 및 결과에 차질을 초래할 수 있으므로 예비전원을 확보하도록 한다.

3.2 계측기기별 설치 방법

3.2.1 일반사항

(1) 계측기기의 설치는 계측기기의 제조회사에서 제시한 방법에 의하여 설치하여야 한다.
(2) 계측기기 설치방법이 특별하게 제시되어 있지 않은 일반 계측기기 중에서 본 시방서에서 설치방법이 제시되어 있는 계측기기는 본 시방서에 준하여 설치하여야 한다.
(3) 콘크리트 및 강재 표면에 직접 부착하는 계측기기는 부재와 확실히 부착되어 그 부재의 거동을 정확히 측정할 수 있도록 사전작업을 실시하여야 한다.
① 계측기기 부착위치를 해당부재에 표시하기 위해서 줄자나 표척 등을 이용한다. 설계도면과 실구조물의 제원이 상이한 경우가 있으므로 부착위치를 표시하기 이전에 제원을 확인하여 계측기기 부착위치를 정확히 표시한다. 이때 표시선은 표면처리시 지워지지 않도록 소요길이보다 길게 표시한다.

② 콘크리트 표면에 계측기기를 직접 설치하는 경우에는 공극이나 균열을 피하여 표면을 연마하여야 한다. 표면에 공극이나 균열이 존재하면 에폭시 등 보수재를 이용하여 공극을 채우고, 보수재가 경화된 후에 표면을 재연마하여 매끄럽게 하여야 한다.

③ 표면 처리된 표면에 다시 부착위치를 표시하는 표선은 선정된 계측기기 부착위치를 응력방향과 일치하도록 가는 유성 펜 또는 연필을 이용하여 정확히 표시한다.

(4) 지중 매설을 위한 보링과 공내 충진은 계측목적에 적합하도록 실시하여야 한다.

① 지중에 매설되는 계측기기는 지반의 교란을 최소화할 수 있는 천공장비를 사용하여 설치하여야 한다. 계측기기 설치를 위한 보링은 케이싱을 전부 설치하여야 하며, 보링내경은 전부 86㎜ 이상이어야 한다.

② 보링장비는 지반에 평행하게 설치할 수 있도록 X, Y, Z축으로 1°이내로 조정가능하여야 하고 보링작업 동안 수직도를 1°이내로 유지할 수 있는 성능을 가진 장비를 사용한다.

③ 계측기기 매설위치는 천공 전에 측량을 실시하고 도면에 지반조사 위치, 계측기기 설치 위치 등의 측량성과와 위치를 표시하여 감독자의 승인을 받아 결정하여야 하며, 이 도면과 측량 성과는 훼손되지 않도록 보관, 관리하여야 한다.

④ 천공을 하여 설치하는 계측기기의 기준점은 예상되는 활동면 아래, 변위 및 침하 발생이 없는 지점의 암반까지 천공하여 설치하여야 한다.

⑤ 모래가 필터재로서 공내에 투입되는 계측기기를 설치할 때 공내에 충전하는 모래는 0.08mm체 통과량이 5%이하인 모래를 사용하여야 한다.

⑥ 모래가 필터재로서 공내에 투입되는 계측기기의 상단 1m는 그라우팅시 벤토나이트 시멘트 믹스가 모래로 혼입되는 것을 방지하기 위해 벤토나이트로 충전하여야 하며, 벤토나이트-시멘트의 혼합비율은 주변지반의 강도와 변형계수가 일치되도록 감독자 입회하에 시험 배합하여 결정하고 시험배합 결과를 제출하여야 한다.

⑦ 그라우팅 장비는 그라우팅 배출압력이 2.5MPa 이상인 장비를 사용하여야 한다.

⑧ 조사 설계용역의 토질조사 지질주상도, 현장조사 및 사전조사 보링결과를 참조하여 계측기기 설치심도 및 수량을 검토하여 감독자에게 보고하여야 하며, 이에 따라 변경된 수량은 정산처리 한다.

3.2.2 지표면 침하판

(1) 현장에 반입된 지표면 침하판은 설치하기 전에 반드시 시방서 사양과 동일여부를 검사한 후 설치하여야 한다.

(2) 침하판은 반드시 성토 착수 전에 설치하여야 하며 원지반에 소량의 모래 또는 양질의 토사를 원지반에 부설하여 침하판이 수평으로 설치되도록 평평하게 골라주어야 한다.

(3) 외부보호관과 내부침하봉이 접촉될 시에는 파이프의 마찰로 인하여 측정오차가 발생할 수 있으므로 외부보호관 설치는 내부 침하 봉에 간격유지를 위한 스페이서를 설치하여야 하며, 성토가 계획고까지 도달될 때 까지 파이프를 동일한 방법으로 계속 연결하여 설치한다.

(4) 침하봉과 외부보호관은 최종 성토 완료시 성토상단 위로 적당히 노출시켜 측정에 지장이 없도록 해야 한다.

(5) 침하판이 설치되면 바로 수준측량에 의해 침하전의 초기치를 측정한 후 반드시 공사감독자의 확인을 받아 초기치로 사용하여야 한다.

(6) 성토시 침하판이 이동하거나 경사지는 것을 방지하기 위해 침하판 주위에 직경 2m, 높이 1m정도로 조심스럽게 인력으로 성토를 먼저 하여 측정시 오차가 발생하지 않도록 해야 한다.

(7) 침하판마다 일련번호를 표시한 명찰을 반드시 부착하여 침하판 일련번호 혼동으로 인한 측정오류를 방지하여야 한다.

(8) 지표면 침하의 기준점을 기준으로 지표면이 침하를 계측하는 경우 기준점은 지표침하의 영향을 받지 않은 곳에 설치하여야 한다.

3.2.3 지하수위계

(1) 지하수위계는 예상되는 최저 지하수위 하부에 설치하여야 한다.

(2) 피에조미터 팁에 모래주머니를 고정시키고 케이싱을 커플링으로 연결한다.

(3) 팁이 Pet Mat에 닿도록 삽입시키고 팁 상단에 두께 50㎝이상의 모래를 부설하고, 설치가 완료되면 케이싱 상부에 보호마개를 설치한다.

(4) 설치되는 케이싱의 상단에 케이싱의 총 연결 길이를 기입하여 설치하고 관리하여야 한다.

(5) 피에조미터 팁을 싸는 필터의 간극크기 규격은 80㎛이하이어야 하며, 피에조미터 팁을 싸는 필터에 넣는 모래는 80㎛체 통과량이 5%이하이어야 한다.

3.2.4 지중경사계

(1) 안정관리 목적에 부합되는 측정방향을 설정하여야 한다. 가능한 1-3 축의 1축이 주방향이 되도록 한다.

(2) 보링 내경 86mm 이상의 설치공을 지지층까지 천공한다.

(3) 줄자에 원형 추를 연결하여 천공심도를 확인한다.

(4) 천공 후 맑은 물로 깨끗하게 세척하여 슬라임을 제거하여야 한다.

(5) 최초에 삽입되는 케이싱 단부는 End Cap을 써서 이물질이 케이싱 내부에 들어가지 않도록 한다.

(6) 최초에 사무실에서 미리 수평변형량과 수직변형량을 고려하여 케이싱과 커플링을 조합하여 천공심도에 맞게 배열한다. 또한 몇 개의 케이싱과 커플링을 볼트로 연결하고 고무테이프로 감아 봉인(Sealing)처리한 후 각각에 대하여 번호를 연결된 케이싱에 기입하고 감독자의 검측을 받은 후, 현장에 반입하여 연결된 케이싱을 번호별로 설치공내에 케이싱의 홈의 방향을 맞추어 삽입하여야 하며 연결부에 Riveting과 봉인처리를 하면서 지지층(기반암)까지 케이싱을 설치한다.

(7) 되메움 재료는 측정관 주위의 토질에 따라 채택한다.

① 점토층 : 시멘트 벤토나이트용액

② 자갈층 : 모래

③ 풍화암층 : 시멘트 그라우팅

(8) 상단부에 마개를 씌우고 계측기기 보호휀스를 설치하여 파손을 방지하여야 한다.

(9) 그라우팅재가 양생된 후 침하된 부위에 다시 그라우팅재를 채운다.

(10) 되메움 양생이 완료되면 측정공 주위에 상단면 0.4 × 0.4m, 하단면 1.0 × 1.0m, 깊이 0.3m로 터파기하고 보호용 콘크리트 타설 후에 보호 박스를 깊이 20㎝를 콘크리트 속에 삽입시킨 후 양생시켜 계측용 PAD 및 보호 박스를 설치한다.

(11) 초기치를 측정한다.

3.2.5 간극수압계

(1) 보링 내경 86~116mm 이상의 설치 공을 계획심도까지 케이싱을 설치하면서 천공하며, 지반을 교란시킬 수 있는 천공장비는 사용하여서는 안 된다.

(2) 피에조미터 팁을 설치할 부근의 공벽 케이싱을 제거한 후 슬라임이 없도록 맑은 물로 깨끗이 세척하여야 하며, 이때 공기를 이용하여 청소하여서는 안 된다.

(3) 모래를 피에조미터 팁 아래에 20cm 이상 채운다.

(4) 줄자에 원형추를 연결하여 천공심도를 확인한다.

(5) 간극수압계 팁을 24시간동안 물로 포화시켜 팁에 있는 기포를 제거하고 계측기기 카탈로그에서 제시하는 방법으로 초기 값을 읽어 기록한다.

(6) 포화된 간극수압계를 시험공에 투입하여 계측기기의 이상 유무 및 소정의 정밀도를 확인하여 감독자의 승인을 받은 후, 물속에 잠겨있는 간극수압계 팁을 물에 잠겨있는 채로 현장에 운반하여 포화된 Package나 Filter bag에 넣어 소정의 심도에 간극수압계를 설치한다.

(7) 피에조미터 상부 20cm이상 모래를 채우고 다져 투수층을 형성한다.

(8) 케이싱을 1m 정도 제거한 후 모래층으로 벤토나이트 그라우팅 액의 침투를 방지하기 위하여 모래층 상부에 두께 100cm의 벤토나이트 펠렛을 투입하고 다져서 벤토나이트 Plug를 만든다.

(9) 케이싱을 제거하면서 그라우팅 호스를 이용, 시멘트 벤토나이트 그라우팅을 하여 지표면(Sand Mat층)까지 불투수층을 형성한다. 이때 벤토나이트와 시멘트의 혼합비율은 주변지반의 강도와 변형계수가 일치 되도록 시험배합을 하여 결정한다. 그라우팅이 양생된 후 침하된 부위에 다시 그라우팅재를 채운다.

(10) 그라우팅을 실시하면서 과다한 수평변위를 대비하여 지중과 지표면의 케이블에 여유를 주어 지반변형에 따른 케이블 단선을 방지하고, 또한 보호관을 공내에 1m이상 삽입하여 케이블 단선을 방지하여야 한다.

(11) 그라우팅액의 양생이 완료되고 벤토나이트를 투입한지 최소 72시간 이상 경과한 후 초기치를 측정한다.

(12) 성토에 따른 케이블 보호를 위하여 지표면에서 케이블 여유를 확보한 후 보호관에 넣어 성토작업에 따른 케이블의 손상을 방지하여야 한다.

3.2.6 지중침하계

(1) 보링 내경 86~116mm이상의 설치공 케이싱을 설치하면서 지지층까지 굴진한다.

(2) 천공 후 맑은 물로 깨끗하게 세척하여 슬라임을 완전하게 제거하여야 한다.

(3) 줄자에 원형추를 연결하여 천공심도를 확인한다.

(4) 최초에 삽입되는 케이싱 단부는 선단 캡을 써서 이물질이 케이싱내부에 들어가지 않도록 한다.

(5) 현장 사무실에서 미리 수평변형량과 수직변형량을 고려하여 케이싱과 커플링을 조합하여 천공심도에 맞게 배열한다. 또한 몇 개의 케이싱과 커플링을 연결하여 고무테이프로 감아 봉인 처리한 후 각각에 대한 번호를 연결된 케이싱에 기입하고 마그네틱 감지소자를 설치계획심도에 부착하여 현장에 반입하고 연결된 케이싱을 번호별로 설치공내에 조립된 케이싱을 그라우팅 호스와 함께 천공 홀안에 삽입하여야 하며, 연결부 조임과 봉인 처리를 하면서 지지층까지 케이싱을 설치한다.

(6) 기준 마그넷(Datum Magnet)는 하단에, 층별 마그넷(Spider Magnet)는 계측지점마다 부착시켜 신축성 있는 줄을 이용하여 상부까지 연결하고 지표면에는 평판 마그넷(Plate Magnet)를 부착한다. 단 Spider Magnet은 그 지층에서 발생할 수 있는 침하량을 감안하여 신축자재한(Telescopic) 커플링 바로 하부에 Spider Magnet이 설치될 수 있도록 하여야 한다.

(7) 지중침하계 설치 지점까지 케이싱을 제거하고 Spider Magnet에 연결된 줄을 제거시켜 천공홀에 정착되도록 한다.

(8) 위의(7)항의 작업을 반복하여 각 지점에 Magnetic 설치 및 그라우팅을 완료한 후 호스를 제거한다.

(9) 초기치를 측정한다.

3.2.7 강우량계

(1) 강우량계는 지점의 강우를 정확하게 측정하여야 하므로 낙엽 등의 영향을 받지 않는 곳을 선정하여 설치한다.

3.2.8 토압계

(1) 토압 측정기기를 설치하기 위해서는 최소 1m 이상의 트렌치 굴착을 하여야 한다.

(2) 굴착하부의 최소 300mm 심도는 수동 탬퍼 또는 램머로 다져야 하고 상부는 수개층으로 나누어 완벽한 다짐을 확보하며 되메우기를 하여야 한다.

(3) 굴착면의 경사는 1:1 보다 완만하게 하며, 토압을 측정하고자 하는 면은 돌출부가 없도록 평평하게 면고르기를 한 후 해당 계측기기를 설치하여야 한다.

(4) 토압 측정기기의 측정면이 토압작용방향을 향하여 수직이 되도록 설치한 후 움직이지 않도록 고정하여야 한다.

3.2.9 변형률계

(1) 계측기기부착위치 표시

계측기기 부착위치를 계측 대상 시설물의 해당부재에 표시하기 위해서 줄자나 표척 등을 이용한다. 설계도면과 실구조물의 제원이 상이한 경우가 있으므로, 부착위치를 표시하기 이전에 제원을 확인하여 계측기기 부착위치를 정확히 표시한다. 이때, 표시선은 표면처리시 지워지지 않도록 소요길이보다 길게 표시한다.

(2) 표면처리

① 콘크리트 표면에 공극이나 균열을 피하여 표면을 연마한다. 표면에 공극이나 균열이 존재하면 에폭시 등 보수재를 이용하여 공극을 채우고, 보수재가 경화된 후에 표면을 재연마하여 매끄럽게 한다.

② 철근을 노출시켜 계측기기를 부착할 수 있도록 편평하게 철근의 표면을 연마하여 매끈하게 한 후 탈지면에 아세톤을 묻혀서 이물질이 완전히 제거되도록 부착면을 깨끗이 닦는다.(전기저항식인 경우 적용)

③ 강재용 변형률계의 경우, 강재표면을 연마하여 녹이나 도장을 제거한 후 아세톤을 묻힌 탈지면을 이용하여 이물질을 완전히 제거한다.(전기저항식인 경우 적용)

(3) 표선작업

표면처리된 표면에 다시 부착위치를 표시하는 것이 표선작업이다. 표선은 선정된 계측기기 부착위치를 응력방향과 일치하도록 가는 유성펜 또는 연필을 이용하여 정확히 표시한다.

(4) 변형률계의 부착(전기저항식인 경우 적용)

변형률계의 부착면에 소량의 접착제를 바르고, 표선과 계측기기의 중앙선을 맞추어 각도 오차가 발생하지 않도록 주의하여 가볍게 밀착시킨 후, 기름종이 또는 폴리에틸렌 필름으로 계측기기를 덮은 후에 적당히 가압하여 계측기기를 측정면에 완전히 부착한다.

(5) 변형률계 절연저항 검사

변형률계를 붙인 후에 테스트기 또는 Digital Strainmeter로 저항을 검사한다.

(6) 계측기기와 리드와이어의 결선

변형률계에서 정·동적 응답측정기가 있는 측정 장소까지 리드와이어를 연장하고 결선을 한 후 결선부분은 납땜처리를 하고 납땜을 한 부위는 비닐절연테이프로 마감한다. 일반적으로 계측기기는 온도의 영향을 최소화하기 위해 1계측기기 3와이어 결선 방식을 이용하며, 결선 시 리드와이어의 입력선과 출력선의 색을 미리 약정하여 혼돈하지 않도록 주의한다.

(7) 저항 검사

계측기기와 리드와이어를 연결한 후에 리드와이어 끝단에서 저항값을 다시 검사한다.

(8) 방수·방습처리

방수게이지가 아닌 경우 계측기기를 부착한 후 표면과 주변부를 깨끗이 닦아주고, 방수처리제 또는 방습테이프를 이용하여 완전히 방수방습처리 한다. 이는 부착된 계측기기가 수분의 흡수, 외부손상 등에 의해 저항 값이 변하는 것을 방지하기 위함이다.

3.3 계측기기의 보호

(1) 공사중 계측에서 계측기기 설치 후 계측기기 주변에서 시행되는 각종 공사로 인하여 계측기기의 파손 및 작동 불량 등의 계측 불량을 방지하기 위하여 계측기기 설치 완료 즉시 보호하여야 한다.

(2) 설치된 계측기기 주변을 계측기기 관리 및 계측수행을 위하여 날씨 및 동식물의 생육으로 인한 악영향을 받지 않도록 충분한 보호조치를 취하여야 한다.

(3) 계측기기를 보호하기 위하여 설치하는 보호휀스는 계측기기를 중심으로 사각형으로 배치하고 각각의 보호휀스는 굵은 철사 등을 이용하여 이동이 되지 않도록 고정하여야 한다.

(4) 계측기기 및 보호휀스의 유지관리책임자는 과업책임기술자로 하고, 유지관리 책임자의 소속, 성명, 연락처 등을 명기하여 휀스에 부착 관리한다.

3.4 계측 자료 전송 케이블 설치

(1) 유선계측 및 유무선계측에서 계측 자료 전송을 위한 케이블은 상시계측용으로 적합한 형식으로 선정하고, 케이블 포설 계획, 통신규격과 케이블 연결 및 접속에 대한 설치 계획을 수립하여야 한다.

(2) 계측기기의 케이블은 계측기기 전용 케이블을 사용하여야 하며, 계측기기에서 접속점이 없이 단일선으로 구성하는 것을 원칙으로 한다.

(3) 유선계측 및 유무선계측에서 전기저항형식의 계측기기와 계측 자료 획득시스템을 연결하는 케이블의 길이가 너무 길면 저항값이 변화되어 정밀한 측정이 불가능하므로 유의하여야 한다.

(4) 계측 자료 전송 케이블의 접속이 불가피한 경우에는 전기저항, 절연저항, 인장강도의 저하가 발생하지 않도록 결선부분은 납땜처리하고, 납땜을 한 부위는 비닐절연테이프로 마감한다.

(5) 계측 자료 전송 케이블 접속은 반드시 점검이 용이한 장소에서 시행되어야 하며, 점검이 용이하지 않은 장소에서의 접속은 피하여야 한다.

(6) 배선 연결용 커넥터를 사용하여 자료 전송 케이블을 접속하는 경우에는 주위에 충분한 여유가 있는 장소에서 수분 등으로 부터 밀폐된 접속함을 부착하고, 그 속에서 연결하여야 한다.

(7) 계측용 배관을 설치하여 모든 계측기기의 케이블을 보호하여야 한다.

(8) 계측용 배관은 케이블의 단면적이 32%를 초과하지 않도록 한다.

【표 4】 계측용 케이블의 조건

구 분	공사계측 및 유지관리계측 공통
배관단면적	【케이블 단면적의 총합계가 배관단면적의 32%이하】 “전기통신설비의기술기준” 및 “전기설비기술기준” 규정 준용
배관내 포설	【통신선과 전력선 구분 포설】 “전기설비기술기준” 규정 준용

(9) 계측용 배관에는 계측용 케이블을 단독으로 사용하여야 한다. 단, 계측용 케이블에 통신장애를 일으키지 않는 타 케이블은 감독자가 확인하여 공동으로 사용할 수 있다.

(10) 케이블 끝단은 방수처리를 하여 물이 침투하지 못하도록 하여야 한다.

(11) 케이블의 끝부분에는 계측기기의 종류, 번호, 선 종류 등을 표시하여 서로 바뀌지 않도록 하여야 한다.

3.5 계측시스템 설치에 따른 검사 및 시험

(1) 계측시스템에 사용된 장비는 현장에서 인도 시와 조립 완성 후 검사와 시험을 거쳐야 한다.

(2) 계측시스템의 검사와 시험에는 시스템의 가동, 계측자료 취득처리 및 측정값의 신뢰성을 포함하여야 한다.

(3) 계측기기의 인도 시 형식 및 제조번호 이상 유무를 확인하고, 외관조사를 실시하여 깨짐, 흠집, 부식, 나사풀림 등 이상이 없어야 한다.

(4) 현장에서 인도 시 실시하는 검사는 모든 기기에 대한 공인기관의 시험성적서를 첨부하여 실시하여야 한다. 단, 발주자가 인정하는 경우에는 제작업체 자체의 시험 성적서로 대체할 수 있다.

① 공업 표준화법에 의한 한국공업규격 표시품인 경우

② 공산품 품질관리법에 의한 품질등급을 획득한 제품인 경우

③ 전기 통신 기본법에 의한 전기통신자재 형식승인을 필한 경우

(5) 계측기기를 설치한 후와 리드와이어를 연결한 후에 리드와이어 끝단에서 저항값을 검사하여 계측기기의 이상유무를 검사하여야 한다.

(6) 장기 또는 상시 계측을 위한 설치 공사 후 조정 및 시험을 완료하고, 시운전 시험을 실시해야 한다.

① 계측기기 설치 책임기술자는 무부하 상태에서 기기의 1차 시운전에 대한 책임을 지며, 시험 완료후 시험 결과 보고서를 감독자에게 작성 제출하여야 한다.

② 종합 시운전은 부하 상태에서의 시운전으로서 본 설비와 관련된 타설비와의 종합적인 시운전을 포함하여 총괄적인 기능을 이룰 수 있게 하여야 한다.

③ 시운전 시험기간은 최소 30일 이상이어야 한다.

3.6 계측의 수행

(1) 현장에서 계측결과의 분석이 이루어지도록 계측을 수행하여야 한다.

(2) 계측의 수행과 관리는 발주자나 시설물 관리주체가 계측전담반을 직접 운영하거나 계측전문업체에 위탁하여 수행할 수 있다.

(3) 계측책임기술자는 계측기기의 특성과 계측기기가 부착된 부재의 거동을 이해할 수 있는 건설관련분야의 특급 기술자이어야 한다.

(4) 자동화 계측을 하는 경우, 모든 계측기기는 항시 작동상태에 있어야 하며, 일정한 관리치 이상의 모든 측정값을 상시 측정 기록할 수 있어야 한다.

(5) 정적계측은 한번 측정할 때마다 같은 날 최소 3회 이상 측정한 후, 그 평균값을 측정값으로 채택하여야 한다.

(6) 각 계측항목별 결과는 상호 비교분석이 필요하므로 관련 계측항목은 동일시기에 측정을 실시하고, 그 중 빈도가 높은 것은 별도로 측정하여야 한다.

(7) 이상홍수, 지진 등 시설물의 안정성에 영향을 미치는 현상이 발생하였을 때는 즉시 측정 및 분석을 실시하여 시설물의 이상 유무를 판정하고, 이상이 있을 시는 긴급대책을 강구하여야 한다.

3.7 계측빈도

(1) 계측빈도는 붕괴유발부재와 붕괴유발부재가 아닌 경우로 분류하여 정한다.

(2) 계측대상 시설물의 공사 진행현황 또는 시설물에 영향을 줄 수 있는 사항 등을 고려하여 단계별로 계측주기를 결정한다.

① 시운전 단계 : 계측기기 설치 후 1개월 이상

② 일상계측 단계 : 계측을 시작하여 계측 완료시까지 실시

③ 중점계측 단계 : 대상시설물에 주요하중이 작용하는 기간에 실시

④ 특별계측 단계 : 측정치가 이상거동을 보이는 경우 안전이 확인될 때까지 특별관리를 하면서 실시

(3) 공사계측은 공사진행에 따라 작업원의 안전 확보가 우선되는 경우 또는 장마, 태풍, 지진 등에는 계측빈도를 늘려야 한다.

(4) 계측항목과 빈도를 현장여건을 감안하여 변경하고자 할 경우에는 계측자료 분석 등을 통하여 변경의 타당성을 확보하고, 감독자의 확인을 받은 후에 조정할 수 있다.

3.8 계측 기간

(1) 계측의 목적, 계측대상 시설물의 위험상황, 계측기기의 특성, 계측기기의 배치, 현장조건(특히 보전대상 구조물), 기상 요인의 영향 등을 고려하여 과부족이 없도록 계측기간을 설정하여야 한다.

(2) 공사계측의 계측 기간은 계측기기 설치 후부터 측정값의 수렴이 확인될 때까지를 원칙으로 한다. 계측기의 수렴 여부는 일정 기간 동안의 변화량으로 판단하며, 절대변화량 또는 총 누계변화량에 대한 상대변화량으로 정한다.

(3) 유지관리하고 있는 시설물의 계측은 특별한 사유가 없는 한 지속적으로 실시되어야 한다.

(4) 일반적인 계측기간의 개시 시기 결정을 위한 기본적인 사항은 아래와 같다.

① 모든 계측기기는 가능한 각종 인자로 인한 영향을 최소로 받는 상황에서 계측을 개시하여야 한다.

② 공사 개시 전에 설치할 수 없는 계측기기에 대해서 계측기기를 설치할 수 있는 조건이 되면 즉시 계측을 개시하여야 한다.

③ 육안으로 확인되는 변형이 발생되면 즉시 계측을 개시하여야 한다.

(5) 계측기간의 완료 시기 결정을 위한 기본적인 사항은 아래와 같다.

① 공사계측은 측정값의 수렴이 확인될 때까지를 원칙으로 한다.

② 가시설의 계측은 가시설 철거 직전까지 실시한다. 단, 토류벽과 같이 단계적 철거를 하는 경우, 단계적으로 계측을 완료하여야 한다.

③ 공사 중 주시설물의 계측은 계절변화에 따른 기상 요인의 영향 등이 미치는 영향을 판단하기 위해서 충분한 기간동안 계측을 계속하고, 기상 요인의 영향에 의한 변동을 확인하여 완료하여야 한다.

④ 공사계측이 유지관리계측으로 이관되는 계측의 경우 기상요인에 의한 변동만이 확인되는 계측기기는 시설물 유지관리부서와 협의하여 완료하고, 시설물 유지관리에 필요한 계측기기만을 계측하는 것을 원칙으로 한다.

⑤ 시설물 유지관리에 필요한 계측기기에 대한 계측을 종료하고자 하는 경우에는 계측 자료에 대한 전문가의 자문회의나 정밀안전진단 결과를 참고하여 결정한다.

3.9 계측결과의 정리 및 분석

(1) 계측결과의 정리는 계측 수행 직후에 수행하여야 하며, 현장에서 얻어진 자료는 즉시 공사현황 및 기상상태 등을 고려한 분석을 통하여 성과를 도표 등으로 가시화하여야 한다.

(2) 모든 통신, 기술내역서, 도면 등에서 측정단위로서 SI단위를 사용하고, 도면이나 인쇄물에서 다른 단위를 사용했을 때는 이에 상당하는 SI단위를 첨부해야 한다.

(3) 모든 계측 결과 기록지에는 사업명, 위치, 계측대상 시설물명, 측점, 계측항목, 계측위치, 측정일시, 측정자 등을 기재하여야 한다.

(4) 계측결과는 측정일자, 경과일수, 초기치, 금회 변위, 누계변위를 정해진 양식에 계측항목별로 별도로 정리하여야 하며, '시간(경과일수)-계측치'를 그래프로 표시하여 계측치의 변화경향을 신속히 파악할 수 있도록 하여야 한다.

(5) 계측결과는 부재의 거동을 이해할 수 있는 경험이 풍부한 해당분야 건설관련분야의 특급 기술자에 의하여 분석되어야 한다.

(6) 계측 결과 분석은 당해 현장 또는 유사 현장에서 수행한 수치해석결과, 경험치, 타 계측결과 등을 참조하여 실시하며, 각종의 계측결과를 상호 연계시켜 분석하여야 한다.

(7) 태풍, 지진 등 계측대상 시설물의 안정성에 영향을 미치는 현상이 발생하였을 때는 즉시 측정 및 분석을 실시하여야 한다.

(8) 계측 분석 결과 구조물의 안전성에 영향이 있다고 판단되는 경우에는 이에 대한 적절한 응급조치를 취하고, 감독자에게 이 사실을 즉각 알려 조치를 취하도록 한다.

(9) 설계 내용과 계측성과의 분석 결과가 상이하여 설계변경이 필요한 경우에는 이를 감독자에게 보고하고 승인을 받아야 한다.

3.10 계측관리 기준

(1) 계측관리 기준은 재료의 성질에 의한 방법과 계측 기간 중 측정값의 변화에 의한 방법으로 결정한다.

(2) 계측관리 기준은 실내시험, 이론 및 수치해석, 그리고 초기 시공실적 및 유사한 조건을 갖는 계측결과를 토대로 종합적인 검토를 통해 결정하는 것이 합리적이다.

(3) 재료의 성질에 의한 계측관리 기준값은 구조계산서를 참고하여 결정한다.

(4) 계측기간 중 측정값의 변화에 의해 계측관리 기준값은 일일변화, 주간변화, 월간변화의 절대변화량 및 변화속도 등을 참고하여 지속성 또는 급변성에 대해 각각 결정한다.

(5) 계측관리 기준값은 설계·시공에 포함되는 많은 가정 조건이나 주변 환경조건 등을 고려하여 관리하기 쉽도록 여러 단계에서 판단할 수 있도록 설정한다.

(6) 계측관리 기준은 보통수준, 주의수준, 경계수준, 대비수준으로 구분되는 4단계로 구분하여 각각의 단계에 대해 조치사항을 제시한다. 계측 대상 시설물에 따라서 계측관리 수준의 단계를 변경할 수 있다.

【표 5】 관리수준에 따른 대응방안

관리 수준	대 응
보통 수준	보통의 시공 및 공용 중 관리 체제
주의 수준	육안관측 강화, 계측 빈도의 증가, 주변 조사, 대체공의 검토, 관리 기준치의 제고
경계 수준	시공 및 사용 중단, 육안관측 강화, 계측 빈도의 증가, 주변 조사, 응급대책, 대책공의 제고 시공
대피 수준	시공 및 공용중지, 대피 통행 정지, 엄중 경계

3.11 계측 결과 보고

(1) 공사계측관리 책임기술자는 계측수행 후 계측결과를 지체없이 일일 보고하여야 한다.

(2) 공사계측관리 책임기술자는 측정한 자료의 변화량, 증감정도, 증감속도, 위치를 그래프 및 요약 정리하여 주간보고를 하여야 한다.

(3) 공사계측관리 책임기술자는 측정한 자료인 변형량, 증감정도, 증감속도, 위치를 그래프 및 요약 정리하여 관리기준과 비교분석한 결과를 월간보고하여야 한다.

(4) 유지관리하고 있는 시설물의 계측 결과 보고 주기는 발주자와 협의하여 결정한다.

(5) 현저히 큰 변위가 발생하는 경우 또는 현장 여건상 긴급한 조치가 필요한 경우에는 수시 보고하여 대응할 수 있도록 하여야 한다.

(6) 대상시설물의 계측이 종료되면 공사기간 중 모든 계측기록 결과와 성과분석 자료 등을 종합 정리하여 감독자에게 제출하여야 한다.

3.12 계측기기의 관리

(1) 설치된 계측기기는 성능보존 및 계측결과의 신뢰성 확보를 위하여 제작사가 제시한 방법과 절차에 따라 관리하여야 한다.

(2) 설치된 계측기기에는 지침표찰을 부착하여야 하며, 지침표찰에는 계측명, 위치, 초기 측정 일자와 초기 측정값, 계측기기 유지관리담당자를 기록하여야 한다.

(3) 계측 기간 중 계측기기가 손상되었을 경우에는 계측기기 파손 즉시 감독자에게 보고한 후 재설치하여 계측을 계속 수행하여야 한다. 교체 및 재설치를 할 수 없는 계측기기의 경우에는 전문가의 자문을 구하여 별도의 관리방안을 강구하여야 한다.

(4) 계측기기는 혹한기에도 가동되도록 적절한 보호조치를 해야 한다.

(5) 계측기기가 차량 및 장비로부터 보호되도록 계측기기 주변에 계측기기 보호휀스를 설치하고 현장작업자들에게 주지시켜야 하며 계측기기 주변 공사 시는 유지관리 담당기술자가 현장에 위치하여 감시하여야 한다. 만약, 부주의로 인한 계측기기 손상이 발생할 경우 수급인 부담으로 지체 없이 복구하여야 한다.

(6) 계측기기에 대한 정기적 신뢰성 평가를 실시하여야 하며, 신뢰성 평가는 경시변화에 의한 판정, 전기적 점검에 의한 판정, 구조물 거동분석 등의 계측결과 분석에 의한 판정을 종합적으로 고려하여야 한다.

3.13 계측기기 및 계측시스템의 보정

(1) 계측기기 및 계측 시스템은 설치 전 및 설치 직후에 검사하고, 장기간 사용할 경우 정기적인 검사에 대한 계획을 세워야 한다.

(2) 계측수행 중 측정값이 특이하게 변화되는 경우 계측기기 및 계측시스템의 이상 유무를 검사하고, 필요시 보정하여야 한다.

(3) 계측시스템의 구성 장비는 주기적으로 국가인증 검·교정 기관 또는 이와 동등이상의 자격을 갖춘 기관에서 검·교정을 받는 것을 원칙으로 하나, 국내에 해당 검교정기관이 없거나 신기술에 의한 장비의 경우에는 해당 장비의 제조사의 매뉴얼에 따른다.

3.14 계측시스템의 운용

(1) 계측 관리 업무에 종사하는 자는 아래와 같은 사항을 준수해야 한다.

① 계측기기나 계측 장비의 결함이나 파손을 초래하는 요인을 사전에 조사하여 고장발생을 미연에 방지하도록 최선을 다하여야 한다.

② 계측기기나 계측기기의 이상 유무를 조기에 발견하고, 발견 즉시 조치하여야 한다.

(2) 계측관리 업무를 효과적이고 체계적으로 수행하기 위해서는 아래와 같은 운영 방침을 수립하여야 한다.

① 계측 시설물에 대한 지속적인 점검과 정비를 효과적이고 체계적인 방법으로 실시한다.

② 계측기기의 관리를 우선으로 하고, 부속 시설물(케이블 등)도 정비를 철저히 하여야 한다.

③ 정비를 효과적으로 수행하기 위해서는 보수의 타당성을 사전에 충분히 판단한 후, 적정한 규모와 경제적인 방법으로 적기에 시행한다.

(3) 효율적인 계측시스템의 유지관리를 위해 아래와 같이 단계별 유지관리 계획을 수립하여 계측기기 및 장비를 관리하여야 한다.

① 자동화 계측인 경우 1일 1회 이상, 수동계측인 경우 1주일 1회 이상 측정값을 확인하는 일상계측관리계획을 수립하여야 한다.

② 분기별 1회 이상 계측시스템 이상 유무 등을 점검하는 정기유지관리계획을 수립하여야 한다.

③ 구조물의 이상 거동 발생 및 측정값의 관리기준치 초과 시, 천재지변(지진, 대홍수, 태풍 등), 구조물 내 화재발생, 구조물 파손 등의 사고발생, 인접지역의 굴착공사 등 긴급사항 발생 시 계측시스템을 정밀점검하는 긴급유지관리계획을 수립하여야 한다.

3.15 직영관리체계의 기술지도와 관리

(1) 계측 시스템을 시공사 혹은 구조물 관리주체에서 직영으로 관리하는 경우에 계측시스템을 설치하는 계약자는 유능한 기술자를 현장에 투입하여 계측시스템에 대한 관리와 기술 지도를 해야 한다.

① 현장에서의 계측시스템의 점검 방법

② 장비의 정밀도 검사와 시운전 및 성능보증시험

③ 계측기기 설치

④ 계측시스템 운용

(2) 계측시스템을 설치하는 계약자는 공급한 장비의 적절한 보수관리를 위한 예상 유지보수부품 및 소모품 내역을 제공하여야 한다.

CHAPTER

02 연약지반 공사계측

1 일반사항

1.1 적용범위

(1) 본 장은 연약지반 공사 중에 연약지반의 침하 안정관리를 위해 실시하는 계측에 적용한다.

(2) 본장에서 규정하지 않은 사항은 총칙에 준하여 실시한다.

1.2 계측계획의 수립

(1) 연약지반으로 분류되는 지반에 시설물을 시공할 때에는 시설물뿐만 아니라 연약지반의 침하, 안정관리를 위하여 계측계획을 수립하여야 한다.

(2) 연약지반의 안정처리를 실시하는 경우 연약지반의 안정화를 파악하기 위한 계측계획을 수립하여야 한다.

(3) 연약지반상에 시공되는 시설물에 대해서 계측계획을 수립하여야 한다.

(4) 연약지반의 불안정으로 인하여 영향을 받을 수 있는 주변시설물에 대해서 계측계획을 수립하여야 한다.

1.3 계측단면의 선정

(1) 연약지반의 계측단면은 연약지반의 심도별로 계측단면을 선정하여야 한다.

(2) 계측단면은 현장 상황을 대표할 수 있는 장소, 또는 큰 변형이 예측되는 장소를 선정하여야 한다.

1.4 계측항목의 선정

(1) 연약지반의 계측항목은 연약지반의 침하, 활동을 측정할 수 있는 계측항목뿐만 아니라 연약지반의 안정화를 측정할 수 있는 계측항목을 선정하여야 한다.

(2) 계측항목은 계측기기에 의해 측정할 수 있는 계측항목뿐만 아니라 육안으로도 쉽게 확인할 수 있는 계측항목을 선정하여야 한다.

(3) 연약지반의 계측항목은 지중의 계측항목뿐만 아니라 지표의 계측항목을 포함하여야 한다.

1.5 계측기기의 배치

(1) 계측기기는 경제성, 시공성을 고려하고 지층구성 및 성토시기 등을 감안하여 지반거동을 대표할 수 있는 최소한의 점을 선정하여 최대효과를 얻도록 배치하여야 한다.

(2) 연약지반의 침하 및 활동에 의하여 영향을 받을 수 있는 범위까지를 계측기기를 배치하여야 한다.

(3) 연약지반에 계측기기를 매설할 경우 설치 시, 준설 또는 매립 시, 프리로딩 재하 및 제거 시 계측기기가 망실될 확률이 높으므로 현장여건을 감안한 계측기기 망실율이 반영되어야 한다.

2 재료

2.1 계측시스템 선정

(1) 계측기기, 스위치박스, 데이터 수집 장치(Data Logger), 기록기, 데이터 저장 및 분석을 위한 컴퓨터, 그 밖의 주변기기 등을 포함한 계측 자료 획득시스템과 계측 자료 전송시스템을 포함하여 계측에 필요한 모든 장치 및 운용시스템의 선정은 총칙편의 2. 재료를 참고하여 상세한 현장조사를 실시한 후 선정하여야 한다.

3 시공

3.1 계측기기의 설치

(1) 계측기기는 정해진 위치에 설치하는 것을 원칙으로 하나, 필요시 공사 감독자와 협의하여 설치위치를 변경할 수 있다.

3.2 계측의 수행

3.2.1 지표면 침하판 레벨 측량

① 과업착수 즉시 계측기기 배치도면을 참고하여 본 사업지구 외곽의 고정지반에 최대 500m 이내의 간격으로 견고하게 부동의 TBM(Temporary Bench Mark)을 설치하고, 과업부지내에 소재한 1등 수준점으로부터 1등 수준측량 기준에 맞도록 왕복 수준측량을 실시하여 TBM의 표고를 계산하여 본과업의 수준측량 기준점으로 사용하여야 한다.

② 설치된 TBM을 기준으로 해당 TBM을 이용할 침하판 관리구역을 설정한다.

③ 측정은 TBM과 침하판에 연결된 로드상단 사이의 고저차를 수준 측량한다. 수준측량은 원칙적으로 Level측량기로 수행하여야 하며 현장여건상 부득이한 경우 광파기를 이용한 간접측량에 의한 수준측량을 실시할 수 있다, 또한 과업수행에 사용할 측량기는 요구되는 성능 이상의 측량기를 사용하여야 하며 기계의 성능에 대하여 감독자의 사전 승인을 받아야 한다.

④ 침하량은 초기 EL.(Elevation)과 측정 EL.의 차이를 침하량으로 한다.

⑤ 침하판에 대한 매회의 수준측량은 관리구역 단위로 실시하고 해당 TBM에 폐합시켜 측량의 정밀도를 검정한 후 오차를 보정하여야 하며, 계측성과는 측량야장과 침하관리대장을 정리하여 확인을 받아야 한다.

⑥ 매회의 측정완료 후 시간 – 침하량관계 그래프에 측정된 침하량을 기입하여 측정 이상 유무를 확인하여야 하며, 이상이 발견된 경우에는 즉시 재 측정하여 부실측정이 되지 않도록 해야 한다.

⑦ 침하판에 대한 매회 수준측량 시 성토상단도 동시에 측량하여 계측 데이타의 분석 및 역해석시 활용이 되도록 하여야 한다.

(2) 설치되는 모든 계측기기(침하판, 층별침하계 소자 설치심도 등)의 초기치를 측정할 때마다 수준측량을 실시하여야 하며, 모든 계측치는 EL.으로 표기하여 관리하여야 한다.

3.2.2 지하수위계

(1) 재하 성토 전 원지반의 초기 지하수위는 확인보링조사 또는 매설단계 보링조사 공에서 측정한 지하수위를 사용한다.

(2) 초기치 및 계측치를 측정하여 감독자에게 제출하여 확인을 받아야 한다.

(3) 지표면 침하판의 침하봉의 Level과 지하수위계의 케이싱 길이를 이용하여 측정치를 EL.로 계산하여야 한다.

(4) 과업 지구외에 설치된 지하수위계는 케이싱 상단에 대한 수준측량을 일정기간마다 실시하여 케이싱의 침하여부를 확인하여야 한다.

3.2.3 지중경사계

(1) 측정방향을 명찰에 표기하여 일정하게 유지하여야 하며 케이싱 하부에서 상부방향으로 0.5m마다 측정한다.

(2) 초기치 및 계측치를 측정하여 감독자에게 제출하여 확인을 받아야 한다.

3.2.4 간극수압계

(1) 측정시 간극수압계 설치지역의 연약층 심도의 2배 반경 이내에서 성토중이거나 중장비가 있는 경우에는 측정을 실시하여서는 안 된다.

(2) 초기치 및 계측치를 측정하여 감독자에게 제출하여 확인을 받아야 한다.

(3) 계측치는 지하수위 변동에 따른 지하수위 보정을 하여야 한다.

(4) 온도는 각 계측기기의 계측치를 이용한다.

(5) 보정은 분석 S/W에서 자동적으로 이루어져야 한다.

(6) 침하에 따른 간극수압계 계측기기의 매설심도변경을 층별침하계 소자의 계측결과를 토대로 계산하여 계측치를 보정하여야 한다.

3.2.5 층별침하계

(1) 측정방법은 Datum Magnetic으로부터 Spider Magnetic, Plate Magnetic 순서로 상대적인 변위를 측정한다.

(2) 측정단위는 mm단위로 하여야 한다.

(3) 초기치 및 계측치를 측정하여 감독자에게 제출하여 확인을 받아야 한다.

3.3 계측빈도

(1) 계측의 빈도는 설계도면 및 시방서를 표준으로 일반적인 계측빈도를 적용하되 현장여건과 상황에 따라 증감할 수 있다.

【표 6】 연약지반의 일반적인 계측빈도

계 측 기	성토완료 후 1개월까지	1개월 ~3개월	3개월 이후	비 고
지 중 경 사 계	1일 1회	1주 1회	2주 1회	수동 계측
지 하 수 위 계	1일 1회	1주 1회	2주 1회	수동 계측
지 표 침 하 판	1일 1회	1주 1회	2주 1회	수동 계측
층 별 침 하 계	1일 1회	1주 1회	2주 1회	수동 계측
간 극 수 압 계	1일 1회	1주 1회	2주 1회	수동 계측

주) 상기 측정 빈도는 위험발생시 - 변형수렴 시 등 변형의 증감정도 및 변형량 기타 현장상황에 따라 조정, 수행할 수 있다.

(2) 안정관리 지점은 성토 중 및 성토 완료 후 7일까지 기초지반의 변형량과 변형속도, 침하량과 침하속도를 상세하게 매일 계측 분석하여 안정된 상태에서 시공되도록 계측빈도를 결정하여야 한다.

3.4 계측 기간

(1) 계측관리 종료 시기는 계측결과는 토질 및 지반분야 특급기술자가 분석한 자료를 바탕으로 현장 상황에 따라 공사 감독자와 사전 협의하여 결정하여야 한다.

3.5 계측결과의 정리 및 분석

(1) 계측에 대한 기록결과의 성과분석 등은 토질 및 지반 분야 특급기술자 이상의 전문기술자에 의해 실시하여야 한다.

(2) 계측 결과는 일상의 시공관리에 이용 및 장래 계획에 반영할 수 있도록 정리하고, 계측결과를 분석한 자료는 공사 감독자에게 제출하여 시공성의 효과 및 시공수량 검증 등에 문제가 발생하지 않도록 최대한의 노력을 기울여야 한다.

3.6 계측결과의 활용

(1) 시공에 있어서는 각종 계측을 체계적으로 수행하면서 계측결과를 직접 설계 및 시공에 반영하여야 하며 계획시의 설계 내용을 보다 현장에 적절한 것으로 변경시키면서 공사의 안전, 경제성은 물론 시공성을 향상하도록 활용하여야 한다.

(2) 지반조사 결과와 실측 데이타를 기초로 하여 각 단위관리지역별 확인 및 완료단계별로 시간계수, 압밀계수, 압축지수, 지반강도 변화 등을 산출하여 지반처리 및 재하성토 후 예상한 압밀 촉진 효과가 얻어지는지 여부를 검토하고 성토 단계별 성토시기, 성토량, 성토속도 및 침하기간 등을 조성공사 설계상 계획과 비교, 재해석을 실시하여 재하 성토계획의 변경, 방치기간의 변경 등 대책을 수립하여 시공에 피드백(feed back)시켜야 한다.

(3) 연약지반 설계 시에는 복잡한 지층 구성상태를 대표화하고 대표적인 지반정수들을 적용함으로써 설계침하량과 실측침하량이 일치하지 않는 경우가 많다. 따라서 압밀이론에 관계없이 실측침하곡선에 적합한 곡선식을 도출하여 앞으로의 침하를 추정한 후 당초설계를 검토하여 실측침하와 불일치할 경우 이를 시공 및 설계에 다시 반영한다.

CHAPTER

03 비탈면깎기 공사계측

1 일반사항

1.1 적용범위

(1) 본 장은 비탈면 깍기공사 중의 안전관리를 위한 계측에 적용한다.

(2) 흙깍기 비탈면의 시공 중 배면 구조물 보호를 위한 계측은 굴착공사 계측시방에 따른다.

(3) 본 장에 명시되지 않은 사항은 총칙 사항에 따르며, 총칙에도 명시되지 않은 사항은 관련 설계기준 및 표준시방서에 의한다.

1.2 계측계획의 수립

(1) 비탈면 표면의 이동, 지층의 이동, 보강재에 발생하는 응력, 기상과 지하수위의 변화 등을 측정하고 이로부터 설계시 예측한 거동이 적절했는지를 확인하거나, 기 설계된 내용을 보완하기 위해 계측계획을 수립할 수 있다.

(2) 흙깍기를 함으로 인하여 발생되는 비탈면이 불량하거나 대규모 비탈면이 형성되는 경우에는 공사 중 비탈면의 낙석 감지, 비탈면 감시 등에서 비탈면 시공 중 안정관리를 위한 목적에 부합한 계측계획을 수립하여야 한다.

(3) 흙깍기 비탈면 상부 배면 및 비탈면 하부의 시설물이 있는 경우 시설물의 중요도, 차량 및 통행 인구 유무 등을 반영하여 계측계획을 수립하여야 한다.

1.3 계측단면의 선정

(1) 계측단면은 설계시 실시된 지반조사자료를 바탕으로 비탈면의 안정성에 결정적인 영향을 미칠 수 있는 구간, 현장 상황을 대표할 수 있는 구간, 큰 변형이 예측되는 구간을 선정하여야 한다.

(2) 주변에 시설물이 있는 경우 흙깍기로 인하여 시설물의 영향을 미칠 수 있는 단면을 계측단면으로 선정한다.

1.4 계측항목의 선정

(1) 비탈면 계측항목은 계측관리의 목적, 변상상황, 붕괴형태, 현장조건 등을 충분히 검토하여 결정하여야 한다.

(2) 비탈면의 안전관리를 위해 변위, 기울기, 균열 변화 및 지중의 수직·수평 변위, 지하수위, 간극수압, 강우량 등을 계측항목으로 선정하여야 한다.

(3) 옹벽과 같은 구조물이 있는 경우 구조물 변위, 기울기, 배면 지중 간극수압, 구조물 응력, 토압 등을 계측항목으로 선정하여야 한다.

(4) 비탈면 깍기 영향권 내의 특정 구조물 안전성을 판단하기 위한 지중수평변위 측정, 시설물경사도 측정, 균열 폭 측정, 지하수위 측정, 발파진동 및 소음측정 등도 필요에 따라 비탈면 공사계측에 포함한다.

1.5 계측기기의 배치

(1) 계측기기의 배치(설치 또는 배치밀도)는 계측기기의 선정과 동시에 중요한 검토사항으로 비탈면 붕괴나 활동 등의 블록분포상황, 위험상황, 계측기기의 특성 및 현지조건 등을 고려하여 붕괴나 활동 등의 위험인자 별로 수 종류의 계측기기를 수 개소에 적절히 배치하여 상호의 계측자료를 검토할 수 있도록 한다.

(2) 구체적인 계측기기의 배치에 대해서는 상세한 현장조사나 지질조사 등을 실시하여 붕괴 또는 활동의 형태를 추정한 다음, 각각의 원인별로 계측 항목과 계측기기의 관련성을 검토하고 배치 계획(설치위치, 배치밀도, 설치심도 등)을 수립하여야 한다.

【표 7】 비탈면의 붕괴 형태와 계측기기의 일반적인 계측항목

붕괴 형태	대상 지질	계측항목	계측기기	계측상의 문제점	비고
평면 활동 붕괴	연암, 경암	① 지표 변위량 (수평, 수직성분) ② 지중 변위량 (활동면의 확인)	① 지표면신축계, 이동말뚝측량, 침하핀 측량, GPS 등 ② 지중경사계, 지중 변위계 등	활동면 위치나 머리부 텐션 크랙의 위치 예측이 사전에는 어렵고, 깎기 후의 거동 계측밖에 되지 않음으로 지질구조 조사나 땅깎기 후의 비탈면 상세 관찰을 실시하는 것이 중요하다.	필요하면 우량계와 지하수위 관측을 실시한다.
쐐기 활동 붕괴	연암, 경암			변동활동블록의 사전 결정이 어렵고, 계측 위치의 결정이 곤란함으로, 지질 구조 조사나 땅깎기 후의 비탈면 상세 관찰을 충분히 실시하는 것이 중요하다.	필요하면 우량계와 지하수위 관측을 실시한다.
원호 활동 붕괴	토사, 연암, 경암	① 지표 변위량 (수평, 수직성분) ② 지중 변위량 (활동면의 확인)	① 지표면신축계, 이동말뚝측량, 침하핀 측량, GPS 등 ② 지중경사계, 지중 변위계 등	활동 블록의 사전 결정이 어렵고, 계측 위치의 결정이 곤란함으로, 지질 구조 조사나 땅깎기 후의 비탈면 상세 관찰을 충분히 실시하는 것이 중요하다.	필요하면 우량계와 지하수위 관측을 실시한다.
복합 활동 붕괴	토사, 연암, 경암, 암반 땅사태 풍화암 활동			사전조사 결과에서 지질구조를 검토하고 파괴토체의 범위를 예정하여 계측을 실시할 필요가 있다. 지반 활동 타입의 형태로 초생형의 경우에는 지형상에서의 예측은 곤란하다.	필요하면 우량계와 지하수위 관측을 실시한다.
전도 붕괴	연암, 경암	① 지표 변위량 (수평, 수직성분, 경사량) ② 지중 변위량 (활동면의 확인, 수평변위량)	① 지표면신축계, 광파측량법 ② 지중경사계, 지중 변위계	전도와 낙석·붕락의 구별이 의외로 어려우므로 충분한 지질조사를 실시하여 지질구조를 파악할 필요가 있다. 계측 자료에서 비탈면의 안정 평가와 결부시키는 것이 어렵다.	

붕괴형태	대상지질	계측항목	계측기기	계측상의 문제점	비고
응력 개방에 의한 변위	토사, 연암, 경암	① 지표면 변위량 ② 지중 변위량	① 광파측량법 ② 지중 변위계, 지중 경사계, 파이프변형계	응력개방에 따른 지반 팽창인가 활동이나 붕괴에 의한 변위인가의 구별이 어렵다. 응력 개방에 의한 변위가 발생된 경우 이 경향이 비탈면의 안정성에 어떻게 관련되는가 또는 주변에 대한 안정성의 평가가 어렵다.	열수변질을 받은 바위로 점토광물을 함유하는 경우, 발생되는 경우가 많다.
붕락 현상	연암, 경암	① 낙석표면 변위량 ② 낙석검지 ③ 대책공계측	① 광파측량법 ② 낙석감지기 ③ 록볼트 축력계, 숏크리트 응력계	전조 현상이 생긴 다음 붕락이 발생될 때까지의 시간이 짧다. 계측보다도 붕락 대책이 우선되는 경우가 많은 편이며, 대책공의 거동 계측이 금후 필요하다고 생각된다.	낙석감지기는 사후 검지이며, 예측되지 않는다.

【표 8】 비탈면 계측항목과 계측기기의 일반적인 배치 기준

현상	계측의 대상	계측항목	계측수순, 계측기기명	설치장소 및 설치방법
활동 거동	지표면 변동 (변형, 변위)	지반 신축 변위량	지표면 신축계	지표면의 균열이 포함되도록 다수 설치
		지반 경사 변위량	지반 경사계	지표면의 필요 장소에 다수 설치
		전도, 회전량	전도 스위치	이동암괴 표면부의 필요장소에 다수 설치
		낙석의 검지	검지선식 낙석검지기	낙석, 붕락 발생 장소에 필요수 설치
		지표 이동량	이동 말뚝 측량	지표면에 다수 이동말뚝을 설치, 광파측량.
			GPS 측량	지표면에 고정 관측정과 필요 장소에 다수 이동 표점을 설치, 인공위성에 의한 측량
			침하핀 측량	지표의 균열을 낀 침하핀을 다수 설치
활동 거동	지중 변동 (변형, 변위)	활동면의 위치 활동 암괴 이동량	삽입식 지중경사계	보링구멍을 이용하여 활동면을 끼고 다수 설치
			고정식 지중경사계 (설치형 지중경사계)	
			지중 변위계	
		지중의 융기, 침하량 이동량	지중 변위계	보링구멍을 이용하여 변위 발생 심도 보다 깊게 설치

<table>
<tr><th>현상</th><th>계측의 대상</th><th>계측항목</th><th>계측수순, 계측기기명</th><th>설치장소 및 설치방법</th></tr>
<tr><td rowspan="10">구조물의 거동</td><td rowspan="2">작용 외력</td><td>옹벽, 말뚝 등에 작용하는 토압</td><td>토압계</td><td>구조물의 필요장소에 다수 설치</td></tr>
<tr><td>앵커에 작용하는 장력 등</td><td>로드셀</td><td>앵커 구조물의 필요 장소에 다수 설치</td></tr>
<tr><td rowspan="2">내부 응력</td><td>대책공 변형
(축력, 휨모멘트로 환산)</td><td>변형게이지</td><td>대책공의 필요장소에 다수설치</td></tr>
<tr><td>철근의 변형
(축력, 휨모멘트로 환산)</td><td>철근계
(록볼트, 네일링 축력계)</td><td>원지반 보강재로서의 철근에 있어서 필요 장소에 다수 설치</td></tr>
<tr><td rowspan="6">변위, 변형</td><td rowspan="2">구조물 변위량</td><td>구조물 표면경사계</td><td>대책공이나 기설 구조물 표면의 필요 장소에 다수 설치</td></tr>
<tr><td>광파 측량법</td><td>대책공이나 기설 구조물 표면의 필요 장소에 다수 표점을 설치하여 광파측량 실시</td></tr>
<tr><td>강관 말뚝 처짐량</td><td>삽입형 지중경사계</td><td>강관 말뚝 내부의 필요 장소에 다수 설치</td></tr>
<tr><td>균열폭, 진행속도량</td><td>균열게이지</td><td>대책공이나 기설 구조물 표면에 발생된 균열을 끼고 다수 설치</td></tr>
<tr><td>뿜어 붙이기의 열화도, 공동추정</td><td>열 적외선 영상법
(리모트센싱기법)</td><td>적외선 카메라에 의한 뿜칠 콘크리트 표면 온도 정보의 영향 해석을 하여 배면 공동을 추정</td></tr>
<tr style="display:none"></tr>
<tr><td rowspan="5">수문 상황</td><td>지하수 변동</td><td>지하수위</td><td>지하수위계</td><td>관측정이나 보링공내를 이용하여 설치</td></tr>
<tr><td>수압 변동</td><td>활동면의 간극수압 변동</td><td>간극수압계</td><td>보링공내의 활동면 예측 부근에 설치</td></tr>
<tr><td rowspan="2">기상 자료</td><td>누적우량, 우량강도
실효우량, 융설량</td><td>우량계</td><td>계측 대상 비탈면에 가급적 근접된 적절한 장소에 수평으로 설치</td></tr>
<tr><td>융설량의 추정</td><td>적설량계</td><td>계측 대상 비탈면에 가급적 근접된 적절한 장소에 수평으로 설치</td></tr>
<tr><td>지하수 배수 효과</td><td>배수량의 변화</td><td>유량계</td><td>배수로의 필요 장소에 방축을 만들어 다수 설치
배수로의 노치 등에 다수 설치</td></tr>
</table>

2 재료

2.1 계측시스템 선정

(1) 계측기기, 스위치박스, 데이터 수집 장치(Data Logger), 기록기, 데이터 저장 및 분석을 위한 컴퓨터, 그 밖의 주변기기 등을 포함한 계측 자료 획득시스템과 계측 자료 전송시스템을 포함하여 계측에 필요한 모든 장치 및 운용시스템의 선정은 총칙편의 2. 재료를 참고하여 상세한 현장조사를 실시한 후 선정하여야 한다.

2.2 계측기기의 정밀도

(1) 지표면신축계는 −300~+300mm의 측정범위와 ± 0.2mm의 정밀도 이상을 갖는 계측기기를 사용하여야 한다.

(2) 광파측거기는 20~3000m의 측정범위와 ± 1/50,000~1/300,000의 정밀도 이상을 갖는 기기를 사용하여야 한다.

(3) 지반경사계는 1~500초의 측정범위와 ± 1초의 정밀도 이상을 갖는 계측기기를 사용하여야 한다.

3 시공

3.1 계측기기의 설치

(1) 사전 조사 결과 공사 중 변위가 발생할 것으로 예상되는 곳은 공사에 선행하여 설치하여야 하며, 계측기기 특성상 비탈면 시공이 완료되지 않은 상태에서 설치가 어려운 것은 해당 비탈면의 시공단계에 따라 시공이 완료된 직후 48~72시간 이내에 설치한다.

3.2 계측빈도

(1) 계측빈도를 일률적으로 하는 것은 부적절하며, 각각의 비탈면 상황, 현장 특성 및 전문가의 검토로 결정하여야 한다.

(2) 공사 완료 후 또는 대책공법 시공 후와 같은 경우에는 일반적인 빈도로 하는 것을 기본으로 한다.

(3) 비탈면 상태에 변동현상이 발생하여 시공 중 작업원의 안전 확보가 우선되는 경우 , 비탈면 붕괴나 활동 등에 직접 영향을 주는 호우, 융설, 지진 등의 외적 요인이 있는 경우에는 당초의 계측 계획으로 설정된 계측 빈도에 구애되지 않고, 순회 점검을 실시하는 동시에 계측 빈도를 늘려서 비탈면 거동을 감시하여야 한다.

(4) 수동계측을 하는 경우 일반적인 계측빈도를 참조하여 계측빈도를 결정할 수 있으나 사변의 안정에 직접 영향을 미치는 외적 요인이 있는 경우에는 순회 점검을 실시하는 동시에 당초의 계측 계획으로 설정된 계측 빈도에 구애받지 않고 계측 빈도를 늘려서 비탈면 거동을 감시하여야 한다.

【표 9】 비탈면 수동계측 시 일반적인 계측빈도

<table>
<tr><th rowspan="2">계측 대상</th><th rowspan="2">계측기기</th><th colspan="5">계측빈도의 목표(수동계측대상)</th></tr>
<tr><th>조사계획단계</th><th>시공단계</th><th>유지관리단계</th><th>효과판정</th><th>긴급시</th></tr>
<tr><td rowspan="7">지표면 변동 (변형, 변위)</td><td>지표면 신축계</td><td rowspan="2">3~4회/년</td><td rowspan="2">1회/일 또는 1~2회/주</td><td rowspan="2">4~6회/년</td><td rowspan="2">1~2회/주 또는 1회/월</td><td rowspan="2">1~2회/일</td></tr>
<tr><td>지반 경사계</td></tr>
<tr><td>전도 스위치</td><td></td><td rowspan="2">상시감시</td><td rowspan="2">상시감시</td><td rowspan="2">상시감시</td><td rowspan="2">상시감시</td></tr>
<tr><td>검지선식 낙석검지기</td><td></td></tr>
<tr><td>이동말뚝 측량</td><td></td><td rowspan="2">1회/일 또는 1~2회/주</td><td rowspan="2">4~6회/년</td><td rowspan="2">1~2회/주 또는 1회/월</td><td rowspan="2">1~2회/일</td></tr>
<tr><td>지표침하핀 측량</td><td></td></tr>
<tr><td>GPS 측량 (Global Positioning System)</td><td></td><td colspan="4">수신기를 설치하면 1~2회/일의 측정은 가능하다. 측정 빈도의 기준은 현재 없으나, 지표면의 수평방향 이동량 측정이 주가 되며, 이동말뚝 측량의 빈도와 같은 정도가 목표이다.</td></tr>
<tr><td rowspan="3">지중 변동 (변형, 변위)</td><td>지중 경사계 (Inclinometer)</td><td>3~4회/년</td><td rowspan="3">1회/일 또는 1~2회/주</td><td rowspan="3">4~6회/년</td><td rowspan="3">1~2회/주 또는 1회/월</td><td rowspan="3">1~2회/일</td></tr>
<tr><td>고정식 지중경사계 (In-Place-Inclinometer)</td><td></td></tr>
<tr><td>지중 변위계 (Rod-Extensometer)</td><td></td></tr>
</table>

<table>
<tr><th rowspan="2">계측
대상</th><th rowspan="2">계측기기</th><th colspan="5">계측빈도의 목표(수동계측대상)</th></tr>
<tr><th>조사계획단계</th><th>시공단계</th><th>유지관리단계</th><th>효과판정</th><th>긴급시</th></tr>
<tr><td rowspan="2">작용
외력</td><td>토압계</td><td></td><td rowspan="4">1회/일
또는
1~2회/주</td><td rowspan="4">4~6회/년</td><td rowspan="4">1~2회/주
또는
1회/월</td><td rowspan="4">1~2회/일</td></tr>
<tr><td>하중계</td><td></td></tr>
<tr><td rowspan="2">내부
응력</td><td>변형게이지</td><td></td></tr>
<tr><td>록볼트,
네일링 축력계</td><td></td></tr>
<tr><td rowspan="4">구조물
의
변형,
변위</td><td>구조물 표면경사계</td><td></td><td rowspan="4">1회/일
또는
1~2회/주</td><td rowspan="4">6~12회/년</td><td rowspan="4">1~2회/주
또는
1회/월</td><td rowspan="4">1~2회/일</td></tr>
<tr><td>광파 측량법</td><td></td></tr>
<tr><td>지중 경사계</td><td></td></tr>
<tr><td>크랙 게이지</td><td></td></tr>
<tr><td>변형
(열화도)</td><td>열적외선 영상법
(리모트센싱기법)</td><td></td><td>필요시</td><td>필요시</td><td>필요시</td><td>필요시</td></tr>
<tr><td rowspan="2">지하수
변동
수압
변동</td><td>지하 수위계</td><td rowspan="2">자기기록
매일 관측</td><td rowspan="3">자기기록
매일 관측</td><td rowspan="3">자기기록
매일 관측</td><td rowspan="3">자기기록
매일 관측</td><td rowspan="3">자기기록
매일 관측</td></tr>
<tr><td>간극 수압계</td></tr>
<tr><td rowspan="2">기상
자료</td><td>우량계</td><td>자기기록
매일 관측</td></tr>
<tr><td>적설량계</td><td>필요시 관측</td><td>필요시 관측</td><td>필요시 관측</td><td>필요시 관측</td><td>필요시 관측</td></tr>
<tr><td>지하수
배수
효과</td><td>유량계</td><td>자기기록
매일 관측</td><td>자기기록
매일 관측</td><td>자기기록
매일 관측</td><td>자기기록
매일 관측</td><td>자기기록
매일 관측</td></tr>
<tr><td colspan="2">※ 해빙기·우기·태풍 등의 이상 기상시나 지진시에는 계측빈도를 늘려야 한다.</td><td>사전조사의 결과에서 특히 관측이 필요한장소의 위험도 판정을 목적</td><td>공사에 선행하여 현장계측을 하며, 대책 시공이나 공사의 안전을 확보.</td><td>보전대상물이나 인명의 안전 확보를 위해 긴급대피 등의 조치를 목적.</td><td>비탈면 붕괴 대책공 시공 후의 대책 효과 확인을 목적</td><td>시공도중이나 유지관리 단계에 있어서 붕괴나 비탈면의 변동이 진행되는 경우</td></tr>
</table>

3.3 계측 기간

(1) 계측기간은 비탈면의 변상규모와 그 영향도, 보전대상 구조물의 중요도, 대책공의 유무, 비탈면 시설 등에 따라 결정해야 한다. 비탈면의 변동 상황은 강우나 융설 등의 기상 요인의 영향을 크게 받으므로 그 동태를 정확히 파악하기 위해서는 필요 최적 기간으로서 공사완료 후 2년 정도 계측을 지속할 필요가 있다.

(2) 일반적인 계측기간의 개시시기와 완료시기 결정의 기본적인 방법 및 우선 계측 개시시기에 대한 기본적인 사항은 아래와 같다.

① 사전 현장답사 및 암반 조사에서 불안정 또는 위험 비탈면으로 판단된 경우에는 공사시공 전부터 개시한다.(변형기구의 조사 및 해명, 비탈면 안정성 평가, 해석결과와의 대비, 정보화 시공 등의 목적).

② 대책공법 시공 후부터 개시한다.(대책공법의 효과확인, 보조대책공법의 수립, 역해석 등의 목적)

③ 비탈면에 육안으로 확인되는 변형이 발생된 시기부터 개시한다.(변형기구의 조사 및 해명, 비탈면 안정성 평가, 시공관리, 대책공법의 수립, 역해석, 붕괴예지 등의 목적)

(3) 계측 완료시기는 기본적으로 비탈면의 변동이 계측되지 않는 시점을 기준으로 하며, 그 후 비탈면에 융설, 우기, 태풍, 가을비 등이 미치는 영향을 판단하기 위해서 1년간 계측을 계속하고, 그 중간에 있어서도 변동이 보이지 않게 된 것을 확인하여 완료하여야 한다.

3.4 계측관리 기준

(1) 계측관리기준은 지반의 거동상태, 인접구조물의 안전한계와 암반 역학적인 조건에 의하여 결정되므로 이론해석 및 수치해석, 또는 유사조건하의 시공실적을 참고하여 초기 시공실적을 토대로 관리기준을 수시로 수정해 가는 방법이 가장 합리적이고 실질적이다.

(2) 계측관리기준은 계측 결과에 대해 안전한 수준을 의미하는 것으로서 비탈면 특성, 현장상황, 피해발생 시 규모 등을 고려하여 계측관리기준치를 설정하여야 한다.

CHAPTER

04 기초 공사계측

1 일반사항

1.1 적용범위

(1) 본 시방은 말뚝기초의 품질관리와 케이슨기초의 수직도를 관리하기 위한 계측에 적용한다.

(2) 말뚝의 재하시험은 동재하시험과 정재하시험 및 정·동재하시험을 포함한다.

(3) 현장타설 콘크리트말뚝에 대한 콘크리트의 건전도 검사를 포함한다.

(4) 본 장에 규정되어 있지 않은 내용은 총칙에 의하고 총칙에도 규정되지 않은 내용은 기초공사 관련 표준시방서에 의한다.

1.2 계측계획의 수립

1.2.1 말뚝박기 항타기록

(1) 말뚝을 항타에 의해 시공하는 경우 말뚝박기의 종료를 위한 최대 타격횟수를 측정하기 위한 계측을 수립하여야 한다.

(2) 말뚝박기의 최종리바운드 측정계획을 수립하여야 한다.

1.2.2 말뚝기초 재하시험

(1) 공사계획에 맞추어 말뚝재하시험 계획서를 작성하여 제출하여야 한다.

(2) 재하장치는 계획된 최대시험하중 이상을 안전하게 재하할 수 있는 것이어야 하며, 공사 감독자의 확인을 받아야 한다.

(3) 재하하중은 설계하중을 충분히 확인할 수 있는 규모 이상이어야 하며, 공사 감독자의 확인을 받아야 한다.

(4) 말뚝재하시험시 반력말뚝을 사용할 경우에는 인발 저항력에 대하여 검토한 후 그 결과를 공사 감독자에게 제출하여 확인을 받아야 한다.

1.2.3 케이슨기초

(1) 공사계획에 맞추어 말뚝재하시험 계획서를 작성하여 제출하여야 한다.

(2) 시공에 필요한 가교, 축도, 물막이 등의 가시설물에 대하여는 착공 전 계측계획을 세워 감독자의 확인을 받아야 한다.

(3) 침하방법에 대하여는 미리 침하-하중 관계도를 작성하여 감독자에게 보고하여야 한다.

1.2.4 현장타설 콘크리트 말뚝 건전도 검사

(1) 현장타설 콘크리트 말뚝의 건전도를 평가하기 위한 계측계획을 수립하여 착공 전 감독자의 확인을 받아야 한다.

(2) 현장타설 콘크리트 말뚝의 건전도 검사의 계획서에는 검사방법, 검사빈도, 검사기준이 포함되어야 한다.

1.3 계측항목의 선정

1.3.1 말뚝 박기

(1) 말뚝박기의 항타 횟수를 측정하여야 한다.

(2) 말뚝의 최종 라바운드를 측정하여야 한다.

1.3.2 말뚝 정재하시험

(1) 단계별 재하하중의 크기를 측정하여야 한다.

(2) 단계별 말뚝의 침하량을 측정하여야 한다.

(3) 단계별 말뚝의 응력을 측정하여야 한다.

1.3.3 말뚝 동재하시험

(1) 재하하중의 크기를 측정하여야 한다.

(2) 말뚝의 침하량을 측정하여야 한다.

(3) 말뚝의 응력을 측정하여야 한다.

(4) 말뚝항타시 말뚝의 가속도를 측정하여야 한다.

1.3.4 케이슨 기초의 기울기

(1) 케이슨에 가하는 하중의 크기를 측정하여야 한다.

(2) 케이슨의 침하량을 측정하여야 한다.

(3) 케이슨의 기울기를 측정하여야 한다.

1.3.5 현장타설콘크리트말뚝의 건전도 검사

(1) 현장타설 콘크리트말뚝에 대한 콘크리트의 건전도 확인을 위하여 공대공 초음파 검사를 원칙으로 한다. 단 다른 검사방법을 적용하고자 하는 경우에는 공사 감독자의 승인을 득하여 변경할 수 있다.

(2) 현장타설 콘크리트말뚝에 대한 콘크리트의 건전도 확인을 위하여 공대공 초음파 검사를 말뚝 전체길이에 대하여 적용한다.

1.4 계측기기의 배치

1.4.1 말뚝박기의 리바운드 측정

(1) 말뚝의 리바운드를 측정하기 위한 계측기기는 일방향에 배치한다.

1.4.2 기성말뚝 정재하시험

(1) 단계별 재하하중의 크기를 측정하여야 한다.

(2) 말뚝의 침하량을 측정하기 위한 변위계는 최소한 2개 방향에 배치하여야 한다.

(3) 말뚝의 변형률을 측정하기 위한 변형률계는 최소한 2개 방향에 배치하여야 한다.

1.4.3 현장타설 콘크리트 말뚝 건전도 검사 및 정재하시험

(1) 현장타설콘크리트 말뚝의 건전도검사를 실시하기 위해서는 콘크리트의 충진율 상태를 충분히 파악할 수 있을 정도로 검사용 튜브를 철근 케이지내에 결속하여 매설한다.

(2) 현장타설콘크리트 말뚝의 정재하시험을 위한 계측기기의 배치는 마찰말뚝에서 지지말뚝으로 하중전이상태를 파악할 수 있을 정도의 빈도로 말뚝깊이별로 배치하여야 한다.

(3) 현장타설콘크리트 말뚝의 건전도 및 정재하시험을 위해서는 철근 케이지내에 다음에 해당하는 수량 이상의 계측기기를 말뚝단면내에 배치하여야 한다.

【표 10】 현장타설 콘크리트 말뚝의 건전도 검사 및 말뚝재하시험을 위한 계측기기 배치 기준

원형말뚝의 직경(D) (m)	검사용 튜브 및 계측기기의 수 (개)	비고
D 〈 0.6	2	
0.6 〈 D ≤ 1.2	3	
1.2 〈 D≤ 1.5	4	
1.5 〈 D ≤ 2.0	5	
2.0 〈 D ≤ 2.5	7	

1.4.4 말뚝 동재하시험

(1) 말뚝의 침하량을 측정하기 위한 변위계는 최소한 2개 방향에 배치하여야 한다.

(2) 말뚝의 변형률을 측정하기 위한 변형률계는 최소한 2개 방향에 배치하여야 한다.

(3) 가속도계는 최소한 2개 방향에 배치하여야 한다.

1.4.5 케이슨 기초

(1) 케이슨의 침하량을 측정하기 위한 변위계는 최소한 3개 방향에 배치하여야 한다.

(2) 케이슨의 기울기를 측정하기 위한 경사계는 최소한 3개 방향에 배치하여야 한다.

(3) 케이슨 경사계는 깊이 방향으로 3개의 세그를 초과하지 않는 범위내에 배치하여 한다.

1.5 제출물

(1) 말뚝재하시험 계획서는 다음 사항을 포함하여야 한다.

① 재하시험 일정표

② 재하시험 방법 및 관련규정

③ 재하시험 장비의 종류 및 규격(정재하시험의 경우 구조계산서 첨부)

④ 교정검사 성적서

⑤ 재하장치 설치도(평면도, 입면도 등)

⑥ 재하시험 실적표

(2) 말뚝 재하시험이 끝난 후 다음 사항을 추가로 제출하여야 한다.

① 시험말뚝박기 및 말뚝재하시험 기록

(3) 케이슨 기초시공 후 다음 사항을 추가로 제출하여야 한다.

① 케이슨기초의 침하 기록 및 케이슨 경사여부

(4) 현장타설콘크리트 말뚝기초의 건전도 검사는 다음의 보고서를 제출하여야 한다.

① 공대공 초음파 검사 계획서

② 공대공 초음파 검사 결과보고서

③ 공대공 초음파 모형시험 계획서

2 재료

2.1 계측기기의 선정

(1) 재하하중 측정에는 전자식 하중계를 사용하여야 하고, 최대시험하중이 300%이상의 용량을 갖는 것을 사용한다. 재하시험에 사용되는 전자식 하중계(또는 유압잭) 및 유압계는 공인기관의 검증을 받은 것이어야 하며, 검증 유효기간이 경과하지 않은 것이어야 한다.

(2) 변위계는 1/100mm 이하의 정밀도를 가져야 한다.

(3) 변형률계는 설치되는 조건에 적합한 제품이어야 한다.

(4) 가속도계는 말뚝항타시 발생되는 진동을 충분히 측정할 수 있는 측정빈도와 정밀도를 갖는 제품을 선정하여야 한다.

2.2 말뚝의 동재하시험장치

(1) 동재하시험에는 PDA(Pile Driving Analyzer) 또는 이와 동등한 성능을 가진 장비를 사용하여야 하며, 부수장비로는 변형률계, 가속도계 및 연결케이블 등이 있다. 이들 장비는 동재하시험 전문기술자에 의해 제공되어야 하며 ASTM D 4945-89 : 고변형률 표준 동재하시험 방법(Standard Test Method for High Strain Dynamic Testing of Piles)의 요구조건에 부합되는 것이어야 한다.

2.3 말뚝의 정재하시험장치

(1) 말뚝의 정재하시험 및 케이슨의 침하계측은 실시간 계측을 실시할 수 있도록 시스템을 구축하여야 한다.

2.4 현장타설콘크리트 말뚝 건전도 검사

2.4.1 검사용 튜브 :

(1) 검사용 튜브의 구경은 검사용 센서의 출입이 원활하여야 하며, 재질은 강관 또는 이와 동등한 재질의 강도를 가져야 한다.

2.4.2 검사장비

(1) 검사장비는 장비 반입 전 공사감독자의 승인을 받아야 한다. 장비의 정확도등 성능을 검증하기 위하여 본 말뚝에 대한 검사에 앞서 모형시험을 실시하여 공사감독자의 확인을 받아야 한다.

(2) 검사장비의 구성은 아래와 동일하거나 또는 그 이상의 기능을 발휘할 수 있어야 한다.

① 초음파 발신 및 수신센서와 케이블

② 케이블의 인입 및 인발을 이용한 측정심도 자동측정기

③ 발신된 신호를 포착할 수 있는 수신용 전자장치

④ 발신된 신호를 확인할 수 있는 모니터링 장치 및 프린터

3 시공

3.1 계측기기의 설치

(1) 정재하시험을 실시하기 위하여 설계도서에 지정된 위치 또는 감독원이 지시하는 다른 위치에 본말뚝과 같은 형식과 종류의 시험말뚝과 반력말뚝을 박아야 한다. 반력말뚝은 인발하중에 저항하도록 필요시 보강하여야 한다.

(2) 기성말뚝의 정재하시험을 위한 하중계는 기둥의 중심축선과 일치하도록 하여야 하고, 변위계는 말뚝의 침하 및 진동에 의한 영향을 받지 않은 장소에 고정대를 설치하여야 한다.

(3) 기성말뚝의 동재하시험을 위한 변위계는 말뚝의 침하 및 진동에 의한 영향을 받지 않는 장소에 고정대를 설치하여야 하며, 변형률계와 가속도계는 말뚝과 완전히 일체가

되도록 설치하여야 한다.

(4) 현장타설 콘크리트 말뚝의 정재하시험을 위한 철근 및 콘크리트 변형률계는 철근게이지 제작시 당초 계획된 위치에 정확히 설치하는 것을 원칙으로 하며, 콘크리트 타설 중 계측기기가 이동 및 손상되지 않도록 고정하고 보호하여야 한다.

(5) 현장타설 콘크리트 말뚝의 검사용 튜브 설치

① 검사용 튜브의 내부는 녹발생, 막힘 등의 손상이 없어야 하며, 연결부위는 커플링에 의한 나사 연결 방식으로 완전방수를 하여야 한다.

② 검사용 튜브는 철근 케이지내에 계획된 수량을 결속하여 매설한다.

③ 검사용 튜브의 하단부는 철근 케이지 하부면과 가능한 한 일치시키되 말뚝 선단부의 지반조건을 고려하여, 철근 케이지 근입 시 튜브가 휘어지거나 튜브의 하단부가 파열하지 않도록 50~100mm 정도 짧게 설치할 수 있다.

④ 검사용 튜브와 튜브의 간격은 일정한 거리를 유지하여야 하며, 가급적 서로 평행을 이루도록 하여야 한다.

⑤ 검사용 튜브와 상단부는 검사가 용이하도록 현장타설 콘크리트 말뚝의 완성 마무리면 이상으로 돌출되도록 하여야 한다.

⑥ 검사용 튜브의 양단부(상·하부)는 이물질이 유입하지 않도록 방수마개를 하여야 하며, 시공중에도 손상되지 않도록 주의하여야 한다.

3.2 계측기기의 보정

(1) 현장타설콘크리트 말뚝의 건전도를 공대공 초음파 검사로 평가하기 위해서는 계측기기의 보정계획을 수립 및 시행하고 그 결과를 감독자가 승인하기 전에는 본검사를 실시할 수 없다.

① 공대공 초음파 모형시험 계획서 제출

② 공대공 초음파 모형시험 실시 및 분석

3.3 계측시스템 설치에 따른 검사 및 시험

(1) 계측을 위한 설치 공사 후 조정 및 시험을 완료하고 시운전 시험을 실시해야 한다.

3.4 계측기기의 보호

(1) 계측하는 시간동안은 계측기기는 각종 건설장비 및 작업자에 의해 영향을 받지 않도록 보호하여야 한다.

3.5 계측의 수행

3.5.1 일반사항

(1) 말뚝의 재하시험은 파동이론에 대한 전문지식을 갖춘 전문기술자에 의해 수행되어야 한다.

(2) 말뚝재하시험장치, 하중재하 및 변위량 측정, 표준측정절차 등은 감독자가 확인한 것이어야 한다.

3.5.2 기초의 정적재하시험

(1) 기성말뚝의 정적재하시험은 말뚝을 박은 후 14일 이상 경과한 후에 실시하여야 한다. 다만, 현장여건에 따라 감독자가 승인한 경우에는 14일이 경과하지 않은 경우라도 정적재하시험을 실시할 수 있다.

(2) 현장타설말뚝의 정적재하시험은 충분한 양생이 된 후 실시하여야 한다.

(3) 하중은 개별말뚝에 대한 설계지지력의 25%, 50%, 75%, 100%, 125%, 150%, 175%, 200%가 되도록 8단계로 증대시키며 재하한다.

(4) 각 단계별 하중재하 후 시간당으로 환산한 말뚝의 침하율이 0.25mm/hr 미만이 되면 다음 단계의 하중을 증대시킨다. 만약 하중재하 후, 2시간이 경과하여도 시간당으로 환산한 말뚝의 침하율이 0.25mm/hr 이상이 되면 해당단계에서 말뚝의 안정이 되지 못한 것으로 간주하고 다음 단계의 하중을 증대시킨다.

(5) 최대시험하중이 200%에 도달하기 이전이라도 급격한 파괴현상이 발생되거나 말뚝 두부의 직경(원형) 또는 대각선 길이(사각형)의 15%에 해당하는 총 침하량이 발생하면 말뚝의 재하시험을 중단할 수 있다.

(6) 최대시험하중 200%에 도달하여도 말뚝의 극한지지력이 확인되지 못하면 200%의 하중을 장시간 유지하면서 침하량을 측정하여야 한다. 200% 하중재하 후, 시간당으로 환산한 말뚝의 침하율이 0.25mm/hr 미만이 되면 12시간 동안 하중을 유지한 후 재하시험을 종료하여야 한다. 200% 하중재하 후 12시간이 경과하여도 시간당으로 환산한

말뚝의 침하율이 0.25mm/hr 이상이 되면 24시간 동안 하중을 유지하도록 한 후, 하중을 제거하여야 한다.

(7) 최대시험하중 재하 후에는 말뚝설계하중의 25%씩 1시간 간격을 두고 하중을 제거하여야 한다.

3.5.3 기초의 동적재하시험

(1) 동적재하시험 말뚝으로 지정된 시험말뚝에 대하여는 박는 도중에 동적재하시험을 실시하여야 한다.

(2) 말뚝은 재하시험을 위한 지주를 세우기 전에 각 말뚝의 파동속도를 측정하고, 필요한 기구를 부착할 수 있도록 준비하여야 한다. 파동속도를 측정할 때 말뚝은 수평위치에 두고 다른 말뚝과 접촉되지 않게 하여야 한다.

(3) 말뚝이 지주에 세워진 후 시험기구를 부착시키기 위하여 말뚝에 접근할 수 있어야 하며, 말뚝이 지주에 위치하고 있는 동안에 말뚝머리까지 올릴 수 있도록 최소 1.2m × 1.2m의 발판을 갖추어야 한다.

(4) 동적재하시험 기구를 모든 상황에서 보호할 수 있도록 보관실을 갖추어야 하며, 보관실의 마루는 최소 2.5m × 2.5m, 지붕높이는 최소 2.1m 이어야 한다. 보관실의 내부온도는 8℃ 이상이어야 한다.

(5) 말뚝은 동적재하시험 기구가 극한 말뚝지지력에 도달되었다고 지시하는 깊이까지 박아야 한다. 말뚝에 작용하는 응력은 허용치를 초과하지 않도록 동적재하시험기구로 말뚝박기 중에 감시하여야 하며, 필요한 경우에는 응력을 허용치 이하로 유지하기 위하여 쿠션을 추가하거나 해머의 에너지 출력을 감소시켜서 말뚝에 전달되는 타격에너지를 감소시켜야 한다. 동적재하시험 기구의 측정이 축방향타격이 아니라고 전문기술자와 감독자가 지시하는 경우에는 즉시, 말뚝박기 시설을 다시 정돈하여야 한다.

(6) 동적재하시험 말뚝은 24시간 경과 후 시험기구를 다시 부착한 후에 재타격하여야 한다. 재타격 동안에 요구되는 관입량은 150mm 이하이거나 요구된 해머 타격횟수가 50회 이하이어야 한다.

(7) 동재하시험은 시행목적에 따라 항타와 병행한 시험(E.O.I.D : End of Initial Driving), 재항타시험(Restrike) 및 이들을 함께하는 시험 등으로 구분할 수 있다. 만약 동재하시험의 주목적이 항타장비(해머)의 성능 및 항타응력 등을 측정하는 것이라면 E.O.I.D 시험을 실시하여야 하며, 말뚝의 지지력을 확인하는 것이 주목적이라면 시

간경과 효과가 발휘된 후에 실시하는 재항타시험을 실시하여야 한다. 또한 동재하시험과 관련된 모든 정보(항타관입성 분석 및 시간경과에 따른 지지력 변화 등)를 얻고 싶다면 E.O.I.D 및 재항타시험이 모두 실시되어야 한다.

(8) 공사 감독자는 동재하시험 전문기술자로 하여금 시험을 수행토록 하여야 한다. 시항타 말뚝의 경우 동재하시험은 항타와 병행하여 시험을 실시하되(E.O.I.D) 관입깊이에 따른 지지력 변화를 비롯한 항타관입성분석(Driveability Analysis)에 필요한 자료를 측정하고 항타후 일정시간이 경과한 상태에서 재항타를 실시하여 시간경과에 따른 지지력 변화를 확인하여야 한다.

(9) 재항타시험을 위한 경과시간은 지반조건에 따라 차이가 있으며 보통 순수 사질토 또는 경질 암반의 경우 1~2일, 실트, 실트질모래, 점토 및 연질암반(shale 또는 mud stone)의 경우는 5~10일이 필요하다. E.O.I.D시험시 항타관입성분석을 위해서는 강관말뚝의 경우 대략 3~12 m, 콘크리트말뚝의 경우는 전체관입깊이(이음말뚝의 경우 상단말뚝)에 대한 측정이 요구된다.

(10) 동재하시험 말뚝은 24시간 경과 후 시험기구를 다시 부착한 후에 재타격하여야 한다. 재타격 동안에 요구되는 관입량은 150mm 이하이거나 요구된 해머 타격횟수가 50회 이하이어야 한다.

(11) 본 공사말뚝에 대한 동재하시험은 전체 말뚝본수의 일정비율(%) 이상의 말뚝에 대해 실시하거나 공사기간중 정해진 기간(1,2주 또는 1개월)마다 기 시공된 말뚝들에 대해 일정갯수의 말뚝을 선정하여 시험하여야 하며 정확한 비율(또는 개수)은 공사의 규모 및 지반조건의 변화정도에 따라 정한다.

3.5.4 수평재하시험

(1) 수평재하 시험방법은 ASTM D 3966 81에 의거 시행하는 것을 기준으로 하나, 이밖에 cyclic loading, surge loading, reciprocal loading 등의 방법이 있으므로 충분히 검토 후 적절한 방법을 선택하여 시행해야 하며, 시험횟수는 공사 감독자의 지시에 따른다.

3.5.5 말뚝박기

(1) 말뚝박기의 종료를 위한 최대 타격횟수를 측정하기 위한 계측을 실시하여야 한다.

(2) 모든 말뚝은 동적지지력공식에 의해 지지력을 산정할 수 있도록 리바운드를 계측하여야 한다.

3.5.6 케이슨기초의 침하

(1) 케이슨의 침하도중 케이슨의 경사를 실시간 계측하여야 한다.

(2) 침하중 극심한 편심 및 경사가 발생한 경우에는 속히 그 원인을 조사하여 감독자에게 보고하고, 그 대책을 협의한 후 시공하여야 한다.

3.5.7 현장타설 콘크리트 말뚝의 건전도 검사

(1) 검사용 튜브 내부의 발신센서와 수신센서는 말뚝길이 방향과 직교하는 동일 평면상에 놓이도록 케이블의 인입・인발 길이를 조정하여야 한다.

(2) 초음파 발신 및 수신케이블의 길이는 검사대상 말뚝의 길이를 고려하여 충분한 길이를 확보하여야 한다.

(3) 초음파 검사의 측정심도는 초음파 발신과 동시에 기록하며, 말뚝의 선단부로부터 발신센서와 수신센서를 동시에 끌어올리면서 연속적으로 측정하여야 한다.

(4) 검사자는 한쌍의 발신센서 및 수신센서에 대하여 초음파 전파시간, 에너지 강도, 주시곡선의 형태(Waveform)로 말뚝심도에 따라 나타낸 프로파일(Profile)을 모니터 화면상 또는 프린트 출력을 통하여 측정한다.

(5) 검사가 끝난 후 검사용 튜브는 공사감독자의 검사에 대한 판정이 있을 때까지 이물질이 들어가지 않도록 보호덮개를 하여야 한다.

3.6 계측빈도

(1) 말뚝의 품질관리를 위한 계측은 설계도면에 제시되어 있는 빈도로 실시한다.

(2) 케이슨기초의 기울기는 각 세그의 침하 시종점뿐만 아니라 침하중에서도 케이슨의 경사를 파악할 수 있을 정도로 계측빈도를 결정하여야 한다.

(3) 현장타설 콘크리트말뚝에 대한 공대공 초음파검사 수량은 설계도서에 명시된 수량을 실시하는 것을 원칙으로 하고 검사시기는 콘크리트를 타설하고 7일 이상 경과한 후 검사를 실시하여야 한다.

【표 11】 현장타설 콘크리트 말뚝의 공대공 초음파 검사 검사빈도

평균말뚝길이 (m)	검사수량 (%)	비고
20 이하	10	빈도 : 교각당 말뚝수량에 대한 백분율 (단, 교각당 최소 1개소이상)
20 - 30	20	
30	30	

3.7 계측결과의 정리 및 분석

(1) 정적 재하시험이 완료되면 시공자는 해당분야 전문기술자의 검토를 받아 즉시, 각 시험말뚝에 대한 시험보고서를 감독자에게 제출해야 한다.

(2) 동적 재하시험이 완료되면 수급인은 해당분야 전문기술자의 검토를 받아 각 시험말뚝에 대한 시험결과를 문서로 작성, 공사 감독자에게 보고하여야 하며 보고서에 포함되어야 할 내용은 아래와 같다.

① 동재하시험 결과에 따른 허용지지력 및 그 내용

② 해머 및 항타장비의 성능

③ 항타응력

④ 말뚝의 건전도

⑤ 동재하시험 장비(변형률계, 가속도계)에 대한 교정검사 성적서

⑥ 이밖에 공사 감독자가 요구할 경우 PDA측정 자료를 저장한 저장장치를 제출하여야 한다.

(3) 현장타설 콘크리트 말뚝에 대한 건전도 검사자는 현장타설 콘크리트 말뚝에 대한 건전도 확인 검사 결과보고서를 작성하여 공사감독자에게 제출하여야 하며, 다음 내용을 포함하여야 한다.

① 공사책임자와 검사자의 확인

② 말뚝 배치도 및 말뚝번호

③ 말뚝의 특징

- 콘크리트의 종류(배합, 믹싱시 슬럼프, 타설시 슬럼프, 타설방법)와 타설 일지
- 말뚝 상부의 표고(elevation), 말뚝길이
- 말뚝의 굴착공법과 지층 단면도(심도 포함)
- 기타 시공중 특기사항(트레미 재원, 콘크리트 타설속도, 철근 케이지 상태 등)

④ 검사용 튜브의 설치 단면도와 상호간격

⑤ 말뚝번호별 검사 프로파일(profile) 그래프

⑥ 말뚝번호별 결함부의 심도별 평균 결함점수와 판정결과

⑦ 보강이 필요한 말뚝의 조치계획

⑧ 보강말뚝의 검사 결과보고서

3.8 계측관리 기준

(1) 계측관리기준은 공사시방서에 명시되어 있는 품질관리기준에 의한다.

(2) 현장타설 콘크리트 말뚝의 건전도 판정

① 현장타설 콘크리트 말뚝의 건전도 판정은 검측경로가 다른 개개의 프로파일 그래프에 대한 심도별 결함점수를 산출하고 검측 경로별 프로파일 그래프의 결함점수의 합을 프로파일 그래프의 수(검측경로의 수)로 나누어 심도별 전체 프로파일 그래프를 대상으로 한 평균 결함점수 계산결과를 공사감독자에게 제출한다.

【표 12】 현장타설 콘크리트 말뚝의 내부결함 판정기준

등급	판정기준	결함점수	비고
A (양 호)	- 초음파 주시곡선의 신호왜곡(signal distortion)이 거의 없음 - 건전한 콘크리트 초음파 전파속도의 10%이내 감소에 해당되는 전파시간 검측	0	$V = \frac{S}{T}$ V : 전파속도 T : 전파시간 S : 튜브간의 거리
B (결함의심)	- 초음파 주시곡선의 신호왜곡이 다소 발견 - 건전한 콘크리트 초음파 전파속도의 10 ~ 20% 감소에 해당되는 전파시간 검측	30	
C (불 량)	- 초음파 주시곡선의 신호왜곡이 정도가 심함 - 건전한 콘크리트 초음파 전파속도의 20% 이상 감소에 해당되는 전파시간 검측	50	
D (중대결함)	- 초음파 신호자체가 감지되지 않음 - 전파시간이 초음파 전파속도 1500m/sec에 근접	100	

* 말뚝심도별 평균 결함점수 = $\frac{1}{n}\Sigma$ (검측 경로별 프로파일 그래프의 결함점수) 식(1)

n :프로파일 그래프의 수(검측경로의 수)

② 상기 (1)항의 절차에 의한 판정결과, '양호'의 등급(평균결함점수 30점미만)에 해당하는 동시에 각 프로파일 그래프가 양호하여 보강이 필요하지 않는 경우 공사감독자는 수급인에게 해당말뚝의 후속공정을 진행하기에 앞서 검사용 튜브내의 물을 완전히 제거하고, 말뚝 콘크리트의 설계 강도 이상으로 그라우팅(Grouting)을 실시하도록 하여야 한다.

③ 상기 (1)항의 절차에 의한 판정결과, '결함의심'의 등급이하(평균결함점수 30점이상)인 경우에는 초음파 검사 전문가와 지반공학 및 구조공학 전문가의 자문을 받아 보강여부를 결정한다.

CHAPTER

05 콘크리트타설 공사계측

1 일반사항

1.1 적용범위

(1) 본장의 시방은 콘크리트 표준시방서에서 정의된 매스콘크리트의 온도균열제어 및 콘크리트 촉진양생에 대한 계측에 적용한다.

(2) 본 장에 규정되어 있지 않은 내용은 총칙에 의하고 총칙에도 규정되지 않은 내용은 콘크리트 표준시방서에 의한다.

1.2 계측계획의 수립

(1) 콘크리트 타설 및 양생 시 온도관리가 필요한 경우 공사계획에 맞추어 계측 계획서를 작성하여 제출하여야 한다.

(2) 매스콘크리트의 온도균열을 제어하기 위한 계측계획 수립 시에는 콘크리트 표준시방서 매스콘크리트 부분을 참고하여 온도균열 발생 가능성을 판단 할 수 있도록 계측계획을 수립하여야 한다.

(3) 촉진양생을 하는 경우 촉진양생 기간을 고려하여 계측계획을 수립하여야 한다.

(4) 온도균열제어 및 촉진양생의 조건을 파악하기 위해서는 온도의 상승속도, 온도의 하강속도 및 정온도의 지속가능성을 파악할 수 있도록 실시간 계측계획을 수립하여야 한다.

(5) 일정한 습도가 유지되어야 하는 조건인 경우 습도를 측정할 수 있는 계획을 포함하여야 한다.

1.3 계측단면의 선정

(1) 콘크리트의 수화열을 측정하기 위해서 콘크리트의 최대 및 최소 수화열 발생위치를 계측단면으로 선정하여야 한다.

(2) 촉진양생실의 온도와 외기온도를 측정할 수 있는 대표 위치를 선정하여야 한다.

1.4 계측항목의 선정

(1) 공사 중 콘크리트의 수화열에 의한 온도변화를 측정하여야 한다.
(2) 촉진양생을 하는 경우 촉진실의 온도를 측정하여야 한다.
(3) 양생기간동안 외기온도를 측정하여야 한다.
(4) 일정한 습도가 유지되어야 하는 조건인 경우 습도를 측정하여야 한다.

1.5 계측기기의 배치

(1) 공사 중 콘크리트의 최대 수화열 발생위치와 최소 수화열발생위치에 대해 온도를 측정할 수 있는 계측기기를 설치하여야 한다.
(2) 외기온도를 측정할 수 있도록 온도계를 배치하여야 한다.
(3) 촉진양생을 하는 경우 촉진실의 온도 및 콘크리트의 온도를 측정할 수 있도록 온도계를 배치하여야 한다.
(4) 촉진양생실에서는 습도를 측정할 수 있도록 계측기기를 배치하여야 한다.

1.6 계측기기의 선정

(1) 온도계 및 습도계는 설치되는 조건에 적합한 제품이어야 한다.

1.7 제출물

(1) 시공 후 다음 사항을 추가로 제출하여야 한다.
① 온도균열 발생 가능성 판단
② 촉진양생 조건의 적부

2 재료

2.1 계측시스템 선정

(1) 계측기기, 스위치박스, 데이터 수집 장치(Data Logger), 기록기, 데이터 저장 및 분석을 위한 컴퓨터, 그 밖의 주변기기 등을 포함한 계측 자료 획득시스템과 계측 자료 전송시스템을 포함하여 계측에 필요한 모든 장치 및 운용시스템의 선정은 총칙편의 2. 재료를 참고하여 상세한 현장조사를 실시한 후 선정하여야 한다.

3 시공

3.1 계측기기의 설치

(1) 콘크리트 온도 및 습도를 측정하고자하는 경우 온도계와 습도계의 설치를 완료하고 시험작동을 실시한 후 콘크리트를 타설하여야 한다.

3.2 계측기기의 보호

(1) 콘크리트 속에 매설되는 온도계는 적절한 방법으로 밀폐되어야 한다.
(2) 콘크리트 속에 매설되는 온도계는 콘크리트 타설로 인해 훼손되지 않도록 보호하여야 한다.
(3) 콘크리트 타설로 인해 측정기기가 접촉면으로부터 분리되지 않도록 하여야 한다.

3.3 계측기기의 관리

(1) 촉진실의 온도 및 대기온도를 측정하는 온도계는 파손 및 망실되지 않고 반복적으로 사용할 수 있도록 관리하여야 한다.

3.4 계측의 수행

(1) 온도의 상승 및 하강이 이루어지는 시간대에는 시간경과에 따른 온도의 변화를 파악할 수 있도록 실시간 계측하여야 하며 측정결과를 검토하고 필요한 조치에 대해 감독자에게 보고하여야 한다.
(2) 증기양생시에는 시멘트의 경화에 필요한 수분을 공급하기 위해 증기는 상대습도 100%를 유지하는지를 계측한다.

3.5 계측빈도

(1) 촉진양생시 온도가 일정하게 유지되는 시간에는 1일 2~3회이상의 빈도로 계측을 실시하여 온도변화가 있는 가를 확인하여야 한다.
(2) 수화열을 측정하는 온도계는 수화의 상승 및 하강을 파악할 수 있을 정도의 반도로 계측빈도를 결정하여야 한다.

3.6 계측 기간

(1) 증기양생시 콘크리트를 타설 후 콘크리트가 초기경화를 시작한 때부터 2시간 이상 상온에서 사전양생 후 증기를 가하기 시작하며, 지연제를 사용했을 경우에는 4~6시간 사전양생 후 증기를 가해야 한다. 따라서 증기를 가하기 전부터 계측을 실시하여야 한다. 따라서 증기를 가하기 전부터 계측을 실시하여야 한다.

(2) 수화열 계측 및 촉진양생의 계측은 측정값이 외기온도보다 10℃ 높아질 때까지 계속 계측관리하여야 한다.

3.7 계측결과의 정리 및 분석

(1) 증기양생시 콘크리트 주위의 온도상승을 분석하여야 한다.

(2) 증기양생시 최고온도는 콘크리트의 수화열과 비교하여 적정한가를 분석한다.

(3) 증기양생을 종료하여 기온을 하강속도가 적정한지를 분석한다.

(4) 수화열의 측정결과를 이용하여 콘크리트에 온도균열의 발생 가능성에 대해 분석하여야 한다.

3.8 계측관리 기준

(1) 증기양생시 콘크리트 주위의 온도 승강속도는 최대 온도가 60℃~70℃ 될 때까지 매 시간마다 20℃를 넘지 않는지를 분석하여야 한다. 최대온도는 수화열계측과 비교하여 결정하여야 한다.

(2) 증기양생시 최고온도의 유지시간은 거푸집의 탈형 및 프리스트레스 도입시기, 사용시기 등을 고려하여 결정하여야 한다.

(3) 증기양생을 종료하여 기온을 하강시킬 때 매 시간마다 20℃이하가 되도록 관리하여야 한다.

CHAPTER 06 상하수도 공사계측

1 일반사항

1.1 적용범위

(1) 본 장은 상하수도 시공 중의 안전관리 및 품질관리의 계측관리에 적용한다.

(2) 본 장에 규정되어 있지 않은 내용은 총칙에 의하고 총칙에도 규정되지 않은 내용은 관련 표준시방서에 의한다.

1.2 계측계획의 수립

(1) 상수도 관로에서는 관로의 수밀성을 확인하기 위하여 수압, 누수량 측정을 위한 계측계획을 수립하여야 한다.

(2) 강재관로를 부설하는 공사에서는 강재관로의 용접이음부의 적정성을 확인하는 검사에 대해 계측계획을 수립하여야 한다.

(3) 강재관로를 부설하는 공사에서는 전식발생 가능성을 파악하기 위한 계측계획을 수립하여야 한다.

(4) 세미실드 공사 중 장비조립 완료 후 기기의 작동시험을 실시하여 세미실드 추진용 관의 허용내하력을 측정할 수 있는 계측계획을 수립하여야 한다.

(5) 급속여과지내 유공 블럭, 스트레이너 블럭, 다공판형, 유공관형을 이용한 하부집수장치의 흐름분포 및 손실수두를 측정할 수 있는 계측계획을 수립하여야 한다.

1.3 계측항목의 선정

(1) 자연유하식 상하수관 부설관로에 대하여 수밀검사를 위한 누수량을 측정하여야 한다.

(2) 수압측정 : 상하수도 관로중 압력관의 수밀성을 확인할 필요가 있는 경우에 수압을 측정하여야 한다.

(3) 강관 배관용접부에 대해서는 용접상태 확인을 위하여 방사선투과 측정, 초음파 탐상 측정, 용접부 압력을 측정하여야 한다.

(4) 상수도관(수도용 도복장 강관)의 전식방지대책을 위하여 관대지전위차를 측정하여야 한다.

(5) 급속여과지내 유공 블럭, 스트레이너 블럭, 다공판형, 유공관형을 이용한 하부집수장치는 적어도 한개 여과지에 대해서 흐름분포 및 손실수두를 측정해야 한다.

(6) 세미실드 공사 중 장비조립 완료 후 기기의 작동시험을 실시하여 세미실드 추진용 관의 허용내하력을 측정하여야 한다.

1.4 계측기기의 배치

1.4.1 누수량 측정

(1) 수밀검사를 위한 누수시험은 800mm 미만 하수관(오수관)중 관경별로 50%이상에 대하여 실시하여야 한다.

(2) 검사구간은 어느 한 곳에 국한하지 말고 전지역에 대하여 골고루 실시하여야 한다.

1.4.2 수압측정

(1) 수압시험은 200m 간격으로 시행하여야 하며 제수밸브와 제수밸브사이에서 시험하는 것이 좋다.

1.4.3 방사선 투과 측정

(1) 검사개소는 원칙적으로 개소당 2개소로 하고, 그 위치는 공사 감독자가 지시한다.

(2) 방사선투과 측정의 1개소 검사길이는 300mm을 표준으로 한다.

(3) 공사 감독자가 필요하다고 인정할 때에는 검사개소 및 검사길이를 증가시킬 수 있다.

(4) 소구경관으로서 현장요원들이 들어갈 수 없는 경우에는 KS B 0888에 규정한 이중벽 평면 촬영 방법에 따른다.

1.4.4 손실수두 측정

(1) 시스템의 손실수두를 적어도 한 개 여과지에 대해서 측정해야 한다.

2 재료

2.1 계측시스템 선정

(1) 계측기기, 스위치박스, 데이터 수집 장치(Data Logger), 기록기, 데이터 저장 및 분석을 위한 컴퓨터, 그 밖의 주변기기 등을 포함한 계측 자료 획득시스템과 계측 자료 전송시스템을 포함하여 계측에 필요한 모든 장치 및 운용시스템의 선정은 총칙편의 2. 재료를 참고하여 상세한 현장조사를 실시한 후 선정하여야 한다.

3 시공

3.1 계측기기의 설치

3.1.1 설치 개요

(1) 계측책임자는 계측기기의 제작사가 제공한 지침서에 명시된 절차에 따라서 정확하게 기기를 설치하여야 한다.

(2) 설치된 계측기기는 공사 또는 기타의 영향으로 손상되지 않도록 보호하여야 한다.

3.1.2 계측항목별 계측기기 설치 기준

(1) 누수량 측정장치는 800mm 미만 하수관(오수관)중 관경별로 50% 이상에 대하여 되메우기 전에 설치하여야 한다.

(2) 수압측정장치는 압력관로에 대하여 관부설후 되메우기 전에 설치하여야 한다.

(3) 방사선 투과장치는 강관배관 용접 후에 설치하여야 한다.

(4) 초음파 탐상측정 장치는 강관배관 용접 후에 설치하여야 한다.

(5) 용접부 압력측정 장치는 강관 내·외면 용접이 끝난 후에 설치하여야 한다.

(6) 관대지전위차 측정 장치는 상수도관(수도용 도복장 강관) 부설 후 전식방지 대책이 필요한 곳에 설치하여야 한다.

(7) 흐름분포 및 손실수두 측정장치는 하부집수장치 공사 후에 설치하여야 한다.

(8) 허용 내하력 측정장치는 장비조립 완료 후 설치하여야 한다.

3.2 계측의 수행

3.2.1 개요

(1) 계측수행과 관리는 계측전담반에 의하여 수행되어야 한다.

(2) 계측책임자는 계측기기의 특성과 상하수도 분야의 경험이 풍부한 건설관련분야의 특급기술자나 강재비파괴전문기술자이어야 한다.

3.2.2 누수량 측정

(1) 관거의 낮은 쪽에 고무마개(Clinder Type)를 설치한다.

(2) 컴프레서를 사용하여 공기를 고무마개 내부에 주입시킨다.

(3) 관의 이동이나 고무마개가 수압에 밀리지 않도록 버팀목을 철저히 설치한다.

(4) 관로의 높은 쪽에 고무마개(Air Release Type)를 설치(공기 빠지는 파이프는 위쪽, 물주입 파이프는 아래쪽)하고 공기를 주입시켜 고정시킨다.

(5) 물탱크와 물주입 파이프를 호스로 적절히 연결한다.

(6) 수직시험관과 공기 빠지는 파이프에 호스를 연결시킨다.(수직시험관의 위치는 관내부 상단부분에서 수직시험관 물수두까지 1m로 한다.)

(7) 물주입 파이프와 공기 빠지는 파이프에 부착된 밸브를 열고 물탱크의 물을 관거 내부에 기포가 차지 않도록 서서히 채운다.

(8) 관거 내부에 물이 차기 시작하여 공기 빠지는 파이프에 물이 나오기 시작하면 약간의 물을 빼낸 후 공기 파이프에 부착된 밸브를 잠근다.

(9) 관거내에 물을 계속 주입시켜 수직시험관의 물이 넘치면 물주입 파이프의 밸브를 잠근다.

(10) 관거가 포화될 때까지 최소 30분간 방치하여 수직시험관의 수두가 관거 내부 상단에서 1m를 유지하도록 물을 채운다.(많은 양의 물이 계속 줄어드는 경우에는 작업을 중단하고 관거상태의 이상 유무를 점검해야 한다)

(11) 물의 누수량 검사는 5분 간격으로 수직시험관 꼭대기까지 물을 채운 후 측정한다.

(12) 누수시험결과는 준공서류에 첨부하여야 한다.

3.2.3 수압측정

(1) 수압시험을 위한 물의 주입에 앞서 관로를 임시로 되메우기하여 관로가 수압시험중에 이동하는 것을 막아야 한다,

(2) 관로에 물을 주입할 때는 관내공기를 배제하면서 천천히 주입해야 하며, 충수중에 공기밸브 등에서 공기배제가 잘 되고 있는지 또는 관로에 이상이 있는지를 확인해야 하며 누수장소에는 적절한 지수조치를 하여야 한다.

(3) 관내 충수 후 적어도 24시간을 방치시켜 관내공기를 모두 배제하고 특히 시멘트 모르타르 등 라이닝이 충분히 포화된 다음 수압시험을 시행하며 규정수압을 24시간 유지하여 관로에 이상이 있는지를 확인함과 동시에 누수량을 측정한다.

(4) 관경 800mm 이상의 이음은 원칙적으로 공사 감독자 입회하에 각 이음마다 내면에서부터 테스트밴드(Test Band)로 수압시험을 한다.

(5) 테스트밴드 수압시험은 0.5MPa(N/mm^2)이상에서 5분간 유지하여 0.4MPa(N/mm^2) 이하로 수압이 내려가지 않아야 한다. 만약 수압이 내려가는 경우에는 다시 접합하고 수압시험을 하여야 한다.

3.2.4 초음파 탐상시험

(1) 현장용접 이음부의 초음파 탐상시험은 KS B 0817, KS B 0888, KS B 0896 및 KS D 0252에 따른다.

3.2.5 방사선 투과 측정

(1) 검사작업에 앞서 검사방법, 공정, 보고서의 작성 양식에 대하여 공사 감독자의 승인을 받은 다음 작업을 시작한다.

3.2.6 용접부 압력측정

(1) 관 내외면의 용접이 끝나면 용접부위가 완전히 해열된 후 부착된 오물을 깨끗이 제거하고 용접개소 시험공에 압력계를 부착시킨다.

(2) 압력계를 부착시킨 후 고압가스 압축가스통의 콕크를 서서히 열어 압력계의 지침이 1.5MPa(N/mm^2)에 도달되도록 한다.

(3) 압력을 1.5MPa(N/mm^2) 로 유지한 상태에서 10분 이상 경과한 후에 누설 유무를 관측하고, 누기지점은 용착물을 완전히 제거한 후 재용접하고 시험을 반복한다.

(4) 기밀시험이 끝나면 부착된 압력계를 제거하고 용접 개소 시험공은 용접 처리한다.

(5) 현장여건상 부득이 정해진 기밀시험 기간을 유지할 수 없는 경우에는 반드시 공사 감독자의 지시에 따라 조치하고, 기밀시험을 합격한 부분에 대하여 1.5MPa(N/mm^2)를 유지한 상태에서 기록 사진을 촬영한 후 공사 감독자의 지시에 따라 도복처리 한다.

3.2.7 전위측정

(1) 자연전위는 전기방식 대상물에 방식전류를 흘리지 않은 상태에서 측정하여야 하며 만일 전류가 흘렀을 경우에는 대상물에 유입된 전류의 영향이 완전히 소멸한 뒤에 측정하여야 한다.

(2) 방식전위측정은 전류를 흘리고 24시간 이상 경과한 후에 측정하여야 한다.

(3) 방식전위의 기준값은 포화 황산동 전극기준으로 −0.85V 이하이어야 하고, 방식전위 하한값은 지하철도 등의 간섭영향을 받는 곳을 제외하고는 포화황산동 기준전극으로 −2.5V이상이 되도록 노력한다.

(4) 방식전류에 의한 자연전위와의 최소 전위변화가 −300mV 이하이어야 한다.

(5) 전기방식의 시험 및 검사에는 다음 사항이 포함되어야 한다.

① KS C 1301, KS C 1302에 의한 절연저항측정

② KS D 0904에 의한 내전압시험

③ KS D 0235 방식용 희생양극의 성능시험방법

3.2.8 흐름분포 및 손실수두 측정

(1) 하부집수장치 흐름분포 측정(물)

① 각 여과지의 하부 집수장치는 모든 오리피스가 이물질에 의해 막히지 않았는지 확인하고, 흐름의 분포가 균일한지 확인하기 위해 눈으로 볼 수 있는 배출흐름 분포시험을 받아야 한다.

② 이 시험은 여재가 설치되기 전에 이루어져야 하며, 시험을 시작할 때 하부집수 장치는 그 높이의 대략 반 정도를 물로 채워야 한다.

③ 시험흐름속도의 평균 역세척 속도는 설계시 제시된 속도이상 이어야 하며, 흐름속도는 눈으로 관찰할 수 있도록 약2분 정도는 측정되어야 한다,

④ 흐름분포시험은 3회 반복 시행되어야 하며, 매 시험동안 각 오리피스로부터의 흐름뿐만 아니라 흐름이 끊어지는 부분 또는 끊는 부분이 있는지 관찰해야 한다.

⑤ 시험 도중 발생된 문제점 등을 시정해야 할 필요가 있는 경우 이에 따른 조치를 취하고 시정되었는지 시험을 다시 해 보아야 한다.

(2) 하부집수장치 흐름분포 측정(공기)

① 각 여과지의 하부 집수장치는 모든 오리피스가 이물질에 의해 막히지 않았는지 확인하고 흐름의 분포가 균일한지 눈으로 볼 수 있는 배출흐름 분포시험을 받아야 한다.

② 시험도중 발생된 문제점을 시정해야 할 필요가 있는 경우 이에 따른 조취를 취하고 시정되었는지 시험을 다시 해 보아야 하며, 여재가 설치된 후에 시험을 위해 하부집수장치의 윗부분보다 약 300mm 정도의 높이로 하부 집수장치를 깨끗한 물로 채워야 한다.

③ 시험을 위한 흐름속도는 공기와 물의 보통 역세척 속도에 대하여 2분 동안 측정되어야 한다.

④ 이 시험은 3회 반복해야 하며 매 시험 동안 각 오리피스로부터의 흐름뿐만 아니라 흐름의 끊어지는 부분 또는 끊는 부분이 있는지 관찰해야 한다.

⑤ 시험 도중 발생된 문제점들을 시정해야 할 필요가 있을 경우 이에 따른 조치를 취해야 하며 그러한 문제가 시정되었는지 시험을 다시 해보아야 한다.

(3) 손실수두 측정

① 시스템의 손실수두를 적어도 한 개 여과지에 대해서 측정해야 한다. 이 측정된 마찰손실은 하부수로, 교차파이프, 하부집수장치 및 여재지지시스템 등에도 적용된다.

3.2.9 허용 내하력 측정

(1) 장비조립 완료 후 기기의 작동시험을 실시하여야 한다

(2) 장비투입시는 사전에 장비운반, 투입방법, 크레인규모, 안전조치 등 세부계획 등의 장비반입 계획서를 작업구 굴착 2개월 전까지 제출하여야 한다.

3.3 계측빈도

(1) 누수량 측정기간은 관로 되메우기 전과 포장공사 후에 측정하여야 하며 빈도는 각 1회 이상 측정하여야 한다.

(2) 수압 측정기간은 관로 되메우기 전과 포장공사 후에 측정하여야 하며 빈도는 각 1회 이상 측정하여야 한다.

(3) 방사선 투과 측정기간은 강관배관 용접 후 되메우기 전에 1회 이상 측정하여야 한다.

(4) 용접부 압력 측정기간은 강관 내·외면 용접이 끝난 후 되메우기 전에 1회 이상 측정해야 한다.

(5) 관대지전위차 측정기간은 상수도관(수도용 도복장 강관) 부설 후 전위측정이 필요한 관로에 대하여 200m이하 간격으로 1회 이상 측정하여야 한다.

(6) 허용 내하력의 측정기간은 장비조립 완료 후 측정하며 1회 이상 계측하여야 한다.

(7) 흐름분포 및 손실수두의 측정기간은 하부집수장치 설치 후 여재포설 전에 여과지별로 시험흐름속도와 손실수두를 1회 이상 측정하여야 한다.

3.4 계측관리 기준

3.4.1 일반사항

(1) 계측관리기준은 현장 여건과 상황에 따라 관계 전문가 또는 관리주체의 승인 하에 변경하거나 조정할 수 있다.

3.4.2 계측기기별 계측관리 기준

(1) 누수량 측정 : 수직시험관의 물을 채운 후 10분 동안 누수허용수량 이상 수직시험관의 물이 줄지 않으면 합격으로 한다

(2) 수압측정: 누수허용량은 관종, 관경, 이음형식 등에 따라 다르나 고무링을 이용한 소켓 접합방식의 경우 관경 10mm, 연장 1km에 대하여 50~100L/일 정도를 표준으로 한다.

(3) 방사선 투과 측정 : 방사선 투과시험의 판정기준은 KS B 0845에 따라 판정하고 제1종결함 및 제2종결함의 3급 이상을 합격으로 한다.

(4) 초음파 탐상 측정 : 결함의 평가는 모재의 두께에 따라 A,B,C 값으로 구분되는 결함지시 길이와 최대 에코(Echo) 높이의 영역에 따라 평가하며, 결함의 평가점에 따라 3점 이하이고 결함이 가장 조밀한 용접부의 길이 300mm당 평가점의 합계가 5점 이하인 것을 합격으로 한다.

【표 13】 강관 상수관로 초음파 탐상시험에 대한 결함지시 길이의 구분

결함지시 길이 구분 / 모재두께(mm)	A	B	C
6이상 18이하	6	9	18
18이상	t/3	t/2	t

주) t : 모재의 판 두께, 판 두께가 다른 맞대기 용접일 때에는 얇은 쪽의 두께로 한다.

【표 14】 강관 상수관로 초음파 탐상시험에 대한 결함의 평가점

결함지시 길이 / 최대에코높이(mm)	A이하	A이상 ~B이하	B이상 ~C이하	C이상
영역Ⅲ	1점	2점	3점	4점
영역Ⅳ	2점	3	4점	4점

(5) 허용 내하력 측정 : 추진방향 허용 내하력이내를 합격으로 한다.

【표 15】 강관 상수관로 추진방향 허용 내하력

호칭경	허용 내하력		유효 단면적 A (㎡)
	500(N/㎟)	700(N/㎟)	
800	23.0	–	0.1766
900	29.9		0.2297
1,000	37.7		0.2897
1,100	43.8		0.3365
1,200	53.1		0.4084
1,350	62.4		0.4800
1,500	79.4		0.6107
1,650	94.5		0.7270
1,800	–	149.3	0.8533
2,000		183.6	1.0494
2,200		221.5	1.2658
2,400		255.3	1.4590
2,600		299.7	1.7123

CHAPTER

07 PSC (Pre-Stressed Concrete) 공사계측

1 일반사항

1.1 적용범위

(1) 본 장은 프리스트레스트 콘크리트 구조물을 시공할 때 프리스트레스 도입을 위한 시험시공과 본시공시의 계측에 적용한다.

(2) PSC교량은 가설공법에 따라 계측계획이 상이함으로 공사시방서를 참조하여 별도의 계측계획을 수립하여야 한다.

1.2 계측계획의 수립

(1) 시공자는 공사계획에 맞추어 PS강선을 인장하기 전에 인장방법, 장비 및 순서 등을 기재한 시험시공계획서와 시공계획서를 감독자에게 제출하여 확인을 받아야 한다.

(2) 시험시공계획서는 프리스트레스 도입에 따른 부재의 거동을 충분히 파악할 수 있고 본 시공시 시공관리 기준이 될 수 있는 자료를 수집할 수 있도록 계획을 수립하여야 한다.

(3) 프리스트레스 도입에 따른 캠버 및 좌우변형 상태, 콘크리트에 도입되는 압축응력 및 인장응력의 발생 상태, 정착부의 응력 상태를 파악할 수 있을 정도로 계측기기의 설치 계획을 수립하여야 한다.

(4) PS강선 긴장 시 인장력과 PS강선의 신장량과의 관계를 파악할 수 있을 정도의 계측계획을 수립하여야 한다.

(5) 프리스트레스 도입을 위한 시험시공에서는 각 하중단계별 보의 거동 및 PS강선의 신장량을 실시간 측정하는 것을 원칙으로 계획을 수립하여야 한다.

(6) 프리스트레싱 작업중에는 그립(Grip)의 미끄러짐이나 PS강선의 파단에 의한 사고를 방지할 수 있는 안전대책을 세워야 한다.

1.3 계측단면의 선정

(1) PSC의 계측은 프리스트레스에 의한 최대효과가 발생되는 단면에서 계측을 실시하여야 한다.

1.4 계측항목의 선정

(1) 시험시공시에는 인장력, 강재의 신장량, 캠버, 부재응력을 계측할 수 있도록 계측기기를 배치하여야 한다.
(2) 본시공시에는 인장력, 강재의 신장량, 캠버를 계측할 수 있도록 계측기기를 배치하여야 한다.

1.5 계측기기의 배치

(1) 하중계는 정착판의 중심축선과 일치하도록 하여야 한다.
(2) 강재의 신장량을 측정하는 변위계는 잭의 램(ram) 길이를 측정할 수 있도록 배치하여야 한다.
(3) 캠버를 측정하는 변위계는 최대캠버가 발생하는 곳에 배치하여야 한다.
(4) 응력은 최대압축응력과 최대 인장응력이 발생되는 곳에 배치하여야 한다.

1.6 계측기기의 선정

(1) 응력도입에 사용되는 유압잭은 잭킹 압력을 측정할 수 있는 압력 계측기기나 로드셀 등을 갖추어야 한다.
(2) 유압장치는 공인시험기관으로부터의 성능검사를 받고 유효기간이 지나지 않는 장비를 사용하여야 한다.
(3) 압력계측기기를 사용하는 경우 압력계측기기는 최소직경이 150mm 이상인 다이얼 계측기기가 부착되어 있어야 하며, 각 잭의 계측기기는 예상되는 최종 잭킹압력의 위치까지 보정하여 도표를 첨부해야 한다.
(4) 로드셀을 사용하는 경우에는 잭의 인장력을 측정할 수 있는 응력지시기가 부착되어 있어야 하며, 사용전에 미리 보정하여야 한다. 인장력이 로드셀 측정용량의 10% 이하로 되는 로드셀을 사용하여서는 안된다.
(5) 콘크리트에 매설되는 변형률계는 계측기기가 설치되는 조건에 적합한 제품이어야 한다.

2 재료

2.1 계측시스템 선정

(1) 계측기기, 스위치박스, 데이터 수집 장치(Data Logger), 기록기, 데이터 저장 및 분석을 위한 컴퓨터, 그 밖의 주변기기 등을 포함한 계측 자료 획득시스템과 계측 자료 전송시스템을 포함하여 계측에 필요한 모든 장치 및 운용시스템의 선정은 총칙편의 2. 재료를 참고하여 상세한 현장조사를 실시한 후 선정하여야 한다.

3 시공

3.1 계측기기의 설치

(1) 하중계는 정착판의 중심축선과 일치하도록 하여야 한다.

(2) 변위계는 프리스트레스 도입에 따른 연직 및 수평변위를 정확히 측정할 수 있도록 고정대를 설치하여야 한다.

(3) 각종 계측기기는 하중도입에 따른 보의 거동을 정확히 파악할 수 있을 정도의 수량을 설치하여야 한다.

3.2 계측기기의 관리

(1) 계측하는 시간동안은 계측기기는 각종 건설장비 및 작업자에 의해 영향을 받지 않도록 관리하여야 한다.

3.3 계측의 수행

(1) 프리스트레스를 도입할 때의 콘크리트는 도입된 응력에 견딜 수 있도록 충분한 강도를 가져야 한다. 별도지시가 없는 한 프리스트레스를 도입할 때의 콘크리트 압축강도는 최대압축응력의 1.7배 이상이어야 하며, 프리텐션 방식에서는 30MPa 이상, 포스트텐션 방식에서는 28MPa 이상이어야 한다.

(2) 긴장작업은 반드시 안전조치를 취하고 감독자 입회하에 실시하여야 하며, 긴장작업 후 인장력과 강재의 신장량 등 인장에 관한 기록을 감독자에게 제출하여야 한다.

(3) 긴장작업은 인장력과 PS강선의 신장량을 동시에 측정하면서 수행하여야 한다.

(4) 긴장작업시 최대 캠버가 발생되는 부분에서 캠버를 측정하여야 한다.

(5) 잭을 정착구에 설치한 후 매 100MPa 압력마다 잭의 램길이를 측정하여 PS강선의 신장량을 측정한다.

3.4 계측결과의 정리 및 분석

(1) 계측결과는 설계도서의 인장력, 강재의 신장량, 캠버 및 응력과 비교하여야 한다.

(2) 설계상의 인장력 및 신장량 값과 실제 긴장시의 값이 5% 이상의 편차를 보일 경우에는 즉시 작업을 중지하고, 전문가의 자문을 받아 그 원인을 조사하여 대책을 강구하여야 한다.

3.5 계측관리 기준

(1) 텐던(Tendon) 인장결과의 허용범위는 인장계획표(수정)에 의한 신장력, 즉 이론적 계산치와 실제 현장에서 실측된 신장량의 차이에 의해 산출된 것으로 ± 5%를 적용한다.

CHAPTER 08 포장 공사계측

1 일반사항

1.1 적용범위

(1) 본 시방서에서의 계측관리는 도로 및 공항포장 시공중의 공사관리에 적용한다.

(2) 위 1.1.1항 이외의 목적에 대한 계측관리는 별도로 계획한다.

1.2 계측계획의 수립

(1) 아스팔트 포장공사에서는 시공 단계별 아스팔트 온도를 측정할 수 있도록 계측계획을 수립하여야 한다.

(2) 콘크리트 포장에서는 콘크리트 타설 전과 타설 후 콘크리트의 온도를 측정할 수 있도록 계측계획을 수립하여야 한다.

(3) 계측계획은 도로 및 공항포장의 시공관리를 위해 충분한 대표성을 가지는 위치와 적절한 간격으로 설치토록 계획을 수립한다.

1.3 계측단면의 선정

(1) 포장의 온도계측은 정기적으로 대표 단면을 선정하여야 한다.

1.4 계측항목의 선정

(1) 공사계측에서 설계도서 상의 계측항목은 특별한 사유가 없는 한 설계 도서를 따라야 한다.

(2) 아스팔트포장 온도 측정 : 아스팔트포장 온도계는 아스팔트포장 시공 중의 아스팔트 혼합물의 온도를 측정하여 다짐 작업 동안 적정한 온도를 유지하고 있었는지를 확인하기 위한 계측을 하여야 한다.

(3) 콘크리트포장 온도 측정 : 콘크리트포장 온도계는 콘크리트포장 시공 중 콘크리트슬래브의 온도변화를 측정하여 초기 건조수축기간 및 수화반응기간 동안 적정한 온도를 유지하고 있었는지를 확인하고, 특히, 양생중인 콘크리트의 급격한 온도상승으로 인한 초기균열 발생위험에 적절히 대응하고 줄눈 설치시기를 결정하는데 활용할 수 있는 자료 확보를 위하여 계측을 실시한다.

1.5 계측기기의 배치

(1) 아스팔트포장 온도 측정 : 계측기의 설치 깊이는 포설두께의 1/2 깊이에 설치하는 것을 원칙으로 하며, 또한 포장 단부로부터 600mm 이상 내측에 설치함을 원칙으로 한다.

(2) 콘크리트포장 온도 측정 : 계측기의 설치 깊이는 슬래브두께의 1/2 깊이에 설치하는 것을 원칙으로 하며, 또한 포장 단부로부터 600mm 이상 내측에 설치함을 원칙으로 한다.

2 재료

2.1 계측기기

(1) 아스팔트포장 온도 측정 : 아스팔트포장 온도계는 ± 0.5℃의 정밀도를 가지며, 측정 온도범위는 최소온도 -30℃ 이하, 최대온도 +200℃ 이상을 측정할 수 있는 것이어야 한다.

(2) 콘크리트포장 온도 측정 : 콘크리트포장 온도계는 ± 0.5℃의 정밀도를 가지며, 측정 온도범위는 최소온도 -30℃ 이하, 최대온도 +80℃ 이상을 측정할 수 있는 것이어야 한다.

3 시공

3.1 계측기기의 설치

3.1.1 콘크리트포장

(1) 콘크리트포장 온도계는 포설직전 거치대를 이용하여 미리 설치하거나, 늦어도 슬래브 표면의 타이닝 설치 이전에 설치하여야 한다.

(2) 콘크리트 슬래브에 설치하는 계측기는 진동다짐에 따른 계측기의 교란이 없도록 설치하여야 한다.

(3) 경우에 따라서 슬래브내부에 계측기를 거치하기 위한 거치대를 사용할 수 있다. 다만, 거치대가 계측기의 응답에 영향을 미치지 아니하는 형식이어야 한다.

(4) 콘크리트포장 온도를 측정하는 계측기기의 케이블 끝단을 도로의 연석 또는 포장 외측까지 확보하고, 적절한 보호대책을 수립하여 계측명, 위치, 초기측정일자와 초기측정값이 기록된 표시판을 설치하여 관리하여야 한다.

(5) 측정완료 이전에 계측기가 손상되었을 경우에는 가능한 한 손상 계측기 인접부에 계측기의 재설치 또는 이에 상응하는 관련 조치를 마련하여 계측을 계속 수행하여야 한다.

3.2 계측빈도

3.2.1 일반사항

(1) 계측항목과 빈도는 현장여건 및 시공조건을 감안하여 공사 감독자의 확인을 받은 후에 조정할 수 있다.

3.2.2 아스팔트포장

(1) 아스팔트 온도 측정의 빈도는 일일 포설구간의 길이, 오전 오후의 기온차, 아스팔트혼합물 운반차량의 배차간격 등을 고려하여 선정하여야 한다.

(2) 오전 및 오후의 시공 각각의 두 번째 배차 및 마지막 직전의 배차의 혼합물 포설구간에 설치함을 원칙으로 한다.

(3) 아스팔트포장 온도계는 아스팔트혼합물이 피니셔에서 출하된 직후 다짐작업이 시작되기 이전에 시작하여야 한다.

(4) 아스팔트포장 온도계의 측정은 각 다짐단계별로 실시하며 아스팔트포장 다짐작업이 완료되는 시점까지 측정할 수 있도록 하여야 한다.

(5) 아스팔트포장 온도계의 측정 빈도는 각 다짐단계별 작업 시작 직전과 완료 직후를 포함하여 최소 2회 이상 측정한다. 단, 배차지연 등 아스팔트혼합물의 온도손실이 우려되는 경우에는 포설 전 아스팔트혼합물의 온도를 미리 측정해 두어야 한다.

(6) 대기온도의 급변, 배차지연 또는 아스팔트혼합물의 현장대기시간 지연 등 아스팔트혼합물의 온도손실이 우려되는 경우를 고려하여 설치하여야 한다.

3.2.3 콘크리트포장

(1) 계측기기의 설치 간격은 일일 포설구간의 길이, 오전 오후의 기온차, 시멘트 콘크리트 운반차량의 배차간격 등을 고려하여 선정하여야 한다.

(2) 오전 및 오후의 시공 각각의 두 번째 또는 세 번째 배차의 포설구간에 설치함을 원칙으로 한다.

(3) 콘크리트포장 온도계의 측정기간은 계측기기 설치 후부터 줄눈설치작업이 완료되는 시점까지 측정할 수 있도록 하여야 한다.

(4) 콘크리트포장 온도계의 측정 빈도는 최소 30분 간격을 원칙으로 하며, 특히 하절기 등 대기온도가 매우 높거나 온도의 상승변화폭이 급격한 경우에는 측정간격을 20분 이하로 한다.

(5) 대기온도의 급상승, 갑작스러운 풍속의 변화, 배차지연 또는 굳지 않은 콘크리트의 현장대기시간 지연 등 동일자 포설구간이라고 하더라도 포설 후 콘크리트 주변의 기후조건이 급변되는 경우를 고려하여 설치하여야 한다.

3.3 계측관리 기준

(1) 콘크리트 포장의 온도계측기인 경우 굳지 않은 콘크리트의 페이버 투입 직후에 초기치를 확인하고 설치시점의 대기온도, 설치시각(오전, 오후), 기상상태(풍속, 복사량 등) 및 시간경과에 따른 대기온도 및 수화열의 변화량 등을 고려하여 계측관리기준을 설정한다. 아스팔트포장의 경우 아스팔트 혼합물의 피니셔 투입 직후에 초기치를 확인하고 설치시점의 대기온도, 기상상태(풍속, 복사량 등) 및 혼합물의 종류, 포설두께, 시간결과에 따른 온도 저감 속도 등을 고려하여 계측관리기준을 설정한다.

(2) 계측관리기준은 아래 사항을 참조하되 현장 여건과 상황에 따라 관계 전문가 또는 관리주체 공사 감독자의 승인 하에 선정할 수 있다.

① 아스팔트포장 온도

- 포설 : 120℃ 이상
- 1차다짐 : 110 ~ 140℃
- 2차 다짐 : 70 ~ 90℃
- 마무리 다짐 : 약 60℃

(단, 상기 기준은 일반적인 밀입도 아스팔트 혼합물의 보편적인 경우에 한함)

② 콘크리트포장 온도는 낮기간 동안 복사열과 수화열 발생에 따른 급격한 온도상승, 일몰이후 대기온도 급감에 따른 슬래브 표면(상부)의 급격한 온도하락 등 포설 초기의 온도패턴을 검토하여 콘크리트포장의 초기균열을 유발할 수 있는 상황이 우려될 경우 공사 감독자의 승인 하에 양생제 살포량 조절, 줄눈 절단시기 조절, 하절기의 경우 온도 저감방안(예, 차광막 설치) 등을 결정하는 데 활용할 수 있다.

CHAPTER

09 터널 공사계측

1 일반사항

1.1 적용범위

(1) 본 장은 터널 시공 중의 안전관리에 적용한다.

(2) 본 장에 명시되지 않은 사항은 총칙 사항에 의하며, 총칙에도 명시되지 않은 사항은 관련 설계기준 및 표준시방서에 의한다.

1.2 계측계획의 수립

(1) 토피의 높이나 지상시설물의 유무에 따라 지상에서 수행하는 지표 및 지중침하 측정계획을 수립하여야 한다.

(2) 터널내부에서는 굴착단면의 안전성과 지보공의 안전성을 측정하기 위한 계획을 수립하여야 한다.

(3) 터널 영향권 내에 중요구조물이 있는 경우 구조물의 안전성을 측정하기 위한 계측계획을 수립하여야 한다.

(4) 제반 여건상 장기적인 안전관리가 필요한 경우에는 이를 고려하여 계측시스템을 설치할 수 있도록 계측계획을 수립하여야 한다.

1.3 계측단면의 선정

(1) 갱내의 계측단면은 터널표준시방서에 제시되어 있는 일상계측과 정밀계측의 설치빈도를 기준으로 표준계측단면을 선정하여야 한다.

(2) 굴착진행 중 갱내관찰에 의하여 지반조건이 급격하게 변하는 곳에서는 갱내 계측단면을 추가하여야 한다.

(3) 토피가 터널직경의 3배 이내일 때에는 지상 계측단면에 포함하여야 한다. 토피가 터널직경의 3배 이상이더라도 지표상에 지반의 연직 변위로 인하여 피해를 입을 구조물

이 있는 경우에는 계측단면에 추가하여야 한다.

1.4 계측항목의 선정

(1) 터널내부에서는 지중변위 측정, 내공변위 및 천단침하 측정, 록볼트 축력측정, 숏크리트 응력측정, 강지보 응력측정을 수행할 수 있도록 계측 계획을 수립하여야 한다.

(2) 터널 영향권 내의 특정 구조물 안전성을 판단하기 위한 지반수평변위 측정, 막장전방 선행변위 측정, 시설물경사도 측정, 균열 폭 측정, 지하수위 측정, 발파진동 및 소음 측정 등도 필요에 따라 터널계측에 포함하여야 한다.

1.5 계측기기의 배치

1.5.1 지표 및 지중침하계

(1) 계측기기의 설치 위치는 터널 상부의 지표 또는 지중으로서 지표면 조건, 지반상태, 터널의 규모, 시공법 등에 따른 터널 굴진의 영향범위를 고려하여 선정하여야 한다.

(2) 지표침하 계측측선은 터널 축 방향을 따라 20~50m 간격으로 배치함을 원칙으로 하며, 갱구부 50m 구간과 토피가 터널직경의 2배 이하인 구간은 10m 간격을 표준으로 하여 지형여건을 고려한 배치를 하여야 한다.

【표 16】 터널공사에서 지표지중침하계의 종방향 간격

구 분	종 간 격
2D < h	20 ~ 50m
D < h <2D	10 ~ 20m
h < D	5 ~ 10m

(3) 지반상태가 양호하고 해당 시공구간의 계측결과에 의하여 안정성이 확인된 경우에는 측선간격을 넓게 조정할 수 있으며, 지반조건이 불량한 구간이나 변화가 심한 구간에 대하여는 계측기기 간격을 상기 표준간격보다 좁혀서 배치하여야 한다.

(4) 지표침하의 횡방향 측정범위는 터널하부 좌우 모서리에서 연직선과 45°를 이루는 선들로 포함된 지표부로 하며, 5~10m 간격으로 측정을 실시하여 횡단방향의 침하곡선이 작성될 수 있도록 하여야 한다. 단, 뚜렷한 층리, 엽리, 절리 등의 발달로 인하여 터널굴착의 영향범위가 상기 범위를 벗어난다고 판단되는 경우에는 계측범위를 확대하여야 한다.

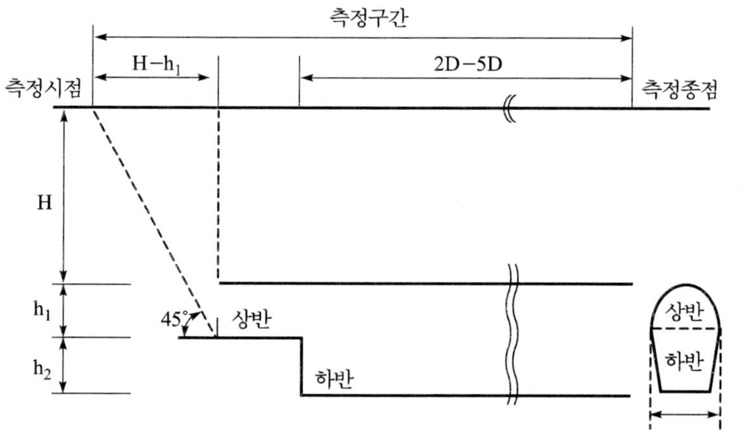

【그림 2】 종방향 측정범위

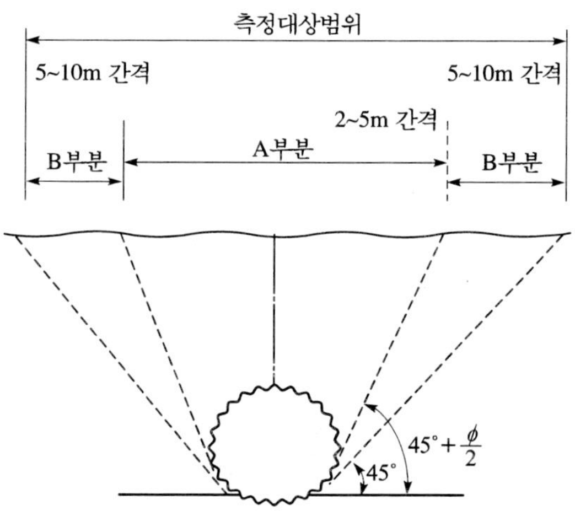

【그림 3】 횡방향 측정범위

(5) 지중침하 계측기기의 설치 간격은 500m를 표준으로 하며 심도별 침하를 측정할 수 있도록 하여야 한다. 단, 주요 구조물 하부지반의 침하 등을 측정하고자 할 경우에는 이 지점을 고려하여 계측기기 설치간격을 조정할 수 있다.

(6) 지중침하 측점 중 최하단 측점은 가능하면 터널 천정부에 근접되게 설치하여야 한다. 단, 여굴, 록볼트, 경사볼트 등 터널내의 작업에 의해 손상되지 않도록 하여야 한다.

1.5.2 내공변위 및 천단침하계

(1) 내공변위 및 천단침하 측점은 동일 단면에 설치하고 가능한 굴착후 빠른 시간내에 막장에서 가까운 곳에 단면을 설치 및 초기 계측이 이루어 질수 있도록 한다.

(2) 계측 측선은 터널 축방향을 따라 20m 간격으로 배치함을 원칙으로 하며, 갱구부 50m 구간과 토피가 터널직경의 2배 이하인 구간은 10m 간격을 표준으로 한다.

(3) 측선의 배치는 전단면 굴착의 경우에는 3측선, 반단면 굴착의 경우에는 4측선을 표준으로 하며, 지반상태, 굴착방법, 굴착 단면적 등을 참고하여 측선 수를 조정할 수 있다.

(4) 내공변위 계측은 가능한 3차원 계측을 원칙으로 하며 3차원 계측에는 자동 광파기, 3D 디지털카메라, 레이저스캐닝 등의 최신기법을 사용할 수 있다. 이때 가능한 절대좌표를 사용하도록 하나 장대터널이나 곡선터널에서는 거동이 수렴된 구간에 기준점을 설치할 수 있다. 필요시 자동화 계측을 적용하여 계측의 신뢰도를 높일 수 있으며, 파쇄대, 습곡, 단층, 탄층 출현의 심각한 지층변화가 예상되는 구간에는 물리탐사 및 선진수평보링을 실시할 수 있다.

1.5.3 지중변위계

(1) 지중변위 측정단면은 500m 간격을 표준으로 배치하되 터널의 규모나 지반조건 등 터널상황에 따라 조정할 수 있으며, 내공변위 및 천단침하측정 단면과 동일 단면에 설치하여 계측결과를 종합적으로 분석하도록 하여야 한다.

(2) 측정단면의 좌우 측벽부 및 천정부 등 3~5개소에 3~5 측점의 심도별 다중측점 지중변위계를 설치하며 터널규모나 지반조건 등을 고려하여 증감한다.

(3) 지중변위계의 측점은 터널 벽면에서 터널직경의 0.5배 범위 또는 예상되는 이완영역을 충분히 포함하는 범위까지 배치하여야 한다.

1.5.4 록볼트 축력계

(1) 록볼트 축력 측정단면은 500m 간격을 표준으로 하여 배치하되 터널의 규모, 단면당 록볼트 수, 지반조건 등 터널상황에 따라 조정할 수 있으며, 지중변위, 숏크리트 응력, 내공변위 및 천단침하측정 단면과 동일한 단면에 설치하여 다양한 계측결과를 종합적으로 분석하도록 하여야 한다.

(2) 록볼트 축력은 축력 측정용 록볼트를 실제의 록볼트 설치 위치에 동일한 방법으로 설치하여 측정하며, 측정단면의 좌우 측벽부 및 천정부 등을 포함하는 3~5개의 측정용 록볼트를 설치한다.

(3) 축력 측정용 록볼트는 측점 간격이 0.5~1.0m 이어야 한다.

1.5.5 숏크리트 응력측정 배치

(1) 숏크리트 응력계의 측정단면은 500m 간격을 표준으로 하여 배치하되 터널의 규모, 지반조건 등 터널상황에 따라 조정할 수 있으며, 지중변위, 록볼트 축력, 내공변위 및 천단침하측정 단면과 동일한 단면에 설치하여 다양한 계측결과를 종합적으로 분석하도록 하여야 한다.

(2) 숏크리트의 응력계는 숏크리트에 발생하는 응력과 배면 지반압의 크기 및 그 분포상황을 종합적으로 파악할 수 있도록 측정단면의 좌우 측벽부 및 천정부 등을 포함하는 3~5개소에 설치하여야 한다.

(3) 터널 반경방향 및 접선방향의 숏크리트 응력을 측정하기 위하여 각 측점에는 반경방향 및 접선방향에 직각이 되도록 2개의 응력계를 설치하여야 한다.

1.5.6 막장전방 선행변위 배치

(1) 계측기기의 설치위치는 터널 상부의 지중으로서 지반상태, 토피고, 시공방법 등을 고려하여 터널 굴진 시 침하량이 클 것으로 예상되는 위치를 선정하여야 한다.

(2) 계측기기의 개당 길이는 0.5m~3.0m를 표준으로 하고, 공 당 천공길이는 최대 50m까지 가능하며, 정확한 분석을 위해 설치위치간 중첩길이는 최소 2.0m이상이 필요하나, 암반조건을 고려한 적절한 천공길이의 적용과 경제성을 감안한 선정이 필요하다.

(3) 선행변위량의 정확한 측정을 위해서는 기준점의 측정이 가장 중요하며, 설치부에 타겟을 설치하여 외부의 변형이 중지된 지점으로부터 기준점 측정을 수행하도록 한다.

【표 17】 터널공사에서 계측기기의 일반적인 배치

구분	계측항목	계측간격	배 치	계측기 설치시기	계측기 설치위치
계측A (일상 계측)	터널내 관 찰	전연장	전막장	-	
	내공변위	10~50 m	수 평 2 대각선 4	굴착 24시간 이내	막장후방 1~3 m
	천단침하	10~50 m	1개소	굴착 후 4시간 이내	막장후방 1~3 m
	록볼트 인발시험	20 m 마다 3개소	측벽부 천정부 어깨부	-	
계측B (정밀 계측)	지표침하 지중침하	300~600 m	터널상부 3~5개소		막장전방 30 m
	숏크리트 응 력	200~500 m	3~5개소 (반경방향, 접선방향)	굴착 후 24시간 이내	막장후방 1~3 m
	지중변위	200~500 m	3~5개소 (3~5개의 다른 심도)	굴착 후 24시간 이내	막장후방 1~3 m
	록볼트 축 력	200~500 m	3~5개소 (3~5개의 다른 심도)	굴착 후 24시간 이내	막장후방 1~3 m

2 재료

2.1 계측기기

(1) 지표 및 지중침하계의 오차는 ± 1mm 이내이어야 한다.

(2) 내공변위 및 천단침하계의 측정의 오차는 ± 1.0mm 이내이어야 한다.

(3) 지중변위계의 측정 오차는 ± 0.1mm 이내이어야 한다.

(4) 록볼트 축력계의 정확도는 1kN 이상이어야 한다.

(5) 숏크리트 응력계는 10kPa이상의 정확도를 가져야 한다.

(6) 막장전방 선행변위를 측정하기 위한 계측기기의 정밀도는 ± 0.1mm/m이상이어야 한다.

(7) 록볼트 인발시험용 center hole Jack은 용량 30kN이상, 정밀도 5kN이하, 변위게이지의 정밀도는 1/100 mm이하 이어야 한다.

3 시공

3.1 계측기기의 설치

3.1.1 지표 및 지중침하계

(1) 지표 및 지중 침하계는 설치위치로부터 터널직경의 3배에 해당하는 위치까지 터널의 막장이 도달하기 전에 초기치를 측정할 수 있는 시기에 설치하여야 한다. 단, 특수지반 등 지반조건상 터널굴진의 영향이 터널직경의 3배거리 이상까지 미치게 될 것으로 예상되는 경우는 변위의 발생 전에 기기를 설치하고 초기치를 측정하여야 한다.

3.1.2 내공변위 및 천단침하계

(1) 내공변위 및 천단침하 측점은 실링숏크리트(Sealing Shotcrete)가 타설된 직후 설치하고 다음 막장의 굴착이 진행되기 전에 초기치를 측정할 수 있도록 설치하여 터널 굴진에 따른 변위를 최대로 측정할 수 있도록 하여야 한다.

3.1.3 지중변위계

(1) 지중변위계의 측점은 지반에 확실하게 고정되어서 지반변위가 충분히 반영되도록 설치하여야 한다.

(2) 지중변위계는 1차 숏크리트가 타설된 직후 설치하고 다음 막장이 진행되기 전에 초기치를 측정하여 터널 굴진에 따른 변위를 최대로 측정할 수 있도록 하여야 한다.

3.1.4 록볼트 축력계

(1) 록볼트 축력 측정계는 1차 숏크리트가 타설된 직후 설치하고 지반과 충분히 부착된 후 다음 막장굴착이 진행되기 전에 초기치를 측정할 수 있는 시기에 설치하여 터널 굴진에 따른 축력변화를 최대한 측정할 수 있도록 하여야 한다.

(2) 록볼트 축력계는 지반에 확실하게 고정되어서 지반변위에 따른 측점 설치부의 축력변화를 충분히 반영할 수 있어야 한다.

(3) 축력 측정용 록볼트의 재질, 규격, 충전재 등은 실제 시공되는 록볼트의 경우와 동일하여야 한다.

3.1.5 숏크리트 응력계

(1) 숏크리트 응력계는 숏크리트 타설 시에 설치하고 다음 막장굴진이 진행되기 전에 초기치를 측정하여 터널 굴진에 따른 축력변화를 최대한 측정할 수 있도록 하여야 한다.

3.1.6 막장전방 선행변위계

(1) 선행변위 측정은 막장전방 지반의 침하정도를 사전에 인지할 수 있도록 막장면의 굴진 전 터널전방에 설치하여 초기치를 측정하여야 한다.

(2) 터널 내의 천단침하 측정과 동일한 선상에 설치하여 연직방향 침하 측정결과의 상호 비교가 가능하도록 하여야 한다.

(3) 계측기의 천공각도는 천공 시 처짐 각과 보조공법의 시행에 따른 간섭을 고려하여 상향 천공하여야 한다.

(4) 막장전방 선행변위량의 계산은 천공 홀의 가장 안쪽(계측기 1번)을 기준점으로 누계하기 때문에 선행변위계의 설치 길이는 설치구간 절대 침하량을 알기 위해서는 가능한 충분한 소요길이가 되도록 계획한다.

3.2 계측의 수행

(1) 계측의 수행과 관리는 시공자가 계측전담반을 직접 운영하거나 계측전문업체에 위탁하여 수행할 수 있다.

(2) 계측책임자는 계측기기의 특성과 터널굴진에 따른 지반 및 지보재의 거동을 이해할 수 있는 지반공학 또는 지질학 관련 분야를 전공한 기술자이어야 한다.

(3) 계측책임자는 계측을 수행함에 있어 갱내관찰을 실시하여 추가적으로 계측이 필요한가를 판단하여야 한다.

3.3 계측빈도

(1) 계측빈도는 변위 속도 또는 막장 거리에 근거하여 결정하되 변위 양상에 따라 조정한다.

(2) 계측항목과 빈도는 현장여건 및 지반조건을 감안하여 공사 감독자의 확인을 받은 후에 조정할 수 있다.

【표 18】 터널공사에서 일반적인 계측빈도

구 분	계측항목	측 정 빈 도			비 고		
		0~15일 (0~7일)1)	15~30일 (8~14일)	30일~ (15일~)	변위속도2)	막장거리	빈 도
일상 계측 (A계측)	막장관찰	1회/일	1회/일	1회/일	10mm이상/일	0~1D	1~2회/일
	내공변위	1~2회/일	2회/주	1회/주	10~5mm/일	1D~2D	1회/일
	천단침하	1~2회/일	2회/주	1회/주	5~1mm/일	2D~5D	1회/2일
	지표침하	1~2회/일	2회/주	1회/주	1mm이하/일	5D이상	1회/주
정밀 계측 (B계측)	숏크리트 응력	1회/일	1회/주	1회/2주	한 단면에 집중적으로 설치하여 계측		
	지중변위	1~2회/일	1회/2일	1회/주			
	록볼트 축력	1~2회/일	1회/2일	1회/주			
	지중수평변위	1회/일	1회/주	1회/2주			
	지중침하	1회/일	1회/주	1회/2주			

주 1) ()는 변위의 수렴이 빨리 진행되는 경우의 빈도임
주 2) 변위속도는 내공변위 및 천단침하 계측 수행시 해당되는 사항임

3.4 계측결과의 정리 및 분석

(1) 모든 계측결과 기록지에는 사업명, 위치, 터널명, 측점, 계측항목, 계측위치, 측정일시, 측정자 등을 기재하여야 한다.

(2) 계측결과는 측정일자, 경과일수, 막장거리(상반, 하반 구분), 초기치, 금회 변위, 누계 변위를 정해진 양식에 계측 항목별로 별도로 정리하여야 하며, '시간(경과일수) - 계측치'와 '막장거리 - 계측치'를 그래프로 표시하여 계측치의 변화경향을 신속히 파악할 수 있도록 하여야 하며 그 결과를 후속작업에 활용할 수 있도록 하여야 한다.

(3) 계측결과는 계측책임자의 책임 하에 지반거동을 이해하고 터널건설에 경험이 풍부한 지반공학 관련 분야를 전공한 기술자에 의하여 분석되어야 한다.

(4) 계측책임자는 당해 현장 또는 유사 현장에서 수행한 수치해석결과, 경험치, 타 계측결과 및 현장지반조건 등을 참조하여 분석하며, 계측치의 절대변화량 및 변화속도 등을 참고하여 계측관리기준치를 설정하고 그에 따라 안정성을 평가한다. 또한, 안정성 평가 및 대책공의 실시(지보패턴 변경 등)는 설계예상 변위에 근거한 관리기준의 적용 시 단일항목의 결과만으로 평가하기보다는 관련된 계측항목(지보재 응력, 축력 등)을 종합적으로 고려하여 합리적인 대책을 강구하여야 한다. 이때 계측관리기준치는 감독

자의 승인을 득하여 설정하도록 한다.

(5) 계측 분석결과 터널의 안전성에 영향이 있다고 판단되는 경우에는 감독자는 시공자에게 이에 대한 적절한 응급조치를 취하도록 하고, 그 원인을 규명하여 항구적인 대책을 강구하도록 한다.

(6) 계측이 종료되면 계측결과를 정리하여 공사 감독자에게 제출하여 확인을 얻은 후 후속작업을 진행하여야 한다.

3.5 계측관리 기준

(1) 계측관리기준은 지반의 거동상태, 인접구조물의 안전한계와 암반 역학적인 조건에 의하여 결정되므로 이론해석 및 수치해석, 또는 유사조건하의 시공실적을 참고하여 초기 시공실적을 토대로 관리기준을 수시로 수정해 가는 방법이 가장 합리적이고 실질적이다.

(2) 1차 관리기준은 공사관리를 위한 목표설정 기준이며, 2차 관리기준은 주변구조물에 영향을 미칠 수 있으므로 대비하라는 기준이고, 3차 관리기준은 터널 자체의 위험에 대비하라는 기준을 의미한다.

CHAPTER

10 댐 공사계측

1 일반사항

1.1 적용범위

(1) 본 장은 댐 시공 중의 안전관리 및 품질관리를 위한 계측관리에 적용한다.

(2) 본 장에 명시되지 않은 사항은 총칙 사항에 의하며, 총칙에도 명시되지 않은 사항은 관련 설계기준 및 표준시방서에 의한다.

1.2 계측계획의 수립

(1) 댐 공사 중에는 여러 종류의 계측기기를 매설하여 축조과정에서의 안전관리와 품질관리를 위한 계측계획을 수립하여야 한다.

(2) 공사 중 수립한 계측계획은 댐이 완성되어 담수 후에는 댐체 내부에서의 응력변화와 이에 따른 댐체의 거동을 관측하여 안전관리에 활용할 수 있도록 계측계획을 수립하여야 한다.

(3) 중심코어형 사력댐은 공사 중 댐체 및 기초의 품질관리 및 안전관리를 할 수 있도록 계측계획을 수립하여야 한다.

(4) 콘크리트댐 및 표면차수벽형 석괴댐의 표면차수벽은 매스 콘크리트의 수화열에 의한 피해, 기초의 누수, 담수 시 콘크리트의 응력상태를 파악할 수 있도록 계측계획을 수립하여야 한다.

1.3 계측단면의 선정

(1) 댐 형식 및 규모, 지반조건, 현장조건 등을 고려하여 최대변위와 최대응력이 작용할 것으로 예상되는 단면을 계측단면으로 선정하여야 한다.

(2) 구조적으로 가장 위험한 단면을 주 계측단면으로 선정하며, 높이 15m 이상의 대댐에서는 3개 이상의 주 계측단면을 설정하여야 한다.

1.4 계측항목의 선정

(1) 중심코어형 사력댐은 공사 중 댐체의 변형, 응력, 간극수압, 기초의 간극수압 등을 측정하여야 한다.

(2) 콘크리트댐 및 표면차수벽형 석괴댐의 표면차수벽은 공사 중 댐체의 수화열 및 이에 의한 무응력 변형률, 변형, 외부하중에 의해 콘크리트 내부에서 발생하는 내부응력, 기초의 간극수압과 댐체에 작용하는 양압력 등을 측정하여야 한다.

(3) 콘크리트 표면차수벽형 석괴댐(CFRD)은 중심코어형 사력댐에서의 댐체 변형과 응력, 차수벽의 변형과 응력, 차수벽내 수화열에 의한 콘크리트 응력, 차수벽 이음부의 변형, 차수벽과 플린스 이음부의 변형, 기초의 간극수압 등을 측정하여야 한다.

(4) 댐 건설 중 댐체 중량과 수압작용에 대한 댐체내의 수평, 수직방향의 토압을 측정하여야 한다.

(5) 댐 건설 중 댐체 축조에 따른 간극수압을 측정하고 발생 및 소산정도를 분석하여 축조속도를 관리하여야 하며 기초부 차수 그라우팅 지점의 차수효과를 확인하여야 한다.

(6) 기초 암반층과 댐체 사이에 작용하는 간극수압을 측정하여야 한다.

1.5 계측기기의 배치

1.5.1 계측기기의 배치 일반

(1) 계측목적을 고려하여 각 계측기기는 서로의 연관성을 유지하도록 하며 가능한 한 동일 단면에 계측기기를 배치하여야 한다.

(2) 공사 중 계측기기의 파손 또는 고장 가능성을 고려하여 계측위치를 선정하여야 하며, 계측기기의 설치 및 배선을 확실히 할 수 있는 위치를 선정하여야 한다.

(3) 계측기기 설치수량은 기존댐의 설치 실례와 운영실적을 참고하여 정하되 운영기간중의 고장 등을 고려하여 20%정도의 여유물량을 추가하여야 한다.

1.5.2 댐체의 응력 및 변형 측정을 위한 계측기기 배치

(1) 댐 건설중 댐체 중량과 수압작용에 대한 댐체내의 수평, 수직방향의 토압을 측정하여야 한다. 토압은 각 심도별로 수평, 45°, 135°경 비탈면의 3방향별 측정을 할 수 있도록 설치하는 것을 원칙으로 한다.

(2) 댐체 표면에서 발생하는 외부변형과 내부에서 발생하는 침하량 및 수평변위를 측정하

여야 한다. 댐체의 외부변형은 전체적인 변형거동을 파악할 수 있도록 상류 비탈면, 하류 비탈면, 정상부에 충분히 배치하여야 한다. 외부변형 측정 시는 댐체 축조로 인한 영향을 받지 않는 암반 등에 기준점을 설치하고 관리하여야 하며, 기준점은 인근의 국가에서 설치한 1등 수준점에서 측량되어야 한다.

(3) 댐체 심벽에 지점별 침하와 경사를 측정하여야 한다.

(4) 죤형댐의 경우는 댐체 내부 침하용 측정기기를 동일 표고에서 각기 다른 죤에 설치하여 부등침하 등의 확인이 가능하도록 설치하여야 한다.

(5) 중심코어형 사력댐의 경우 차수를 위한 심벽에서는 심도별 연속적인 침하량과 댐체 심벽 지점별 경사측정용 계측기기를 배치하여야 한다.

(6) 콘크리트 표면차수벽형 석괴댐의 경우 콘크리트 표면차수벽 표면 또는 내부에 경사측정용 계측기기를 배치하고, 콘크리트 차수벽과 프린스 이음부의 3 방향별 변위를 측정하여야 한다. 콘크리트 차수벽의 응력을 측정하기 위한 계측기기는 3개를 1조로 설치하여 Rosette Block을 사용하여 0°, 45°, 90° 방향으로 설치하는 것을 원칙으로 한다.

1.5.3 댐체 및 주변지반의 간극수압 측정을 위한 계측기기 배치

(1) 댐체 단면 중 큰 단면을 포함한 적정 계측단면을 선정한 후, 기초 암반층과 댐체 사이에 작용하는 간극수압을 측정할 수 있도록 계측단면상의 상류 및 하류부에 배치하여야 한다.

(2) 토압계가 설치된 개소에 대해서는 토압계와 병행하여 간극수압을 측정할 수 있도록 배치하여야 한다.

(3) 간극수압 측정기기의 설치 표고와 간격은 저수위별 침윤선을 예상하여 침윤선 해석이 가능하도록 배치하여야 한다.

(4) 향후 저수위 상승에 따른 간극수압의 발생유무를 측정하기 위한 측정기기는 댐체 기초 암반층에 배치되어야 하며 측정범위는 설계 시 작용수두를 고려하여 결정되어야 한다.

1.5.4 콘크리트의 응력 및 변형 측정을 위한 계측기기 배치

(1) 콘크리트댐의 경우는 내부 및 외부의 온도를 측정하여야 한다.

(2) 설계도서, 단면조건, 하중조건, 현장상황, 주변 지반조건 등을 고려하여 큰 변위발생 부위를 선정하여 콘크리트 변위를 계측할 수 있는 계측기기를 배치하여야 한다.

(3) 수직이음 변위 측정기기는 수직 이음부에 매설되도록 배치하여야 한다.

1.6 계측기기의 선정

(1) 댐체 표면에서 발생하는 외부변형과 내부에서 발생하는 침하량 및 수평변위 측정을 위한 계측기기는 물이나 공기 중에 노출되어도 기능을 유지할 수 있는 구조여야 하며 재질은 녹이 슬지 않는 재질이어야 한다.

(2) 댐체 심벽에 지점별 침하와 경사를 측정하여 물이나 공기 중에 노출되어도 기능을 유지할 수 있는 구조이어야 하며, 표면차수벽의 온도변화에 따른 측정오차가 없도록 하여야 한다.

2 재료

2.1 계측시스템 선정

(1) 계측기기, 스위치박스, 데이터 수집 장치(Data Logger), 기록기, 데이터 저장 및 분석을 위한 컴퓨터, 그 밖의 주변기기 등을 포함한 계측 자료 획득시스템과 계측 자료 전송시스템을 포함하여 계측에 필요한 모든 장치 및 운용시스템의 선정은 총칙편의 2.재료를 참고하여 상세한 현장조사를 실시한 후 선정하여야 한다.

3 시공

3.1 계측기기의 설치

(1) 균일형 댐의 경우는 각 계측기기별 케이블 길이를 최소화하여 하류방향 측정실에 설치되도록 하며, 존형 댐의 경우는 케이블이 동일 존을 통과하여 좌안 또는 우안으로 설치되도록 하는 것을 원칙으로 한다.

(2) 계측기기와 회로 중계선 사이를 연결하는 유도선은 암석층, 토사층 또는 콘크리트내에 매설되거나 노출되는 경우에도 각 계측기기의 정보를 정확하게 전달 할 수 있도록 하기 위하여 댐 기초지반 및 댐체 매설용은 철선 등으로 보강하여야 하고, 인장이나 외력, 충격, 낙뢰 등에 대한 보강, 방수, 부식, 절연처리를 하여야 한다.

(3) 댐체 또는 구조물에 매설되는 계측기기와 유도선은 설치 후 즉시 검측하여 정상적 작

동이 나타날 경우만 콘크리트 치기 또는 되메우기 공사를 진행하여야 한다.

(4) 댐체 심벽에 설치되는 경사측정용 계측기기는 축조과정별로 각각 설치되어 연결되어야 하는데 기존 축조단계에서 설치된 튜브상단 중심은 수평과 수직도가 ± 1.0mm의 정확도를 확보하여야 한다.

(5) 제방의 응력 및 변형을 측정하기 위한 토압계와 간극수압게는 총칙편의 3.2를 참고하여 설치한다.

(6) 콘크리트의 응력 및 변형 측정을 위한 계측기기는 다음 방법에 준하여 설치하여야 한다.

① 수직이음 변위 측정기기는 수직 이음부에 매설되도록 선행 콘크리트 타설시와 후행 콘크리트 타설시의 2단계로 매설하여야 한다.

② 콘크리트 속에 묻히므로 용접 밀폐되어야 하고 부식방지처리를 하여야 한다.

③ 콘크리트 응력측정을 위한 계측기기는 밑면이 콘크리트와 밀착되지 않도록 해야하며 계속적인 콘크리트 타설로 인해 밀착면이 훼손되지 않도록 하여야 한다.

④ 무응력 변형률계는 응력 계측기기와 같은 위치에 설치한다.

⑤ 무응력 변형률계는 특별히 제작된 용기에 넣어 매설하되, 주위 콘크리트와 같은 온도, 습도 하에서 설치하여야 한다.

⑥ 무응력 변형률계는 콘크리트 타설로 인해 측정기기가 접촉면으로부터 뜨지 않도록 하여야 하며 용기내에 단계적으로 콘크리트를 타설하여야 한다.

3.2 계측기기의 보호

(1) 설치 후 계측기기의 일부가 노출되어 있는 계측기기는 공사용 장비나 사람에 의하여 훼손되지 않도록 적절한 보호 장치에 의하여 보호하여야 하고 잘 보이는 곳에 표지판을 설치하여야 한다.

3.3 계측빈도

(1) 공사 중 계측기간은 4단계로 구분하며 각 단계별로 일반적인 계측빈도를 결정한다. 계측결과 및 현장여건, 지반조건을 감안하여 계측빈도를 변경하고자 할 경우에는 계측자료 분석 등을 통하여 변경의 타당성을 확보하고 공사 감독자의 확인을 받은 후에 조정할 수 있다.

- 1단계 : 계측기기 설치 후 1개월간
- 2단계 : 계측기기 설치 1개월 후부터 댐 완공 시까지
- 3단계 : 측정치가 이상거동을 보이고 있는 경우로서 안전이 확인될 때까지
- 4단계 : 홍수조절 또는 지진발생 후 1주일간

【표 19】 터널공사에서 일반적인 계측빈도

계측내용	1 단계	2 단계	3 단계	4 단계
간극수압 지하수위 내부침하 및 층별침하	매 일	주 1회	매 일	매 일
주변이음부 변위 수직이음부 수평변위 댐체 및 콘크리트 변형률 콘크리트 무응력 변형률 비탈면 변위	매 일	주 1회	매 일	매 일
외부변위 및 정부침하	매 일	매 일	매 일	매 일
자동계측기록 및 컴퓨터 제어설비	매 일	매 일	매 일	매 일

(2) 각 계측항목별 결과는 상호 비교분석이 필요하므로 관련 계측항목은 동일시기에 측정을 실시하고, 그 중 빈도가 높은 것은 별도로 측정하여야 한다.

(3) 이상홍수, 지진 등 댐 안정성에 영향을 미치는 현상이 발생하였을 때는 즉시 측정 하여야 한다.

3.4 계측결과의 정리 및 분석

3.4.1 댐체의 응력 및 변형 측정 결과분석

(1) 토압 측정결과를 통해 댐체 응력분포와 주응력 등을 검토하여 설계시의 적정성 및 댐체 안정성을 확인하고, 응력전이에 따른 수압할렬 가능성 등을 검토하여야 한다.

(2) 댐체의 변형은 경시변화 및 변형속도, 부등침하 발생여부 등을 통해 기본적인 안정화를 판단하며, 침하량, 수평 변위량을 동시에 측정하여 상호 영향 및 전체 축조 높이별 각각의 변위발생량을 분석하여 댐체 안정성 판단에 적용하여야 한다.

(3) 콘크리트차수벽에 설치된 경사측정결과는 댐체 변형 결과와 함께 분석하여 콘크리트

차수벽의 변형 및 균열발생 가능성 등에 대해 검토를 하여야 한다.

3.4.2 콘크리트의 응력 및 변형 측정 결과분석

(1) 콘크리트 표면차수벽 주변이음부와 같이 인장력이 작용하는 부위에 대한 변위 등을 분석하여 축조 중 단기안정성 및 장기적 내구성 측면의 안정성 검토를 하여야 한다.

(2) 무응력 변형률 측정결과를 이용하여 콘크리트에 작용하는 외부응력과 온도변화 등 내부에서 자생적으로 발생하는 내부응력을 각각 파악하여 건설 중 품질관리 및 댐체 안정성 평가에 적용하여야 한다.

3.4.3 댐체 및 주변지반의 간극수압 측정 결과분석

(1) 심벽내에서 발생하는 간극수압을 통해 위치별 유효응력과 전단강도를 분석하여 축조 중 댐체의 안정성 판단에 적용하여야 한다.

(2) 콘크리트 댐의 경우 댐체에 작용하는 양압력을 이용하여 댐체의 안정성 판단에 적용하여야 한다.

(3) 댐체의 간극수압 분포도 및 토압 측정결과는 시공속도 및 성토고, 축조재료의 함수비를 조절하여 댐 축조 시 성토속도 규제 방안으로 이용되어야 한다.

3.5 계측관리 기준

(1) 계측관리기준은 댐의 형식과 규모, 댐 양안부 및 기초지반의 거동상태, 지질조건, 축조재료, 시공방법 등을 고려하여 결정되어야 한다. 일반적으로 실내시험, 이론 및 수치해석, 그리고 초기 시공실적 및 유사한 조건을 갖는 댐의 계측결과를 토대로 종합적인 검토를 통해 결정하는 것이 합리적이다.

(2) 각 계측항목별 계측관리기준 절대값 또는 경향선 형태로 설정될 수 있으며 현장 여건과 상황에 따라 현장별 전문가 또는 관리주체의 승인 하에 변경, 조정될 수 있다.

CHAPTER

11 하천제방 공사계측

1 일반사항

1.1 적용범위

(1) 본 장은 하천제방 공사 중의 안전관리 및 품질관리를 위한 계측관리에 적용한다.

(2) 본 장에 명시되지 않은 사항은 총칙 사항에 의하며, 총칙에도 명시되지 않은 사항은 관련 설계기준 및 표준시방서에 의한다.

1.2 계측계획의 수립

(1) 공사 중 제체의 안정 및 기초 누수여부를 확인하기 위한 계측계획을 수립하여야 한다.

1.3 계측단면의 선정

(1) 기초지반이 불량한 구간을 대표단면으로 선정하여야 한다.

(2) 추가적인 계측이 필요하다고 판단되는 단면에 대해서는 감독자와 협의하여 결정한다.

1.4 계측항목의 선정

(1) 공사 중 제체의 변형, 침하, 수평변위, 간극수압 등을 측정하여야 한다.

(2) 추가적인 계측항목에 대해서는 감독자와 협의하여 결정한다.

1.5 계측기기의 배치

(1) 제방규모, 지반조건, 현장조건 등을 고려하여 최대변위와 최대응력이 작용할 것으로 예상되는 위치에 중점적으로 계측기기를 배치하여야 한다.

(2) 계측목적을 고려하여 각 계측기기는 서로의 연관성을 유지하도록 하며 가능한 한 동

일단면에 계측기기를 배치하여야 한다.

(3) 계측기기 설치수량은 기존제방의 설치 실례와 운영실적을 참고하여 정하되 운영기간 중의 고장 등을 고려하여 20%정도의 여유물량을 추가하여 배치하여야 한다.

2 재료

2.1 계측시스템 선정

(1) 계측기기, 스위치박스, 데이터 수집 장치(Data Logger), 기록기, 데이터 저장 및 분석을 위한 컴퓨터, 그 밖의 주변기기 등을 포함한 계측 자료 획득시스템과 계측 자료 전송시스템을 포함하여 계측에 필요한 모든 장치 및 운용시스템의 선정은 총칙편의 2.재료를 참고하여 상세한 현장조사를 실시한 후 선정하여야 한다.

3 시공

3.1 계측기기의 설치

(1) 제방의 응력 및 변형을 측정하기 위한 토압계와 간극수압계는 총칙편의 3.2를 참고하여 설치한다.

3.2 계측시스템 설치에 따른 검사 및 시험

(1) 제방 또는 구조물에 매설되는 계측기기와 유도선은 설치 후 즉시 검측하여 정상적 작동이 나타날 경우만 되메우기 공사를 진행하여야 한다.

3.3 계측빈도

(1) 공사중 계측기간은 4단계로 구분하며 각 단계별로 계측빈도를 결정한다. 계측결과 및 현장여건, 지반조건을 감안하여 계측빈도를 변경하고자 할 경우에는 계측자료 분석 등을 통하여 변경의 타당성을 확보하고 공사 감독자의 확인을 받은 후에 조정할 수 있다.

- 1단계 : 계측기기 설치 후 1개월간
- 2단계 : 계측기기 설치 1개월 후부터 제방 완공시까지
- 3단계 : 측정치가 이상거동을 보이고 있는 경우로서 안전이 확인될 때까지
- 4단계 : 홍수발생 또는 지진발생 후 1주일간

【표 20】 하천제방공사에서 계측빈도

계측내용	1 단계	2 단계	3 단계	4 단계
간극수압 지하수위 기초침하	매 일	1회/3일	매 일	매 일
수평변위 비탈면 변위	매 일	매 일	매 일	매 일
둑마루침하	매 일	매 일	매 일	매 일
자동계측기록 및 컴퓨터 제어설비	매 일	매 일	매 일	매 일

(2) 각 계측항목별 결과는 상호 비교분석이 필요하므로 관련 계측항목은 동일시기에 측정을 실시하고, 그 중 빈도가 높은 것은 별도로 측정하여야 한다.

3.4 계측결과의 정리 및 분석

(1) 계측결과는 설계도서 및 당해 현장 또는 유사 현장에서 수행한 수치해석결과, 경험치, 타 계측결과 및 현장조건 등을 참조하여 분석하며, 계측치의 절대변화량 및 변화속도 등을 참고하여 계측관리기준치를 설정하고 그에 따라 안정성을 평가한다.

(2) 이상홍수, 지진 등 제방 안정성에 영향을 미치는 현상이 발생하였을때는 즉시 측정 및 분석을 실시하여, 제방 및 구조물의 이상유무를 판정하고 이상이 있을시는 항구적인 대책을 강구하여야 한다.

(3) 제방의 간극수압 분포도 측정결과는 시공속도 및 성토고, 축조재료의 함수비를 조절하여 제방 축조시 성토속도 규제 방안으로 이용되어야 한다.

3.5 계측관리 기준

(1) 계측관리기준은 제방규모, 기초지반의 거동상태, 지질조건, 축조재료, 시공방법 등에 의하여 차이를 보이게 되므로 각 계측항목별로 이와 같은 사항을 고려하여 결정되어야 한다. 일반적으로 실내시험, 이론 및 수치해석, 그리고 초기 시공실적 및 유사한 조건을 갖는 제방의 계측결과를 토대로 종합적인 검토를 통해 결정하는 것이 합리적이다.

CHAPTER

12 항만 공사계측

1 일반사항

1.1 적용범위

(1) 본 장은 항만 공사 중의 안전관리, 품질관리 및 공정관리를 위한 계측관리에 적용한다.

(2) 본 장에 명시되지 않은 사항은 총칙 사항에 의하며, 총칙에도 명시되지 않은 사항은 관련 설계기준 및 표준시방서에 의한다.

1.2 계측계획의 수립

(1) 항만 공사 중 항만구조물(케이슨, 안벽 등) 및 주변 지반을 계측대상으로 한다

(2) 항만 공사 중 항만구조물(케이슨, 안벽 등)의 활동, 전도 및 침하를 측정하기 위한 계측계획을 수립하여야 한다.

(3) 항만 공사 중 항만구조물(케이슨, 안벽 등)의 안전성을 파악하기 위하여 항만구조물에 작용하는 응력을 측정하기 위한 계측계획을 수립하여야 한다.

(4) 항만 구조물에 영향을 미칠 수 있는 조위 및 지하수위 측정을 위한 계측계획을 수립하여야 한다.

(5) 안벽의 뒷채움의 침하, 활동을 측정하기 위한 계측계획을 수립하여야 한다.

(6) 계측계획은 주 계측단면과 보조 계측단면으로 구분하여 수립한다.

【표 21】 항만공사중 구간별 계측 계획

구분		계측기	계측내용
부지 매립 구간		지중경사계	• 매립시 제체 횡방향 거동측정
		침 하 핀	• 매립시 제체 침하측정 및 속도조절
		침 하 판	• 매립지의 시공중 침하량 및 재하성토 제거시기 결정
		층별침하계	• 매립지의 시공중 침하량 및 재하성토 제거시기 결정
		간극수압계	• 압밀진행에 따른 간극수압의 소산정도 측정(압밀도 판단)
		지하수위계	• 부지내 지하수위 측정하여 각극수압계 보정, 잔류수위 판단
호안	제체 구조물	지중경사계	• 매립시 제체 횡방향 거동측정
		침 하 핀	• 매립시 제체 침하측정 및 속도조절
접안시설	상부 구조물	구조물경사계	• 구조물의 변위측정 및 안정점검
		침 하 핀	• 구조물의 침하측정 및 안정점검
		조 위 계	• 해수의 수위측정
	배후 호안	침 하 판	• 매립시 제체 침하측정 및 속도조절
		층별침하계	• 매립지의 시공중 침하량 및 재하성토 제거시기 결정
		토 압 계	• 상재하중에 의한 토압의 변화 측정
		간극수압계	• 압밀진행에 따른 간극수압의 소산정도 측정(압밀도 판단)
		지하수위계	• 부지내 지하수위 측정하여 간극수압계 보정, 잔류수위 판단

1.3 계측단면의 선정

(1) 주 계측단면은 현장 상황을 대표할 수 있는 장소, 또는 큰 변형이 예측되는 장소를 선정하여야 하고 구조적으로 가장 위험한 단면을 선정한다.

(2) 보조 계측단면은 시공중 추가적으로 확인하여야 할 사항이 발생되는 단면을 선정한다.

1.4 계측항목의 선정

(1) 설계시 적용하였던 하중 및 계산결과와 비교하기 위하여 계측항목을 선정한다.

(2) 항만 구조물의 안정성을 확인하기 위하여 외력(뒤채움, 성토, 조위 등)에 의한 침하 및 수평변위(기울기)를 측정하여야 한다.

(3) 항만 구조물 주변지반의 안정성을 확인하기 위한 침하, 지중수평변위를 측정하여야 한다.

(4) 항만 구조물 주변 지반의 지하수위 및 조위를 측정하여야 한다.

(5) 추가적인 계측항목에 대해서는 감독자와와 협의하여 결정한다.

【표 22】 항만공사 계측에서 계측기기별 설치목적 및 이용

계측항목	계측기	설치목적및이용
침하	지표면 침하판	• 전체 및 최종 침하량 측정 • 성토재하 및 제거 시기 추정
	지표면 침하핀	• 시공중 및 공용시 지표침하 측정
	층별 침하계	• 각 층의 침하량 측정 • 연약지반층의 지반거동 파악 • 성토 재하 및 제거 시기 결정 • 최종 침하량 추정
변위	경 사 계	• 구조물 안정관리 • 성토에 따른 지반의 심도별 수평변위 측정
	구조물 경사계	• 안벽 등 구조물의 수평방향의 각 변위 및 안전도 판단
간극수압	간극수압계	• 성토하중에 의한 과잉 간극수압의 변화 측정 • 드레인 등의 지반처리 효과 판정 • 침하의 진행상황 검토 • 성토 제거 시기 결정
수위	지하수위계	• 지반내 간극수압으로부터 정수압과 과잉간극수압 구분 • 침하 진행상황 검토
토압	토 압 계	• 성토하중에 의한 토압의 변화 측정
콘크리트 응력 및 철근응력	콘크리트 응력계 철 근 계	• 콘크리트의 작용응력 측정 • 철근의 작용응력 측정
조위	조 위 계	• 부두 전면 조위 측정
반력	반 력 계	• 부두 저부 반력 측정
지진	지 진 계	• 지진 측정
부마찰력 변형률	변형률계	• 말뚝에 작용하는 응력 측정
말뚝 정재하 시험용 변형률	변형률계	• 말뚝에 작용하는 응력 측정

1.5 계측기기의 배치

(1) 구조계산 결과를 참고하여 구조적 취약부위에 응력 계기를 동일 지점에 설치하는 것을 원칙으로 한다.

(2) 항만구조물 배면 토압은 구조물(중력식, 잔교식 등)의 크기 및 구조계산결과를 참고로 하여 설치 위치를 선정한다.

(3) 항만구조물의 거동을 관측하기 위해 설치되는 침하 및 수평변위(기울기) 계측기는 항만구조물 표면에 부착하는 것으로 한다.

(4) 항만 구조물 하부 지반의 침하 상태를 파악하기 위해 지층별 침하를 측정하여 항만 구조물 하부 지반의 안정성을 확인 할 수 있도록 한다.

(5) 지표침하, 층별침하, 지중수평변위계를 설치하여 육측지반의 거동상태를 파악한다.

(6) 조위 및 지하수위계는 대표위치에 설치한다.

2 재료

2.1 계측시스템 선정

(1) 계측기기, 스위치박스, 데이터 수집 장치(Data Logger), 기록기, 데이터 저장 및 분석을 위한 컴퓨터, 그 밖의 주변기기 등을 포함한 계측 자료 획득시스템과 계측 자료 전송시스템을 포함하여 계측에 필요한 모든 장치 및 운용시스템의 선정은 총칙편의 2.재료를 참고하여 상세한 현장조사를 실시한 후 선정하여야 한다.

3 시공

3.1 계측기기의 설치

(1) 항만구조물의 계측에 필요한 계측기기는 항만구조물 제작시 설치하는 것을 원칙으로 한다.

(2) 항만구조물 주변 지반의 계측은 항만구조물을 시공하기 전에 설치하는 것을 원칙으로 한다.

3.2 계측빈도

(1) 공사 중 계측기간은 아래와 같이 5단계로 구분하며 각 단계별로 일반적인 계측빈도를 결정한다.

- 1단계 : 항만구조물 제작단계
- 2단계 : 항만구조물 거치 단계
- 3단계 : 항만구조물 배면 뒤채움 단계
- 4단계 : 항만구조물 재하하중 시행단계
- 5단계 : 일상계측 단계(3단계 끝난 후 이상 징후가 발생하지 않고 일상적인 계측 단계)
- 6단계 : 긴급계측 단계(항만구조물에 이상 징후가 발생할 경우)

【표 23】 항만공사 구간의 일반적인 계측 빈도 (자동/수동)

계측내용	항만구조물 제작단계	항만구조물 거치 단계	항만구조물 배면 뒤채움 단계	항만구조물 재하하중 시행 단계	일상계측 단계	긴급계측 단계
침하 수평변형 및 기울기	– / 1회/1일	1회/10분 / 1회/1일	1회/30분 / 1회/1일		1회/1일 / 2회/1주	1회/10분 / 1회/1일
응력계	1회/1시간 / 1회/1일	1회/10분 / 1회/1일	1회/30분 / 1회/1일		1회/1일 / 2회/1주	1회/10분 / 1회/1일

(2) 계측결과 및 현장여건, 지반조건을 감안하여 계측빈도를 변경하고자 할 경우에는 계측자료 분석 등을 통하여 변경의 타당성을 확보하고 공사 감독자의 확인을 받은 후에 조정할 수 있다.

(3) 각 계측항목별 결과는 상호 비교분석이 필요하므로 관련 계측항목은 동일시기에 측정을 실시하고, 그 중 빈도가 높은 것은 별도로 측정하여야 한다.

3.3 계측결과의 정리 및 분석

(1) 구조물의 응력 측정결과를 통해 케이슨의 응력분포를 검토하여 설계시의 적정성 및 구조체의 안정성을 확인한다.

(2) 구조물의 변형은 경시변화, 변형속도, 부등침하 발생여부 등을 통해 기본적인 안정화를 판단하며, 침하량, 수평 변위량(기울기)을 동시에 측정하여 시공에 따른 항만구조물의 거동상태를 확인한다.

(3) 주변지반에 설치된 지중침하 및 지중수평변위 측정결과는 항만구조물의 변형 및 응력결과와 함께 분석하여 뒷채움 및 성토에 따른 지반의 이상 거동 가능성 등에 대해 검토를 하여야 한다.

(4) 항만구조물 및 주변지반 침하, 수평변위의 측정결과는 시공속도 및 배면 뒤채움 및 성토 속도 등을 조절하여 항만공사 시공 조건으로 이용되어야 한다.

3.4 계측관리 기준

(1) 계측관리기준은 항만 구조물의 형식과 규모, 주변지반, 지질조건, 조위, 시공방법 등에 의하여 차이를 보이게 되므로 각 계측항목별로 이와 같은 사항을 고려하여 결정되어야 한다. 일반적으로 실내시험, 이론 및 수치해석, 그리고 초기 시공실적 및 유사한 조건을 갖는 항만구조물의 계측결과를 토대로 종합적인 검토를 통해 결정하는 것이 합리적이다.

CHAPTER

13 건축 공사계측

1 일반사항

1.1 적용범위

(1) 본 장은 건축공사 중의 안전관리 및 품질관리를 위한 계측관리에 적용한다.

(2) 본 장에 명시되지 않은 사항은 총칙 사항에 의하며, 총칙에도 명시되지 않은 사항은 관련 설계기준 및 표준시방서에 의한다.

1.2 계측계획의 수립

(1) 건축 공사계측 계획은 공사대상 구조물뿐만 아니라 주변 건축물과 구조물을 포함한다.

(2) 공사대상 구조물은 장경간의 처짐, 초고층 건물의 기둥의 축소, 공사중 발생된 구조적 균열의 관리, 중요부재의 안전성 확인을 위한 계측계획을 수립하여야 한다.

(3) 굴착공사, 진동 등의 영향으로 주변건물에 손상 발생 또는 손상발생 우려 시 주변건물에 대한 계측계획을 수립하여야 한다.

(4) 계측 항목과 계측대상 구조물, 계측방법은 설계 시 반영하거나 현장에서 필요에 따라 감독관의 승인 하에 계획한다.

1.3 계측항목의 선정

(1) 초고층건물 또는 동별 층고나 중량의 현저한 차이가 있어 부등침하의 우려가 있을 경우, 또는 연약지반에 구축하는 건축물에 대해 침하를 측정한다.

(2) 대상건물 또는 주변건물이 지반침하와 같은 물리적 영향을 받아 부등침하가 발생할 우려가 있을 경우 건물의 기울기를 측정한다.

(3) 지간이 긴 구조물에서 사용성 측면의 처짐관리가 필요할 경우 변위측정을 실시한다. 새로운 구조시스템 또는 대공간구조물의 지붕 등 구조적 안전성을 면밀히 검토할 필

요가 있을 때 변위를 측정한다.

(4) 일부 부재 또는 건물이 집중적으로 하중을 받음으로 인해 그 부재의 안전성여부를 확인할 필요가 있는 경우에는 변형률을 측정한다.

(5) 케이블구조, 다중이용시설물, 새로운 형식의 구조물 등 안전상 관리가 필요한 구조물의 거동을 파악할 필요가 있는 경우에는 변형률을 측정한다.

(6) 기발생되어 있는 균열의 지속적인 변화 여부를 파악하여 구조물의 안전성을 감시하기 위하여 균열폭의 변화여부를 측정한다.

(7) 초고층건물 기둥과 같이 시공과정 또는 시공 후 탄성수축, 건조수축, 크리프 등의 현상으로 기둥이 축소함으로 인해 구조물의 안전과 사용성에 영향을 미칠 우려가 있을 경우에는 기둥 축소량 (Column shortening)을 측정한다.

1.4 계측기기의 배치

1.4.1 침하(Settlement) 측정

(1) 계측기기는 일반적으로 대상 건물의 주요 수직부재 또는 강성이 높은 수평부재에 설치하여 구조물의 침하를 파악할 수 있도록 배치한다.

(2) 계측기는 구조물의 강성분포를 고려하여 부등침하 또는 일괄침하 여부를 파악할 수 있는 위치에 배치하여야 하며, 이때 필히 기초의 강성분포도 고려하여야 한다.

1.4.2 경사측정

(1) 삼축방향의 계측기 설치를 하지 않을 경우 계측기의 방향성을 고려, 건물의 3축 방향 움직임을 감지할 수 있도록 계측기를 배치하여야 한다.

1.4.3 변위측정

(1) 계측기기는 처짐이 가장 많이 발생하거나 변위가 가장 많이 발생할 것으로 예측되는 부위에 배치한다.

(2) 온도변화의 영향을 민감하게 받는 경우 온도계도 동시에 배치하여야 한다.

1.4.4 변형률 측정

(1) 계측기기는 대상구조물의 붕괴 시나리오와 붕괴메커니즘을 구조해석 등을 통해 파악한 후 붕괴유발부재에 대해 배치하는 것을 원칙으로 한다.

(2) 계측기기는 처짐이 가장 많이 발생하거나 변위가 가장 많이 발생할 것으로 예측되는 부위에 배치한다.

(3) 대상 건물의 주요 구조부재에 설치하여 구조물의 과응력상태를 파악할 수 있도록 배치하여야 한다.

1.4.5 균열폭 진행성 측정

(1) 계측기기는 건물의 주요 균열부에 부착한다

(2) 계측기는 가급적 온도변화, 지하수위변화, 하중에 따른 신축 등 일상적인 균열신축 요인이 없는 곳에 배치한다.

1.4.6 기둥 축소량 (Column shortening) 측정

(1) 계측기기는 대상 건물의 주요 수직 구조부재에 배치한다. 주요 기둥이라 함은 그 기둥이 파괴 또는 붕괴 시 구조물 전체가 부분적 또는 전체적으로 기능을 유지하지 못하거나 심각한 구조적 손상을 미칠 우려가 있는 기둥을 의미한다.

(2) 계측기기는 상대비교를 위해 대상 기둥 뿐 아니라 상대변위를 측정할 수 있는 위치(예, 코아 벽체)에도 배치하여야 한다.

(3) 구조물 전체의 거동과 일부 기둥의 거동에는 차이가 있을 수 있으므로 구조물 전체의 거동을 파악할 수 있도록 계측기의 위치를 배치해야 하고, 계측기의 수량도 이에 맞춰 정해야 한다.

(4) 기둥축소량은 변형률을 측정하는 것을 기본으로 하며, 온도변화의 영향이 예측되는 경우에는 온도계도 동시에 배치하여야 한다.

2 재료

2.1 계측시스템 선정

(1) 계측기기, 스위치박스, 데이터 수집 장치(Data Logger), 기록기, 데이터 저장 및 분석을 위한 컴퓨터, 그 밖의 주변기기 등을 포함한 계측 자료 획득시스템과 계측 자료 전송시스템을 포함하여 계측에 필요한 모든 장치 및 운용시스템의 선정은 총칙편의 2. 재료를 참고하여 상세한 현장조사를 실시한 후 선정하여야 한다.

3 시공

3.1 계측기기의 설치

3.1.1 경사측정

(1) 계측기기의 설치 위치는 대상건물의 기울기를 가장 잘 나타낼 수 있는 위치에 설치한다.

(2) 경사계 기초판(Tilt plate)을 부착할 때 바탕면이 견고한 상태여야 하며, 공사, 온도, 습도 등에 의해 변형이 발생하지 않아야 한다.

3.1.2 응력계측

(1) 대상 건물의 주요 구조부재에 설치하여 구조물의 과응력상태를 파악할 수 있도록 설치하여야 한다.

(2) 하중계는 대상구조물의 시공과정에서 설치한다.

3.1.3 기둥 축소량 (Column shortening) 측정

(1) 계측기기의 설치 위치는 대상 건물의 주요 기둥 및 코아 벽체에 설치한다.

(2) 계측기가 설치되는 기둥은 물리적 축소량 이외의 변수가 작용하지 않도록 하기 위해 가급적 균열이나 공극 등 재료적 결함이 없어야 한다.

(3) 계측기기는 기둥의 축방향과 나란히 기둥이나 벽체의 중심에 설치하여야 한다.

3.2 계측빈도

3.2.1 침하(Settlement) 측정

(1) 침하계의 계측빈도는 공사 초기에는 2~3회/1주일 실시하며 계측자료가 안정되었다고 판단되면 점차 회수를 조절한다.

(2) 침하측정은 매 층이 올라갈 때마다 실시한다.

3.2.2 변형률 측정

(1) 변형률의 측정빈도는 정기적 측정과 부정기적 측정으로 나누어 실시한다.

(2) 정기적 측정은 감독자와 설계자 또는 관련자들이 협의하여 그 빈도를 정한다

(3) 부정기적 측정은 바람, 눈 등과 같은 돌발적 하중이 우려될 때 관리자의 판단으로 시행한다.

3.2.3 기둥축소량 측정

(1) 최소한 매 층이 올라갈 때마다 실시한다.

3.3 계측결과의 정리 및 분석

3.3.1 침하(Settlement) 측정

(1) 계측실시 전 구조물의 구조형식, 기초형식, 구조물의 중요도, 침하예측량 등을 고려하여 관리치를 정한 후 감독관의 승인을 받아야 한다.

(2) 절대침하량 또는 상대침하량이 관리치를 초과하면 전문가와 협의 후 목표치 재설정 또는 지반보강 등의 조치를 취하여야 한다.

3.3.2 경사측정

(1) 마감 등의 공사로 인해 불가피하게 계측기의 일시적 제거가 필요한 경우 감독관의 승인하에 최종 계측을 실시한 후 재설치 후 이전 자료를 참고로 초기치를 정하여야 한다.

(2) 공사현장 주변 기존 구조물에 대한 경사 계측시에는 기존 구조물의 상태를 면밀히 파악한 후 분석하여야 한다.

(3) 자료분석 시 지중경사계, 토류벽경사계, 지하수위계 등 연관된 계측자료를 검토하여 종합적으로 분석하여야 한다.

3.3.3 변위측정

(1) 온도변화, 크리프 또는 기타 외부 환경적 요인에 의해 영향을 받는 경우를 고려하여야 하며, 이를 위해 추가의 해석 또는 관련 측정결과를 병행하여 분석한다.

(2) 측정하고자 하는 대상구조물의 강도, 탄성계수를 실험 또는 신뢰성 있는 자료를 통해 확인하여야 하며, 이를 근거로 분석을 실시한다.

(3) 계측기 설치 이전에 해석을 통해 처짐계산을 실시한 후 계측결과를 분석한다.

3.3.4 변형률 측정

(1) 측정하고자 하는 대상구조물의 강도, 탄성계수를 실험 또는 신뢰성 있는 자료를 통해 변형률을 근거로 분석하여야 한다.

(2) 응력 - 변형률 관계를 통해 응력을 관찰하여야 하며, 응력이 항복강도를 초과할 경우 즉시 공사를 중지하고 대책을 수립하여야 한다.

3.3.5 균열 측정

(1) 균열 계측 이전에 균열의 원인, 균열 형상, 응력상태 등 계측을 하고자 하는 균열에 대한 분석이 먼저 이루어져야 한다.

(2) 균열계측은 균열 폭의 변화와 길이의 변화를 동시에 조사하여 분석하여야 한다.

(3) 균열은 재료의 인성, 재료의 두께 등의 요인에 따라 진행양상이 다르기 때문에 분석시 재료적 특성을 염두에 두어야 한다.

(4) 균열에 대한 조치를 취할 때 구조물 또는 구조부재의 중요도, 재료적 특성, 균열의 양상, 균열진행 추이를 고려하여야 한다.

3.3.6 기둥 축소량 (Column shortening) 측정

(1) 결과치는 평균 변형률로 산정하고 계측이 실시된 후 크리프에 대해서도 고려하여 분석하여야 한다.

(2) 기둥축소량은 예측량과 계측량을 정기적으로 비교함으로서 재해석 또는 재보정을 수행한다.

(3) 재해석 재보정은 공사 전 감독자와 협의하여 정하며, 기본적으로 10층~20층 단위로 수행하도록 한다.

3.4 계측관리 기준

(1) 계측관리기준은 대상 건축물의 구조형식, 상태, 중요도 등 건물 요인과 대상 구조부재의 재료적 특성, 구조 역학적 조건, 파손모드 등 부재 요인 뿐 아니라 지역·환경적 여건 등을 종합적으로 고려하여 현장에서 책임기술자가 사전검토한 후 감독자와 상의하여 결정하여야 한다.

(2) 계측시작 전 계측관리기준을 필히 설정하여야 하며, 계측관리기준은 계측실시 중 합당한 사유가 있을 경우 현장 여건과 상황에 따라 관계 전문가 또는 관리주체의 승인하에 변경하거나 조정할 수 있다.

CHAPTER

14 지하굴착 공사계측

1 일반사항

1.1 적용범위

(1) 본 장은 지하굴착 공사 중의 안전관리를 위한 계측관리에 적용한다.

(2) 암반굴착공사로 인해 소음과 진동이 발생되는 경우에는 제2-14장의 시방규정에 따른다.

(3) 본 장에 명시되지 않은 사항은 총칙 사항에 의하며, 총칙에도 명시되지 않은 사항은 관련 설계기준 및 표준시방서에 의한다.

1.2 계측계획의 수립

(1) 굴착공사를 시행하고자 하는 경우에는 토류벽의 주요 구조체, 굴착배면, 인접건물 등 굴착공사에 따른 토류벽의 안전뿐만 아니라 인접지반 및 시설물의 안정성을 확보할 수 있도록 계측계획을 수립하여야 한다.

(2) 암반굴착공사로 인해 진동과 소음이 발생하는 경우에는 소음진동 측정을 위한 별도의 계측계획을 수립하여야 한다.

1.3 계측단면의 선정

(1) 계측은 구조적인 거동 및 안전성에 결정적인 영향을 미칠 수 있는 구간과 대표적인 단면을 선정하여 실시한다.

(2) 계측위치의 선정은 현장 상황을 대표할 수 있는 장소, 또는 큰 변형이 예측되는 장소를 선정하여야 하고 구조적으로 가장 위험한 단면을 주 계측단면으로 선정하여야 한다.

1.4 계측항목의 선정

(1) 토류벽을 설치하는 경우 버팀대의 축력, 띠장의 응력을 측정하여야 한다.

(2) 토류벽을 어스앵커로 고정하는 경우 어스앵커의 축력을 측정하여야 한다.

(3) 토류벽 배면지반에 대해서 지반의 지표침하, 지중침하, 지중경사, 지하수위를 측정하여야 한다.

(4) 굴착공사 주변의 구조물에 대해서는 기울기, 균열폭의 변화를 측정하여야 한다.

1.5 계측기기의 배치

(1) 토류벽 구조체에 설치하는 계측기기는 굴착단계에 따른 토류벽의 영향정도를 파악할 수 있도록 배치하여야 한다.

(2) 토류벽 배면에 설치하는 계측기기는 굴착심도가 가장 깊은 곳, 주요구조물이 위치하고 있는 곳, 토류벽에 하중이 가장 크게 작용할 수 있는 곳에 배치하여야 한다.

(3) 굴착공사로 인해 영향을 받을 수 있을 것으로 판단되는 주변의 구조물은 각각 굴착에 따른 영향을 파악할 수 있도록 계측기기를 배치하여야 한다.

2 재료

2.1 계측시스템 선정

(1) 계측기기, 스위치박스, 데이터 수집 장치(Data Logger), 기록기, 데이터 저장 및 분석을 위한 컴퓨터, 그 밖의 주변기기 등을 포함한 계측 자료 획득시스템과 계측 자료 전송시스템을 포함하여 계측에 필요한 모든 장치 및 운용시스템의 선정은 총칙편의 2.재료를 참고하여 상세한 현장조사를 실시한 후 선정하여야 한다.

3 시공

3.1 계측기기의 설치

(1) 굴착공사장 외부에 설치하는 계측기기는 굴착 전에 설치 완료하여 굴착의 영향이 측정위치에 미치기 전에 초기치 측정을 완료하여야 한다.
(2) 굴착공사장 내부에 설치하는 계측기기는 측정 대상 부재가 무응력 상태일 때 계측기기를 설치하고 초기치 측정을 완료하여야 한다.
(3) 지중경사계는 엄지말뚝이나 토류 벽체로부터 약 0.5m이상 떨어지고 작업공간 확보가 용이한 곳에 1-3 축의 1축이 현장방향으로 향하게 설치하여야 한다.
(4) 지하수위계는 지중경사계 설치위치 주변에 설치한다.
(5) 축력 및 응력을 측정하기 위한 변형률계는 H-형강의 상하 플랜지 중앙에 설치한다.
(6) 지표 침하계는 토류벽과 평행한 배치와 직각 배치를 동시에 만족하도록 설치한다.
(7) 지중침하계는 지하수의 유출이 발생될 가능성이 있는 곳과 주변에 중요 구조물이 있는 경우 토류 벽체로부터 약 0.5m이상 떨어진 곳에 설치한다.
(8) 건물경사계는 Tiltmeter Plate의 1-3 축의 1축이 현장방향으로 향하게 하고, 수평을 유지하도록 설치하여야 한다.
(9) 균열측정계는 굴착공사 영향범위내에 위치한 인접건물이나 구조물의 균열측정은 공사전에 실시하여 초기치를 확보하여야 하며, 해당 건물의 소유자의 확인을 받아야 한다. 균열측정은 계측기기외에 사진이나 비디오 촬영을 실시하여 증거자료로 비치하여야 한다.
(10) 어스앵커의 하중계는 강선을 긴장하기 전에 설치한다.

3.2 계측기기의 보호

(1) 설치 후 계측기기의 일부가 노출되어 있는 계측기기는 공사용 장비나 사람에 의하여 훼손되지 않도록 적절한 보호 장치에 의하여 보호하여야 하고 잘 보이는 곳에 표지판을 설치하여야 한다.
(2) 지중수평변위계는 그라우팅 완료 후 측정관 상부에는 뚜껑을 설치하여 흙이나 돌부스러기 등 이물질이 투입되지 않도록 한다.
(3) 지하수위계 및 지중침하계는 측정관 상단의 지표면으로부터 유수 및 우수가 유입될

가능성이 있는 경우에는 지표수의 유입을 방지하기 위해 콘크리트 또는 모르타르로 주위를 타설하고 굴착공의 상단을 완전히 밀봉하여야 한다.

(4) 지표 침하계는 계측표식기초 콘크리트 경화 후 보호덮개를 씌워야 한다.

3.3 초기치 계측의 수행

(1) 버팀보용 변형률계는 버팀보 거치 전·후로 1회씩 측정을 하고 Screw-jack 인장 후에 측정을 하여 기록한다. 한편 띠장용 변위계는 설치 후 1회 측정하고 Screw-jack 인장 후에 측정을 기록한다.

(2) 엄지말뚝용 변형률계는 띠장 거치 후 1회 측정하고 버팀보의 경우는 Screw-jack 인장 후에 1회 측정, 앵커의 경우는 인장 시에 1회, 인장 완료 후에 1회 측정한다.

(3) 지표 침하(Surface Settlement) 측정은 레벨로 3회 이상 반복측정 실시하여 확인된 수치로 하여야 한다.

(4) 건물경사계(Tiltmeter)는 안정되지 않고 미세하게 움직이는 경우에는 2~3회 반복 측정한다.

3.4 계측빈도

(1) 계측빈도는 붕괴유발부재와 붕괴유발부재가 아닌 경우로 분류하여 계측빈도를 정한다.

(2) 붕괴유발부재에 추가적인 하중이 가해지는 동안에는 실시간 계측을 실시하고, 붕괴유발부재가 아닌 경우에는 일반적인 계측빈도를 적용한다.

(3) 일반적인 계측빈도는 굴착 공사 전에는 1회/주, 굴착공사 중에는 2~3회/주, 굴착 완료 후에는 1~2회/주를 기준으로 한다.

3.5 계측 기간

(1) 측정기간은 계측기기 설치 후부터 지하구조물이 완성되고 되메움이 끝난 시점까지 로 한다.

(2) 버팀보용 계측기기의 측정기간은 계측기기 설치 후부터 버팀보 해체 전까지로 한다.

3.6 계측관리 기준

(1) 각종 변위계, 균열계, 지하수위계 등의 경우에는 초기치 확인 후 계측관리기준을 설정하며, 초기치 설정 방법을 구체적으로 제시하여야 한다.

(2) 지중수평변위계의 관리 기준이 별도로 정하여지지 않은 경우 다음 값을 참고하여 결정할 수 있다.

① 내부경사계는 토류벽의 강성, 굴착지반의 특성, 굴착심도, 지지구조 및 지하수에 대한 대책방법에 따라 토류벽의 변형정도를 고려하여 허용치를 정하여야 한다.

② 최대변위량은 토류벽의 강성 및 굴착심도(H)를 기준으로 설정하는 것이 가장 용이한 방법이다. 일반적으로 최대 허용변위량은 아래와 같이 정하는 것이 바람직하다.

- 강성 토류벽 (t≥600mm 인 콘크리트 연속벽) : 0.002H (H : 굴착심도)
- 보통 토류벽 (t≒400mm 정도인 콘크리트 연속벽) : 0.0025H (H : 굴착심도)
- 연성 토류벽 (H-Pile과 토류판 설치하는 토류벽) : 0.003H (H : 굴착심도)

③ 인접지반의 균열방지를 위한 일자별 최대 변위변화량은 아래와 같이 허용기준을 정하도록 한다.

- δ > 2mm (7일간) : 안전 측
- 2mm < δ < 4mm (7일간) : 주의 요망
- 4mm < δ < 10mm (7일간) : 특별관리 요망
- 10mm < δ (7일간) : 시급한 대책 요망

④ 암반의 미끄러움이나 어스앵커 정착부 이완 등을 점검하기 위한 일자별 이상변위량 기준은 아래와 같다.

- δ < 1mm (1일간) : 안전측
- 1mm < δ < 2mm (1일간) : 주의 요망
- 2mm < δ < 4mm (1일간) : 특별관리 요망
- 4mm < δ (1일간) : 시급한 대책 요망

⑤ 현장여건에 따라 위의 관리기준이 부적합하거나 계측기의 오차가 포함될 수 있으므로 계측은 꾸준히 실시토록 하고 관리기준치를 굴착단계에 따라 현장여건에 맞게 보완토록 한다.

⑥ 벽체 변형은 설계시의 추정치를 근거로 판단한다. (F<0.8 위험, 0.8<F<1.2 : 주의, F>1.2 : 안정, F=설계시의 추정치 / 실측에 의한 변형량)

(3) 지하수위계(Water Level Meter)의 관리 기준은 기준이 별도로 정하여지지 않은 경우 다음을 기준으로 결정할 수 있다.

① 관리기준의 설정은 설계시보다는 현장여건과 굴착상황에 따라 현장에서 설정하는 것을 기준으로 한다.

② 지하수의 급격한 하강시에는 일단 굴착을 중지하고 차수벽의 이상 유무 및 배면 지반의 침하정도를 확인하여야 한다. 이후, 원수위로 회복되거나 이상이 없을 시에 굴토공사를 재개토록 한다.

(4) 건물경사계 (Tiltmeter)의 관리기준은 기준이 별도로 정하여지지 않은 경우 구조물에 미치는 영향에 대한 각변위의 한계와 구조물 기초의 종류에 따른 구조물의 손상한계를 기준으로 한다.

CHAPTER

15 발파진동유발 공사계측

1 일반사항

1.1 적용범위

(1) 본 장에서는 각종 건설공사를 수행하기 위하여 실시하는 발파공사 중의 안전관리를 위한 계측에 적용한다.

(2) 발파공사 계측관리는 발파공사 착수 시에 시행하는 시험발파 계측관리와 발파공사 중에 발파영향권 범위에 위치하는 보안물건에서 실시하는 상시 계측관리로 구분한다.

(3) 본 장에 명시되지 않은 사항은 총칙 사항에 의하며, 총칙에도 명시되지 않은 사항은 관련 설계기준 및 표준시방서에 의한다.

1.2 계측계획의 수립

(1) 발파공사 착수 시에는 설계도서에서 작성된 기준을 검토하고 현장여건을 반영하여 시험발파계획서를 작성하여 공사 감독자의 승인을 득하여야 한다.

(2) 시험발파의 목적은 현장의 지반과 지형 및 발파조건에 부합되는 진동과 소음(폭음) 전파특성을 파악하고 인근 보안물건의 영향권을 분석하여 추후 공사 시 보안물건의 안전성을 유지하고 관리하기 위한 계측계획을 수립하여야 한다.

(3) 발파공사 착수 시에는 시험발파결과 작성된 분석결과를 반영하여 발파영향권의 범위에 위치하고 있는 보안물건에 대한 상세한 계측수행 및 분석계획을 작성하여야 한다.

(4) 시험발파 계측은 실시설계시 반영된 위치 및 횟수를 검토하여 적정위치에 시험계측을 수행하되, 발파타입에 관계없이 민원이 예상되는 구간에 대하여는 추가 수행을 할 수 있도록 계측계획을 수립하여야 한다.

1.3 계측항목의 선정

(1) 굴착작업을 함에 있어 발파 및 기계굴착을 하는 공사장에서는 진동과 소음을 측정하여야 한다.

1.4 계측기기의 배치

1.4.1 발파진동 측정

(1) 진동게이지는 발파원을 향해 측정대상이 되는 구조물 양측면의 지반속이나 지반위에 위치시켜야 한다.

(2) 진동게이지는 측정된 자료가 보안구조물에서 받는 진동수준을 충분하게 나타낼 수 있는 곳에 위치시켜야 한다.

(3) 접근이 곤란한 보안물건이 있을 경우 진동게이지를 교란이 되지 않은 지반 중에 발파원에 가까운 곳에 설치한다.

1.4.2 발파소음(폭풍압) 측정

(1) 발파원에 가장 가까운 구조물의 측정면을 따라서 배치해야 한다.

(2) 소음측정 게이지의 높이는 지상에서 900mm정도가 적당하고 필요에 따라 높이를 달리할 수 있다.

2 재료

2.1 계측시스템 선정

(1) 계측기기, 스위치박스, 데이터 수집 장치(Data Logger), 기록기, 데이터 저장 및 분석을 위한 컴퓨터, 그 밖의 주변기기 등을 포함한 계측 자료 획득시스템과 계측 자료 전송시스템을 포함하여 계측에 필요한 모든 장치 및 운용시스템의 선정은 총칙편의 2.재료를 참고하여 상세한 현장조사를 실시한 후 선정하여야 한다.

3 시공

3.1 계측기기의 설치

(1) 계측기기는 제작사가 제공한 지침서에 명시된 절차에 따라서 정확하게 기기를 설치하여야 한다.

(2) 발파진동 측정 장치는 별도의 규정이 없는 한 다음이 설치방법을 기준으로 한다.

① 진동가속도에 따른 설치방법은 다음 사항에 따른다.

㉠ 진동게이지 위치 지역의 모래, 다져지지 않은 흙, 화단이나 짚 등의 지반상태에 따라 기록의 정확성에 영향을 줄 수 있으므로 지반상태를 점검해야 한다.

㉡ 진동게이지의 작동원리상 가능한 수평으로 설치하여야 한다.

㉢ 진동게이지의 진행방향 성분은 계측기기에 표시된 방향표시와 발파원의 방향이 항상 일치하도록 설치한다.

㉣ 진동가속도가 0.2g 이하인 경우에는 매설이나 부착이 필요 없다.

㉤ 진동가속도가 0.2g와 1.0g 사이인 경우에는 매설이나 부착이 좋으며 스파이크로 박아 진동게이지를 고정하는 것이 좋다. 또한 계측기기의 스파이크가 지반에 삽입되지 않을 경우에는 모래주머니를 이용하여 계측기기를 완전히 고르게 덮어주어 하중을 가하여 지반과 같이 움직이도록 해준다.

㉥ 진동가속도가 1.0g보다 큰 경우에는 매설이나 견고한 부착이 요구된다.

② 부착이나 매설방법은 다음 사항에 따른다.

㉠ 매설높이는 계측기기 높이보다 3배를 넘지 않게 하며, 바닥에 비닐주머니로 계측기기를 넣고 묻거나 계측기기에 부착된 스파이크를 이용하여 지반에 박고, 계측기기의 주위와 위를 흙으로 견고하게 다진다.

㉡ 지반이 매우 굳거나 콘크리트구조물 그리고 암반과 같은 장소에 설치할 경우에는 고정판을 이용하여 볼트나 앵커로 고정시키거나 또는 석고, 시멘트 모르타르, 양면접착제, 에폭시 수지, 고무찰흙, 진흙덩어리 등을 이용하여 암반 표면이나 지반에 접착시킨다.

㉢ 구조물의 기초가 지표에서 ± 30mm내에 위치한다면 계측기기를 구조물의 기초에 부착할 수 있다. 단 이 방법은 매설, 스파이크로 박거나 모래주머니를 덮는 방법 등이 어려울 경우에만 사용한다.

③ 기타 설치방법은 다음 사항에 따른다.

㉠ 스파이크 고정 시에는 흙의 교란을 최소화하면서 뗏장을 제거하고, 스파이크가 부착된 계측기기를 지반에 견고하게 압착시킬 필요가 있다.

㉡ 계측기기의 스파이크가 지반에 삽입되지 않을 경우 모래주머니를 이용하며, 모래주머니는 충분히 커야하고 50~120N정도의 모래로 느슨하게 채우고, 지반과 최대한 견고하게 접촉할 수 있도록 수직단면은 가능한 한 낮게 그리고 넓게 하여 고르게 덮어 계측기기에 하중을 가해줌으로서 지반과 같이 거동하게 해준다.

④ 발파소음(폭풍압) 측정 장치 설치

㉠ 측정지점에 건물, 자동차 등 다른 장애물들이 가까이에 위치하게 되는 경우 소음측정용 마이크는 이러한 것들에 의해 발파로부터의 발파풍이 방해를 받지 않도록 설치하여야 한다. 그러나 방해물들을 피할 수 없다면 방해물과 소음측정용 마이크 사이의 수평거리가 마이크보다 위에 위치하는 방해물 높이보다는 더 커야 한다.

㉡ 구조물과 너무 가까이 설치한다면 폭풍압이 건물표면으로부터 반사되어 더 증폭될 수 있으므로, 구조물에 의한 반향을 최소화하기 위하여 소음측정 계측기기는 가급적 모서리에 설치하여야 한다.

㉢ 바람의 영향을 줄이기 위해 계측기기는 제작사에서 제공하는 바람막이용 스크린을 부착하여야 한다.

3.2 계측기기의 보정

3.2.1 발파진동 측정

(1) 지반진동 트리거수준은 측정목적에 따라 예상되는 진동속도를 고려하여 설정해야 한다.

(2) 기록될 파형의 해상도는 측정된 파형이 발파에 의한 파형인지 아닌지를 확인 할 수 있어야 한다.

(3) 진동기록시간은 음속과 발파원과의 거리 그리고 발파지속시간을 고려하여 입력한다. 일반적으로 발파진동지속시간보다 긴 2초를 기본으로 설정하고 발파원으로 부터 매 300m마다 1초씩 추가한다.

(4) 주의할 사항은 지발발파에서 발파소요 시간을 고려하여 최대발파 소요시간보다 높은 단계의 시간을 설정하도록 한다.

3.2.2 발파소음(폭풍압) 측정

(1) 잘못된 소음들의 발생에 의한 작동을 최소화하기 위해 주변의 암소음도를 사전에 측정하여 그 수준보다 높게 설정하여야 한다.

(2) 폭풍압 만의 측정이 요구될 때는 폭풍압에 맞게 트리거수준을 충분히 낮추어 설정하여야 한다.

(3) 폭풍압 만을 측정할 경우 발파지속시간보다 길게 설정해야 하며, 지반진동과 폭풍압 측정을 동시에 기록할 경우 지반진동의 설정지침을 따른다.

3.3 계측기기의 관리

(1) 계측기기는 성능보존 및 계측결과의 신뢰성 확보를 위하여 제작사가 제시한 방법과 절차에 따라 관리하여야 한다.

(2) 수동에 의한 측정 시 측정지점에 진동 및 소음을 유발할 수 있는 조건을 최대한 배제하여 관리한다.

(3) 자동에 의한 측정시 측정기기 주변에 계측중임을 알리는 표지판을 붙이고 가급적 측정기기에 근접되지 않는 장소를 선택하여 관리한다.

3.4 계측의 수행

(1) 계측수행책임자는 계측기기의 특성과 발파공해의 영향을 이해할 수 있는 건설관련분야의 특급기술자 이어야 한다.

(2) 계측수행은 발파관련 전문엔지니어링 업체에서 수행하여 주변 보안물건의 안전성 확인과 향후 발파관련 민원 등에 대비하여 객관적인 자료를 축적할 수 있을 정도로 수행한다.

(3) 발파진동 및 발파소음(폭풍압)은 측정항목별 측정방법에 따라 측정을 실시한다.

(4) 시험발파 시 계측 수행은 별도의 기준이 정해지지 않은 한 다음 사항에 따른다.

① 시험발파 시 지반의 전파특성을 파악하여 발파영향권 분석을 위한 현장 진동추정식을 구하기 위함이므로 가급적 주요 보안물건 방향으로 일직선이면서 등간격으로 배치한다.

② 최상의 감쇠관계를 구하기 위해서 지질상황이 일정한 지역에 측선을 설정하여 장비를 배치한다.

③ 측정은 원칙적으로 수직성분(V, vertical), 진행성분(L, longitudinal), 접선성분(T, transverse)에 대한 3성분을 동시에 측정한다.

④ 시험발파의 정량적인 분석을 하기 위해 통계적 의미가 있는 수의 측정자료가 필요하며, 최소 30측점을 측정할 수 있도록 발파회수 및 계측기 설치 대수를 계획하여 신뢰도를 높인다.

⑤ 계측기기는 지반운동과 같이 거동할 수 있도록 지반 위나 구조물 상에 견고하게 고정시키며, 단단한 지반에서는 계측기기에 부착된 스파이크(Spike)를 이용하여 지반에 견고하게 설치한다.

⑥ 계측기기의 설치 방향은 계측기기에 표시된 방향표시와 발파원의 방향이 항상 일치하도록 하고 계측을 수행한다.

3.5 계측빈도

(1) 발파에 의한 굴착을 하는 경우 진동 및 소음의 계측은 매 발파시마다 실시한다.

(2) 기계에 의해 굴착하는 경우 2~3회/일의 빈도로 계측한다.

3.6 계측결과의 정리 및 분석

(1) 계측결과 분석에 대한 세부사항은 다음에 따른다.

① 정량적인 회귀분석을 위해 시험발파패턴은 천공과 장약량을 각기 달리하여 다양하게 실시하는 것을 원칙으로 하되, 단일 패턴을 적용할 경우에는 계측거리를 달리하여 다양한 "환산거리(Scaled Distance)"를 측정할 수 있도록 고려한다.

② 분석측점수는 최소 30개 이상의 계측자료를 이용하여 분석한다.

③ 계측된 자료는 "회귀분석"기법에 의해 통계처리를 하여야 하며, 이때 입력되는 자료는 "각 성분의 PPV(Peak Particle Velocity)"를 기준으로 한다.

④ 회귀분석은 "자승근 환산거리"와 "삼승근 환산거리"에 의해 수행하여 적합도가 높은 추정식을 적용한다.

⑤ 회귀분석 후 산출된 발파진동 추정식은 신뢰수준 95% 값을 적용한다.

⑥ 계측결과 추정식의 상관계수가 0.70에 미치지 못하는 경우에는 시험발파를 다시 실시하여야 한다.

3.7 계측관리 기준

(1) 발파진동의 분석과 평가를 실시하는데 판단의 기초가 되는 수량적 한계가 필요하나, 구조물의 재질, 구조, 기초 등의 다양성과 진동파의 입사각도 및 주파수 등에 따라 변화되기 때문에 국내에서도 법적인 규제기준이 마련되고 있지 않고 발주자별로 신축적으로 적용되고 있다. 따라서 국내에서 적용되고 있는 발파진동에 대한 기준과 배경을 참조로 하여 전문가가 현장에 적합한 발파진동 허용기준을 설정하여야 한다.

(2) 발파진동기준을 설정할 때는 보안물건에 대한 상태와 현황을 상세히 파악한 후 발파진동기준을 발파작업의 안전관리 기준치, 발파진동허용 기준, 발파진동 허용한계기준으로 구분하여 제안하여야 한다.

① 발파작업의 안전관리기준 : 발파작업의 불확실한 요소를 감안하면서 완벽한 안전을 보장하기 위한 기준치

② 발파진동 허용기준 : 실제적으로 인근 보안물건에 전혀 피해발생이 없는 기준치

③ 발파진동 허용한계기준 : 보안물건에 미세피해라도 유발할 수 있는 피해한계의 최하한치

(3) 발파진동치는 각 성분의 최대치(PPV : Peak Particle Velocity)를 기준으로 한다.

(4) 국내에서 적용되는 발파진동의 기준은 아래와 같다.

【표 24】 국토해양부 노천발파설계지침의 국내 권고기준 (2006. 12)

구 분	유적, 문화재, 컴퓨터시설물	주택, 아파트	상업용 건축물	철근콘크리트 건물 및 공장
진동속도 (cm/sec)	0.2	0.3~0.5	1.0	1.0~5.0

주) 노천발파 시에는 폭음과 진동이 수반되어 인체감응도에 따른 민원 예방기준으로 이를 초과 시 건물 등에 피해가 발생된다는 의미가 아닌 것으로 평가

【표 25】 국토해양부 터널설계기준에서 구조물 손상기준 발파진동 허용기준

구 분	진동예민 구조물	조적식(벽돌, 석재 등) 벽체와 목재로 된 천장을 가진 구조물	기하기초와 콘크리트 골조 및 슬래브를 갖는 조적식 건물	철근콘크리트골조 및 슬래브를 갖는 조적식 건축물	철근콘크리트골조 및 슬래브를 갖는 대형건축물
	문화재 등	재래가옥, 저층 일반가옥	저층양옥, 연립주택 등	중, 저층 아파트, 중소상가 및 공장	내진구조물, 고층아파트, 대형건물 등
진동속도 (cm/sec)	0.3	1.0	2.0	3.0	5.0

주) 구조물에 미세피해라도 발생될 수 있는 최하한치로 평가

【표 26】 환경분쟁조정위원회 발파진동 허용기준

건전도 등급	대상 건축물	진동속도, cm/s			
		주파수대역			
		〈 10 Hz	10–40 Hz	40–100 Hz	〉100 Hz
I	철근콘크리트조 건물	1.5	1.5~4.5	4.5~5.0	5.0
II	콘크리트, 벽돌조 건물	1.0	1.0~2.5	2.5~3.0	3.0
III	조적조 시멘트 블록조 건물	0.5	0.5~1.5	1.5~2.0	2.0
IV	III의 건물을 개축한 건물, 역사적 보호건물	0.25	0.25~0.75	0.75~1.0	1.0

주) 건전도는 건축물의 종류와 상태의 양호함을 의미하나 전문가의 평가가 필요함

CHAPTER

16 가물막이 및 동바리 공사계측

1 일반사항

1.1 적용범위

(1) 본 장은 구조물을 시공하기 위해 설치하는 가물막이 및 동바리 등 가시설물의 계측에 적용한다.

(2) 본 장에 명시되지 않은 사항은 총칙 사항에 의하며, 총칙에도 명시되지 않은 사항은 관련 설계기준 및 표준시방서에 의한다.

1.2 계측계획의 수립

(1) 버팀대가 3단 이상 또는 수위의 차가 5m 이상의 차이가 발생되는 가물막이는 가물막이의 안전성을 확인하기 위한 계측계획을 수립하여야 한다.

(2) 높이가 5.0m를 초과하는 동바리에 대해서는 콘크리트 타설시 동바리의 안전성을 확인할 수 있도록 계측계획을 수립하여야 한다. 단 작용하는 하중이 작은 경우에는 감독자와 협의하여 계측계획을 수립하지 않을 수 있다.

(3) 규모가 작고 충분히 안전한 것이 증명된 경우에는 감독자와 협의하여 계측을 생략할 수 있다.

(4) 계측계획 수립 시 콘크리트 타설을 위한 동바리와 같이 실시간 하중이 변하는 경우에는 실시간 계측을 할 수 있도록 계획하여야 한다. 동바리는 콘크리트 타설 작업중 침하와 변형을 정확하게 측정할 수 있는 장치와 관련기술자를 배치하여 점검 기록할 수 있도록 계측계획을 수립하여야 한다.

(5) 평상시에는 하중의 변화가 없으나 홍수시에도 안전이 확보되어야 하는 가물막이는 실시간 계측을 할 수 있도록 계측계획을 수립하여야 한다.

1.3 계측단면의 선정

(1) 계측은 구조적인 거동 및 안전성에 결정적인 영향을 미칠 수 있는 구간과 대표적인 단면을 선정하여 계측한다.

(2) 계측위치의 선정은 현장 상황을 대표할 수 있는 장소, 또는 큰 변형이 예측되는 장소를 선정하여야 하고 구조적으로 가장 위험한 단면을 주 계측단면으로 선정하며, 설치위치는 사전에 감독자에게 보고 후 시행하도록 한다.

1.4 계측항목의 선정

(1) 가물막이는 가물막이의 기울기, 가물막이 주변의 수위를 측정하여야 한다. 필요한 경우 가물막이의 버팀대 축력 혹은 응력을 측정한다.

(2) 동바리에는 하중에 의한 축력 혹은 응력, 수평변위를 측정하여야 한다.

1.5 계측기기의 배치

(1) 가물막이의 계측기기는 장변방향에서 최대 기울기가 발생될 수 있는 위치에 경사계를 설치하고, 최대 축력이 발생되는 버팀대에 하중계 혹은 변형률계를 배치하여야 한다. 주변의 수위는 가물막이의 레벨과 수위를 비교할 수 있는 곳에 계측기기를 배치하여야 한다.

(2) 동바리의 축력 및 응력은 대표 단면에 배치하고, 수평변위는 콘크리트 타설단계에 따라 수평변위를 측정할 수 있을 정도로 배치하여야 한다.

2 재료

2.1 계측시스템 선정

(1) 계측기기, 스위치박스, 데이터 수집 장치(Data Logger), 기록기, 데이터 저장 및 분석을 위한 컴퓨터, 그 밖의 주변기기 등을 포함한 계측 자료 획득시스템과 계측 자료 전송시스템을 포함하여 계측에 필요한 모든 장치 및 운용시스템의 선정은 총칙편의 2. 재료를 참고하여 상세한 현장조사를 실시한 후 선정하여야 한다.

3 시공

3.1 계측기기의 설치

(1) 가시설에 설치하는 모든 계측기기는 가시설을 설치하기 전에 설치 완료하는 것을 원칙으로 하나, 가시설을 설치 전에 계측기기를 설치할 수 없는 경우에는 가시설 설치 직후에 계측기기를 설치하여 가시설에 작용하는 어떤 하중의 영향이 측정위치에 미치기 전에 초기치 측정을 완료하여야 한다.

(2) 시공단계상 시공이 완료되지 않은 상태에서 계측기기 설치가 어려운 것은 계측대상 가시설물을 설치하고 다음 공사단계로 넘어 가기 전에 설치한다.

3.2 계측빈도

(1) 콘크리트 타설과 같이 시간경과에 따라 가시설에 작용하는 하중의 크기가 변하는 경우에는 실시간으로 계측을 하여야 한다.

(2) 가시설물중에서 실시간 하중이 변화하지 않는 경우에는 일반적인 계측빈도로 계측을 수행한다.

3.3 계측관리 기준

(1) 계측관리 기준은 재료의 성질에 의해 결정하는 것을 원칙으로 하고 기준값은 구조계산서를 참고하여 결정하여야 한다.

PART

02

건설구조물 유지관리계측

CHAPTER 17 연약지반 유지관리계측

CHAPTER 18 비탈면 및 옹벽(석축) 유지관리계측

CHAPTER 19 상수관로 유지관리계측

CHAPTER 20 교량 단기 유지관리계측

CHAPTER 21 교량 장기 유지관리계측

CHAPTER 22 터널 유지관리계측

CHAPTER 23 댐 유지관리계측

CHAPTER 24 하천제방 유지관리계측

CHAPTER 25 항만 유지관리계측

CHAPTER 26 건축물 유지관리계측

CHAPTER

17 연약지반 유지관리계측

1 일반사항

1.1 적용범위

(1) 연약지반 유지관리계측은 연약지반 개량작업이 완료된 지반에 도로나 단지, 빌딩 등의 구조물 공사가 완료된 후 발생하는 침하나 활동 등에 대한 변화양상을 측정하는 계측에 적용한다.

(2) 유지관리계측의 목적은 연약지반 개량이 종료된 후 연약지반상에 시공된 구조물의 변상여부에 관한 정보를 관리주체에 조기에 제공함으로서 그에 따른 대책을 세울 수 있도록 하여 연약지반상의 구조물의 안정성 확보 및 유지관리를 하는데 있다.

(3) 본 장에 명시되어 있지 않은 사항은 총칙의 내용에 준하고, 총칙에도 명시되어 있지 않은 사항은 관련 전문시방서 또는 전문서적에 의한다.

1.2 계측 대상 선정

(1) 연약지반의 유지관리계측은 공사 중 품질관리뿐만 아니라 유지관리를 위해 설치한 계측기기를 연속성 있게 활용하여 계측하는 것을 원칙으로 한다.

(2) 유지관리계측을 위해 신규로 계측기기를 설치하고자 하는 경우에는 지반조건, 공사이력, 침하이력 및 유지관리 이력 자료를 조사하여 1차적으로 연약지반에 대한 개략평가를 실시하고, 계측관리가 필요하다고 판단되는 경우에는 관리주체의 판단하에 계측관리 계획을 수립한다.

(3) 유지관리계측은 연약지반에 설치되어 있는 도로 및 구조물의 중요도와 해당시설물이 사회·경제적으로 미치는 영향을 감안하여 적용대상을 조정할 수 있다.

1.3 계측계획의 수립

(1) 구조물의 종류, 규모, 용도, 지반조건, 주변환경, 계측의 목적 등을 고려하여 체계적으로 계획을 수립하여야 한다.

1.4 계측단면의 선정

(1) 계측단면은 현장조사 및 안전성 평가결과를 참고하여 결정하여야 한다.
(2) 계측단면의 선정은 현장 상황을 대표할 수 있는 단면, 큰 변형이 예측되는 단면, 중요 구조물이 포함되어 있는 단면을 선정하여야 하고, 중요 구조물이 포함되어 있는 단면을 주 계측단면으로 선정하여야 한다.

1.5 계측항목의 선정

(1) 연약지반의 계측항목으로는 지표침하, 지중침하, 지중경사를 원칙으로 하고 연약지반 유지관리 목적에 부합한 항목을 선정하여야 한다.
(2) 연약지반상의 구조물은 구조물 변위, 기울기 등 구조물의 유지관리 목적에 부합한 계측항목을 선정하여야 한다.

1.6 계측기기의 배치

(1) 계측결과의 신뢰성 확보를 위하여 적정한 위치를 선정하여 충분한 양의 계측기기를 배치하여야 한다.
(2) 계측위치는 경제성, 시공성을 고려하고, 지층구성 및 성토시기 등을 감안하여 지반거동을 대표할 수 있는 최소한의 점을 선정하여 최대효과를 얻도록 해야 한다.
(3) 계측기기는 연약지반의 분포, 연약지반에 위치하고 있는 구조물의 중요도 등을 고려하여 효율적으로 파악할 수 있는 위치에 적절히 배치하여야 한다.
(4) 구체적인 계측기기의 배치에 대해서는 상세한 현장조사, 지질조사, 침하 및 측방유동 안정검토 등을 실시하여 계측 항목과 계측기기의 관련성을 검토한 다음에 배치 계획(설치위치, 배치밀도, 설치심도 등)을 수립하여야 한다.

2 재료

2.1 계측시스템 선정

(1) 계측기기, 스위치박스, 데이터 수집 장치(Data Logger), 기록기, 데이터 저장 및 분석을 위한 컴퓨터, 그 밖의 주변기기 등을 포함한 계측 자료 획득시스템과 계측 자료 전송시스템을 포함하여 계측에 필요한 모든 장치 및 운용시스템의 선정은 총칙편의 2.재료를 참고하여 상세한 현장조사를 실시한 후 선정하여야 한다.

3 시공

3.1 계측기기의 설치

(1) 계측기는 정해진 위치에 설치하는 것을 원칙으로 하나, 공사 감독자와 협의하여 설치위치를 변경할 수 있다.

3.2 계측결과의 정리 및 분석

(1) 연약지반의 계측 결과를 이용하여 향후 발생 가능한 지반의 침하량 및 활동량을 추적할 수 있도록 계측결과를 정리하고 분석하여야 한다.
(2) 구조물에 대한 계측 결과는 지반의 거동과 연계하여 분석하여야 하며, 구조물의 거동속도와 구조물의 안전성을 연계하여 분석하여야 하며, 지반의 침하 및 활동이 수렴되었을 때 구조물의 안전성에 미치는 정도를 평가할 수 있도록 분석하여야 한다.

3.3 계측관리 기준

(1) 계측관리 기준은 구조물에 대해 사전 구조검토를 실시하여 지반의 거동속도와 구조물의 안전성, 구조물의 거동 속도와 구조물의 안전성을 연계하여 계측관리 기준을 결정하여야 한다.

3.4 계측 기간

(1) 공사 중 계측이 유지관리계측으로 연속성 있게 활용하는 계측관리는 계측결과를 정밀하게 분석한 결과를 근거로 지반이 안정되었다고 판단되는 시기까지 실시한다.

(2) 지반의 안정화 여부는 토질 및 기초분야의 특급기술자의 자문을 통해 결정한다.

CHAPTER

18 비탈면 및 옹벽(석축) 유지관리계측

1 일반사항

1.1 적용범위

(1) 본 시방서에서의 계측관리는 비탈면 유지관리 안전관리에 적용한다.

(2) 비탈면 유지관리계측은 비탈면이 완공된 후 사용기간 중에 각종 영향으로 인하여 발생하는 비탈면의 거동을 측정하여 설계시의 불확정성 확인 및 안정성 평가 등의 안전관리 기본자료를 취득하고, 손상 및 이상거동 여부에 관한 정보를 관리주체에 조기에 제공함으로서 그에 따른 대책을 세울 수 있도록 하여 비탈면의 안정성을 확보하는데 있다.

(3) 본장에 명시되어 있지 않은 사항은 총칙의 내용에 준하고, 총칙에도 명시되어 있지 않은 사항은 제3장 비탈면깍기 공사계측 및 관련 전문시방서 또는 전문서적에 의한다.

1.2 계측관리 대상 선정

(1) 공사 중 안전관리를 위하여 설치한 계측기기가 유지관리계측으로 이관된 경우 비탈면이 안정화되었다고 판단될 때까지 계측관리를 할 수 있도록 계측관리 계획을 수립한다.

(2) 비탈면을 관리하는 관리주체는 비탈면 붕괴와 같은 중대한 결함사항이 포함되어 있는 비탈면, 붕괴위험지역 지반의 침하, 활동, 전도 및 붕괴 등으로 위치변화를 사전에 감지할 필요가 있다고 판단되는 비탈면에 대해서는 관리주체의 판단하에 비탈면 유지관리 목적에 부합한 계측계획을 수립한다.

(3) 비탈면 붕괴 시 사회, 경제적으로 큰 피해가 우려되는 비탈면은 유지관리주체의 판단에 의해 계측에 의해 비탈면을 관리한다.

1.3 계측계획의 수립

(1) 공사 중 안전 및 품질관리뿐만 아니라 유지관리를 위해 설치한 계측기기를 연속성 있게 활용하는 경우, 공사 중 실시한 계측결과를 분석하고, 유지관리계측에 적합한지를 검토하여 유지관리계측 계획을 수립하여야 한다.

(2) 기존의 비탈면에 대해 계측계획 수립여부를 판단하기 위해 상세조사를 하는 경우에는 비탈면의 안전성 해석결과, 비탈면 상부 배면 및 비탈면 하부 시설물의 중요도, 차량 및 통행 인구 유무 등의 제반여건을 조사 및 평가하고, 계측이 필요하다고 판단되는 경우에는 관리주체, 관련 전문기술자 등이 상호 협의하여 계측계획을 수립한다.

(3) 비탈면의 경우 지표의 변위, 기울기, 균열 변화 및 지중 수직, 수평 변위, 지하수위, 간극수압, 강우량 등 비탈면 감시 및 낙석 감지 등 비탈면 유지관리 목적에 부합한 계측계획을 수립한다.

(4) 옹벽과 같은 구조물이 있는 경우, 구조물 변위, 기울기, 배면 지중 간극수압, 구조물 응력, 토압 등에서 구조물의 유지관리 목적에 부합한 계측계획을 수립한다.

(5) 비탈면 붕괴의 영향권 내에 특정 구조물의 안전성을 판단하기 위한 지중수평변위 측정, 시설물경사도 측정, 균열 폭 측정, 지하수위 측정 등도 필요에 따라 계측관리계획에 포함한다.

1.4 계측단면의 선정

(1) 계측단면은 비탈면의 현장조사 및 안전성 평가결과를 참고하여 결정하여야 한다.

(2) 계측단면은 비탈면 안정검토를 통해 붕괴 위험 가능성이 가장 높은 단면, 붕괴시 사회·경제적으로 가장 영향 정도가 큰 단면을 선정하여야 한다.

1.5 계측항목의 선정

(1) 비탈면 계측항목은 계측관리의 목적, 변상상황, 안전성 평가 결과, 붕괴형태, 비탈면 상하부 구조물 및 통행여부 등을 충분히 검토하여 결정하여야 한다.

(2) 계측관리의 주목적과 부합하는 계측항목을 선정하여야 한다.

1.6 계측기기의 배치

(1) 계측기기의 배치(설치 또는 배치밀도)는 계측기기의 선정과 동시에 중요한 검토사항으로 비탈면 붕괴나 활동 등의 블록분포상황, 위험상황, 계측기기의 특성 및 현지조건 등을 고려하여 효율적으로 파악할 수 있는 위치에 적절히 배치하여야 한다.

(2) 비탈면의 손상 규모나 위험도를 기준으로 계측기기 배치밀도를 설정하는 것이 바람직하며, 일반적으로 붕괴나 활동 등의 위험인자별로 수 종류의 계측기기를 수 개소에 배치하여 상호의 계측자료를 검토하여야 한다.

(3) 구체적인 계측기기의 배치에 대해서는 상세한 현장조사, 지질조사 및 비탈면 안정검토 등을 실시하여 붕괴 또는 활동의 형태를 추정한 다음, 각각의 원인별로 계측 항목과 계측기기의 관련성을 검토한 다음에 배치 계획(설치위치, 배치밀도, 설치심도 등)을 수립하여야 한다.

1.7 계측기기의 선정

(1) 비탈면에 대한 계측을 실시하는 경우, 급경사지의 종류, 지형·지질조건, 재해형태 및 규모 등을 감안하여 이에 적합한 계측기기를 사용하여야 한다.

【표 27】 비탈면 유지관리계측을 위한 계측기기 적용 사례

계측 대상	계측기
지표면변동(변형, 변위)	지표면 신축계
	지반 경사계 (Tiltmeter)
	전도 스위치
	검지선식 낙석검지기
	이동말뚝 측량
	지표 침하핀 측량
	GPS 측량(Global Positioning System)
지중 변동(변형, 변위)	지중 경사계(Inclinometer)
	고정식 지중경사계(In-Place-Inclinometer)
	지중 변위계(Rod-Extensometer)
작용외력	토압계
	하중계

계측 대상	계측기
내부응력	변형게이지
	록볼트, 네일링 축력계
구조물의 변형, 변위	구조물 표면경사계
	광파 측량법
	지중 경사계
	크랙 게이지
변형(열화도)	열적외선 영상법(리모트센싱 수법)
지하수위 변동	지하수위계
	간극수압계
기상 자료	우량계
	적설량계
지하수 배수 효과	유량계

2 재료

2.1 계측시스템 선정

(1) 계측기기, 스위치박스, 데이터 수집 장치(Data Logger), 기록기, 데이터 저장 및 분석을 위한 컴퓨터, 그 밖의 주변기기 등을 포함한 계측 자료 획득시스템과 계측 자료 전송시스템을 포함하여 계측에 필요한 모든 장치 및 운용시스템의 선정은 총칙편의 2. 재료를 참고하여 상세한 현장조사를 실시한 후 선정하여야 한다.

3 시공

3.1 계측기기의 설치

(1) 지중에 매설되는 계측기기는 지반의 교란을 최소화할 수 있는 천공장비를 사용하여 설치하여야 한다.

(2) 천공을 하여 설치하는 계측기기의 기준점은 예상되는 활동면 아래의 변위 발생이 없는 지점의 암반까지 천공하여 설치하여야 하며, 기준점을 기준으로 비탈면의 변위를 계측하는 경우, 기준점은 비탈면의 변형 발생시 영향을 받지 않은 곳에 설치하여야 한다.

3.2 계측빈도

(1) 계측빈도는 비탈면의 변동 상황, 위험도, 계측기기의 특성이나 내구성, 현지조건 등을 고려하여 비탈면 관리주체에서 설정한다.

(2) 비탈면 붕괴나 활동 등은 호우기, 해빙기, 지진 등의 외적 요인으로 인해 발생하는 경우가 많으므로 이와 같은 요인이 발생된 경우에는 당초의 계측 계획으로 설정된 계측 빈도에 구애되지 않고 계측 빈도를 조정할 수 있다.

【표 28】 비탈면 유지관리 계측을 위한 계측기기와 일반적인 계측빈도

<table>
<tr><th rowspan="2">계측 대상</th><th rowspan="2">계측기</th><th colspan="3">계측빈도의 목표(수동계측대상)</th></tr>
<tr><th>유지관리단계</th><th>효과판정</th><th>긴급시</th></tr>
<tr><td rowspan="7">지표면변동
(변형,
변위)</td><td>지표면 신축계</td><td rowspan="2">4~6회/년</td><td rowspan="2">1~2회/주
또는 1회/월</td><td rowspan="2">1~2회/일</td></tr>
<tr><td>지반 경사계</td></tr>
<tr><td>전도 스위치</td><td rowspan="2">상시감시</td><td rowspan="2">상시감시</td><td rowspan="2">상시감시</td></tr>
<tr><td>검지선식 낙석검지기</td></tr>
<tr><td>이동말뚝 측량</td><td rowspan="2">4~6회/년</td><td rowspan="2">1~2회/주
또는 1회/월</td><td rowspan="2">1~2회/일</td></tr>
<tr><td>지표침하핀 측량</td></tr>
<tr><td>GPS 측량
(Global Positioning
System)</td><td colspan="3">수신기를 설치하여 1~2회/일의 측정.
측정 빈도의 기준은 현재 없음으로 이동말뚝 측량의 빈도와 같은 빈도로 함.</td></tr>
<tr><td rowspan="3">지중 변동
(변형, 변위)</td><td>지중 경사계
(Inclinometer)</td><td rowspan="3">4~6회/년</td><td rowspan="3">1~2회/주
또는 1회/월</td><td rowspan="3">1~2회/일</td></tr>
<tr><td>고정식 지중경사계
(In-Place-Inclinometer)</td></tr>
<tr><td>지중 변위계
(Rod-Extensometer)</td></tr>
</table>

계측 대상	계측기	계측빈도의 목표(수동계측대상)		
		유지관리단계	효과판정	긴급시
작용외력	토압계	4~6회/년	1~2회/주 또는 1회/월	1~2회/일
	하중계			
내부응력	변형게이지			
	록볼트, 네일링 축력계			
구조물의 변형, 변위	구조물 표면경사계	6~12회/년	1~2회/주 또는 1회/월	1~2회/일
	광파 측량법			
	지중 경사계			
	크랙 게이지			
변형	열적외선 영상법 (리모트센싱 수법)	필요시	필요시	필요시
지하수위동	지하 수위계	자기기록 매일 관측	자기기록 매일 관측	자기기록 매일 관측
	간극 수압계			
기상자료	우량계			
	적설량계	필요시 관측	필요시 관측	필요시 관측
지하수 배수효과	유량계	자기기록 매일 관측	자기기록 매일 관측	자기기록 매일 관측
※ 해빙기·우기·태풍 등의 이상 기상시나 지진시에는 계측빈도를 늘려야 한다.		보전대상물이나 인명의 안전 확보를 위해 긴급대피 등의 조치를 목적.	비탈면 붕괴 대책공 시공후의 대책 효과 확인을 목적	시공도중이나 유지관리단계에 있어서 붕괴나 비탈면의 변동이 진행되는 경우

3.3 계측 기간

(1) 비탈면의 계측기간은 붕괴위험지구 정비계획에 의거 붕괴위험요소가 제거될 때까지로 한다. 단, 계측을 종료하고자 할 때에는 비탈면 붕괴에 대한 안전성 확보여부를 확인하여야 한다.

(2) 공사 중 이관된 계측기기의 계측 관리는 기본적으로 비탈면의 변동이 계측되지 않는 시점을 기준으로 비탈면에 융설, 우기, 태풍, 가을비 등이 미치는 영향을 판단하기 위해서 1년간 추가적으로 계측을 지속하고 완료하여야 한다.

CHAPTER

19 상수관로 유지관리계측

1 일반사항

1.1 적용범위

(1) 본 장에서는 상하수도관로 유지관리시의 안전관리를 목적으로 하는 계측에 적용하며, 준공 후 상하수도관로의 유지관리를 위한 시공과정의 계측관리는 제2편 공사계측에 의한다.

(2) 상하수도 유지관리계측은 상하수도관로가 완공된 후 사용기간 중에 관로시설 주변 의 변화로 인하여 발생하는 상하수도관로에 작용하는 조건이 설계시의 조건과 상이하게 되는 경우 상하수도 관로시설의 영향 여부에 관한 정보를 관리주체에 조기에 제공함으로서 이에 따른 대책을 세울 수 있도록 하기 위해 실시한다.

(3) 본장에 명시되어 있지 않은 사항은 총칙의 내용에 준하고, 총칙에도 명시되어 있지 않은 사항은 관련 전문시방서 또는 전문서적에 의한다.

1.2 계측 대상 선정

(1) 상수도 구조물 유지관리계측은 공사 중 안전 및 품질관리뿐만 아니라 유지관리를 위해 설치한 계측기기를 연속성 있게 활용하여 계측하는 것을 원칙으로 한다.

(2) 유지관리계측을 신규로 설치하고자 하는 상수관로는 관로에 인접하여 관로의 영향 범위내에 건설공사로 인해 주변지반의 변화의 발생이 예상되거나, 대상 관로의 파손이 사회·경제적으로 미치는 영향이 큰 것으로 판단되는 경우 관리주체의 판단에 의거 계측관리 대상으로 선정할 수 있다.

1.3 계측계획의 수립

(1) 유지관리계측 계획은 관로의 종류, 규모, 용도, 지반조건, 주변 환경, 계측의 목적 등을 고려하여 체계적으로 계획을 수립하여야 한다.

(2) 공사 중 안전 및 품질관리를 위하여 설치한 계측기기가 유지관리계측으로 이관된 경우, 관로가 안정화되었다고 판단될 때까지 지속적으로 계측할 수 있도록 계측계획을 수립하여야 한다. 이러한 경우 공사 중 실시한 계측결과를 분석하고, 유지관리계측에 적합한지를 검토하여 유지관리계측 계획에 반영하여야 한다.

(3) 유지관리계측을 위해 신규로 계측기기를 설치하고자 하는 경우에는 관로의 안전성 검토를 면밀히 분석하여 관로에 미치는 영향을 파악할 수 있도록 계측계획을 수립하여야 한다.

1.4 계측단면의 선정

(1) 지반이 취약하고 지질변화가 심하여 관로의 과다한 침하가 예상되는 구간을 선정한다.

(2) 관로의 매설깊이가 얕아 지표면에 작용하는 하중의 영향이 크게 작용할 것으로 판단되는 위치를 선정한다.

(3) 수격압이 크게 작용할 것으로 판단되는 위치를 선정한다.

(4) 관로 내의 물 배수 시 진공압이 크게 발생될 것으로 판단되는 위치를 선정한다.

(5) 관로주변에서 지하굴착 및 구조물 신축과 같이 관로의 주변여건이 변화되는 구간을 선정한다.

1.5 계측항목의 선정

(1) 관로의 침하, 측방유동의 측정은 기본적으로 선정한다.

(2) 관로가 매설된 위치에 과대한 상재하중이 작용하거나 중차량의 통행이 빈번할 것으로 예상되는 구간, 수격압이 작용할 수 있는 구간, 곡관구간, 관로내 물 배수시 진공압이 작용하는 구간에는 관로의 안전성을 확인하기 위해 변형률을 측정한다.

1.6 계측기기의 배치

(1) 관로의 침하 측정은 계측관리가 필요한 전체 구간에 걸쳐 등간격으로 배치하되 지반조건, 지표의 중차량 통행조건 등 침하 유발 가능성이 높은 구간은 집중 배치한다.

(2) 관로에 과다한 응력이 발생될 수 있는 구간은 관로의 4변에 변형률계를 배치하는 것을 원칙으로 하나, 4변에 설치할 수 없는 경우에는 최소 2변에 변형률계를 배치하여야 한다.

1.7 계측기기의 선정

(1) 관로의 유지관리를 위한 계측기기는 내구성이 좋고, 설치 및 유지관리가 용이하며, 계측목적에 맞는 계측범위와 정밀도를 가져야 하며, 기기 특성에 대한 사전 검증을 실시하여야 한다.

(2) 관로의 침하 측정은 GPR과 같은 비파괴시험에 의한 방법과 반사경과 광파기 등의 측량기기 또는 전자레벨을 이용할 수 있다. 관로의 침하를 반사경과 광파기 등의 측량기기 또는 전자레벨을 이용하여 측정하는 경우에는 인근의 국가에서 설치한 1등 수준점에서 측량된 기준점을 배치하고 관리하여야 한다.

2 재료

2.1 계측시스템 선정

(1) 계측기기, 스위치박스, 데이터 수집 장치(Data Logger), 기록기, 데이터 저장 및 분석을 위한 컴퓨터, 그 밖의 주변기기 등을 포함한 계측 자료 획득시스템과 계측 자료 전송시스템을 포함하여 계측에 필요한 모든 장치 및 운용시스템의 선정은 총칙편의 2. 재료를 참고하여 상세한 현장조사를 실시한 후 선정하여야 한다.

3 시공

3.1 계측기기의 설치

(1) 계측책임자는 각 기기별 설치지침서를 사전에 검토하여 설치시 발생될 수 있는 제반 문제점을 파악하고, 이에 대한 대책을 수립하여야 한다.

(2) 관로의 침하를 반사경과 광파기 등의 측량기기 또는 전자레벨을 이용하는 경우 관로의 위치를 정확하게 측정할 수 있는 보조장치를 설치하여야 한다. 단, 보조장치는 장기적인 침하나 중차량의 통행에 의하여 파손되거나 관로의 손상을 유발하지 않는 구조를 가지고 있어야 한다.

3.2 계측빈도

(1) 관로의 유지관리 기간 동안 정기계측을 시행하여야 한다.

【표 29】 상수관로시설 유지관리계측 측정빈도 (수동계측)

시설물 경과년도	측정빈도
준공시 또는 설치시	초기치 측정
준공 또는 설치 후 1년간	4회/년
준공 또는 설치 후 2~3년간	2회/년
준공 또는 설치 후 4~5년간	1회/년
준공 또는 설치 후 5~10년	1회/2년
준공 또는 설치 후 10년	종합측정
준공 또는 설치 후 10년경과	1회/5년

3.3 계측관리 기준

(1) 계측관리기준은 제6장 상하수도관로 공사계측에 준하여 결정하나, 현장 여건과 상황에 따라 관계 전문가 또는 관리주체의 승인 하에 변경하거나 조정할 수 있다.

CHAPTER

20 교량 단기 유지관리계측

1 일반사항

1.1 적용범위

(1) 본 장에서는 정밀안전진단을 실시할 때 실시하는 재하시험이나 공용중 교량에 문제가 발생되었을 경우, 교량의 상태를 평가하기 위하여 실시하는 단기계측에 대해 적용한다.

(2) 본장에 명시되어 있지 않은 사항은 총칙의 내용에 준하고, 총칙에도 명시되어 있지 않은 사항은 관련 전문시방서, 관련지침 또는 전문서적에 의한다.

1.2 계측계획의 수립

(1) 대상교량의 설계활하중, 총연장, 경간장, 상부구조형식 및 교폭 등을 고려하여 시험목적에 따라 시험경간이 선정되면 시험의 종류, 계측기기의 종류, 계측기기의 부착위치 및 수량, 재하하중, 하중재하위치 및 주행방법 등을 결정하고, 주변습도 및 온도에 의한 계측기의 오작동 및 측정값의 오차를 최소화시킬 수 있는 대비책을 수립하여야 한다.

(2) 재하시험 실시시간은 교량의 주변여건, 교통량, 보행자의 안전 등 경제적, 사회적 손실을 고려하여 교통통제의 영향이 비교적 적은 시간대를 선정하고, 이에 따른 교통통제 및 안전관리계획을 수립한다. 일반적으로 재하시험 대상교량은 대부분 공용중이기 때문에 교통통제 및 안전관리 계획은 재하시험 실시 2주전에 수립하여 유관기관의 협조를 받아야 한다.

(3) 재하담당자 및 교통통제원은 주·야간 모두 육안식별 가능한 복장을 착용하여야 하며, 또한 차량의 안전운행을 위하여 각종교통통제용 안내표지판, 비상조명등, 보조장비 등을 설치하여 운영하여야 한다.

1.3 계측단면의 선정

(1) 계측을 위한 위치는 계측의 목적을 얻을 수 있도록 선정되어야 하며, 특히 교량의 상태와 손상특성에 대한 사전 조사 결과를 종합적으로 고려하여 선정하여야 한다.

(2) 정밀안전진단시 실시하는 재하시험은 사전답사를 실시한 후 주변환경을 고려하여 책임기술자의 경험과 외관조사 및 비파괴시험을 통해 측정된 자료를 종합적으로 검토하여 최대응답이 발생할 것으로 예측되는 경간을 시험위치로 선택해야 한다.

(3) 재하시험을 실시하는 경우, 1차 현장조사에서 아래와 같은 사항을 조사하여 실행계획 수립시 반영하도록 하여야 한다.

- 대략적인 교량외관조사
- 내하력평가 대상경간 및 측정단면의 검토
- 측정항목, 계측기기 종류, 계측장비 검토
- 계측기기의 부착방법 검토
- 측정장비 설치위치 선정
- 정·동적 재하경우(Load Case) 검토
- 재하시험차량의 수 및 중량 검토
- 교통통제 및 우회로 경로 검토
- 안전관리계획 검토
- 관련기관 및 단체에 의뢰할 협조사항 검토

(4) 현장조사시 발견된 손상이나 문제점을 평가하기 위하여 실시하는 계측에는 손상의 원인과 크기와 같이 손상 특성을 규명할 수 있도록 계측 항목과 위치를 선정하여야 하며, 특히 손상 특성을 규명할 때에는 교량의 전체 거동과 손상 위치의 국부적인 거동을 모두 평가할 수 있도록 계측 위치를 선정하여야 한다.

(5) 계측위치와 항목을 선정하기 전에는 외관상태에 대한 상세한 조사와 이론적인 검토를 시행 한 후에 실시하여 계측 계획을 수립함으로서 계측 기간과 위치가 최소화될 수 있도록 해야 한다.

1.4 계측기기의 배치

(1) 응답을 측정하고자 하는 측점은 책임기술자의 경험과 미리 실시한 선행검토 결과를 토대로 계측 목적을 달성할 수 있도록 배치하여야 한다.

(2) 교량 전체의 거동을 분석할 때에는 응력, 처짐 및 진동이 크게 발생하는 부재 및 위치를 선정하는 것을 원칙으로 한다. 거더 형식의 교량에서는 하중횡분배 여부, 중립축 위치 및 합성작용 상태를 평가할 수 있도록 계측기기 부착위치를 선정하고, 연속교의 경우 정·부모멘트부에 모두 계측기기를 부착한다.

(3) 손상특성을 규명하거나 사용성을 평가하기 위해서는 손상부 주변에 계측목적에 적합한 계측기기를 집중 부착한다.

1.5 계측기기의 선정

(1) 단기 계측에서 측정하는 계측항목은 계측의 구체적인 목적에 따라 차이가 있을 수 있지만, 주요 계측항목은 변형률, 처짐(변위), 진동가속도, 균열 거동 등이 있으며, 사전검토를 실시하여 계측기기 및 계측장비의 형식과 사양을 선정하여야 한다.

(2) 단기계측에 사용되는 계측기기와 계측장비는 제조회사별 독특한 사양과 특징이 있지만, 계측기기 및 계측장비 선정시 무엇보다도 먼저 고려해야 될 사항은 실제 거동자료를 정확하고, 안정적으로 측정할 수 있어야 한다.

(3) 재하시험에서 측정하는 주요 계측항목은 변형률, 처짐(변위), 진동가속도 등이 있으며 사전검토를 실시하여 계측기기 및 계측장비의 형식과 사양을 선정하여야 한다.

2 재료

2.1 계측시스템 선정

(1) 계측기기, 스위치박스, 데이터 수집 장치(Data Logger), 기록기, 데이터 저장 및 분석을 위한 컴퓨터, 그 밖의 주변기기 등을 포함한 계측 자료 획득시스템과 계측 자료 전송시스템을 포함하여 계측에 필요한 모든 장치 및 운용시스템의 선정은 총칙편의 2.재료를 참고하여 상세한 현장조사를 실시한 후 선정하여야 한다.

3 시공

3.1 계측기기의 설치

(1) 현장에서 계측기기를 설치할 때는 제조사에서 제시한 조건을 만족하도록 부착 및 설치하여야 한다.

(2) 활하중에 의한 교량의 변위를 측정하기 위한 변위계 설치 시 주의사항은 다음과 같다.

① 조립식 비계를 이용하여 설치하는 경우, 조립식 비계의 설치가 가능한 다리 밑 공간을 확보한 곳에 설치하는 것이 바람직하며, 일반적으로 다리 밑 공간의 높이가 낮고, 지면이 평평한 곳에 설치하는 것이 효과적이다. 조립식 비계를 이용한 변위계 설치 시 주의 사항은 아래와 같다.

㉠ 측정부위를 중심으로 비교적 넓게 설치하고, 비계자중에 의한 변위 등이 발생하지 않도록 단단히 설치한다.

㉡ 각목 등을 이용하여 측점에 수직으로 변위변환기를 고정하며, 변위변환기의 허용측정치 및 교량의 변위를 고려하여 적당한 간격을 유지한다.

㉢ 변위변환기와 리드와이어를 연결한 후 절연저항을 검사하고, 변위계를 검증한다.

② 피아노선을 이용하여 변위계를 설치하는 것은 하부 공간이 높아 조립식 비계의 설치가 어려운 경우에 적용하되, 강한 바람이 있는 날에는 피아노선을 이용하여 변위를 계측하는 것은 바람직하지 않다. 변위계 설치 시 강선을 고정할 수 있는 타정공구 또는 접착제로 부착시키는 마운트를 이용하여 측정면에 고정하고, 강선을 연결하여 수직으로 내린 후에 변위변환기에 연결하도록 한다. 피아노선을 이용하여 변위계 설치 시 주의사항은 아래와 같다.

- 피아노선을 설치할 때 인장력이 너무 느슨하면 신뢰성 있는 계측이 어려우며, 너무 과다하면 변위변환기에 손상이 가해질 수 있으므로 적당한 인장력으로 긴장한다.
- 피아노선이 굵으면 바람의 영향을 받기 쉬우므로 가능한 가는 강선을 사용하도록 한다.
- 해체시 긴장된 상태에서 강선을 절단하면 변위변환기가 충격으로 인한 손상이 발생될 수 있으므로 주의한다.

(3) 교량의 동적응답특성을 평가하기 위해 설치하는 가속도계는 교량 난간 등 주행차량

주행위치부근에 설치하는 것이 바람직하다. 교량에서 주로 사용하는 가속도계는 용량이 ± 1g 정도인 소형의 것을 주로 사용하므로, 설치 및 해체 시 예기치 못한 충격으로 인해 손상을 받는 경우가 있으므로 주의해야 한다. 설치방법에는 측정면에 접착제를 이용하는 접착방식과 별도의 설치용 지그를 이용하여 고정하는 방법이 있다.

(4) 계측자료 획득시스템의 설치위치는 아래와 같은 조건을 고려하여 결정한다.

① 각 계측기기에서 연결되는 리드와이어의 길이가 가장 짧게 될 수 있는 곳으로 선정한다. 계측 장비의 설치 여건이 양호하지 못하여 리드와이어의 길이가 길어져 오차의 혼입이 커질 경우에는 무선계측을 고려할 필요가 있다.

② 주변에 변압기 등 잡신호 발생 가능성이 없는 곳과 전원 공급이 유리한 곳으로 선정한다.

③ 우천 또는 대기온도가 계측장비의 작동에 주는 영향이 가장 적은 곳으로 선정한다.

(5) 계측장비에 공급되는 전원상태는 안정적이어야 하므로 아래와 같은 사항을 설치 전에 확인해야 한다.

① 계측기에 필요한 전원의 규격을 확인하여 필요한 전원을 확보하도록 한다.

② 공급되는 전원을 테스트기로 확인하여 적정한 전압이 안정적으로 공급되는지 확인한다.

③ 전원이 불안정한 경우, 자동전압조절기를 이용하여 안정된 전원이 공급될 수 있도록 한다.

④ 정전 또는 단선은 시험일정 및 결과에 차질을 초래할 수 있으므로 예비전원을 확보하도록 한다.

3.2 계측기기의 보호

(1) 계측기기의 측정값은 계측기기 주변의 습도에 의해서도 큰 영향을 받는다. 일반적으로 실내에서 짧은 시간동안 계측이 이루어지는 경우 방습처리는 불필요할 수 있으나, 장시간 또는 습한 현장에서 재하시험을 실시하는 경우는 방습처리가 필수적이다. 특히, 콘크리트 표면에 계측기기를 부착하는 경우 콘크리트 표면의 건조상태, 측정장소의 환경 및 콘크리트 내부로부터의 습기 등을 고려하여 적절한 방습처리를 하여야 한다.

(2) 계측 수행 중에 노출되어 있는 리드와이어에 직사광선 또는 기타의 원인으로 온도가 상승하면 계측오차를 유발한다. 따라서, 현장 계측에서 계측기기는 물론, 노출된 리드와이어의 관리에 세심한 주의가 필요하다.

3.3 자료 전송 케이블 설치

(1) 자료전송 케이블의 길이는 노이즈 발생을 최소화하기 위하여 가능한 짧게 설치하도록 하는 것이 바람직하다.

3.4 계측의 수행

3.4.1 시험차량 선정

(1) 시험차량은 당초 교량 설계활하중(DB하중기준)의 60~90% 정도에서 결정하되, 『도로법』에 규정된 총중량 40톤, 축중 10톤을 초과하지 않도록 한다. 그리고 전륜/후륜의 축중은 『도로교설계기준』의 규정을 벗어나지 않는 범위 내에서 시험중 중량의 변화가 없는 토사를 적재한 덤프트럭을 사용한다.

(2) 교량의 노후 및 손상정도가 심하여 재하시험으로 추가적인 손상이 우려되는 경우에는 선행구조해석을 통해 시험차량의 중량을 결정하여야 한다.

(3) 시험차량은 성능이 양호한 차량을 선택하여야 하며 2차선 이하 교량의 경우는 1대, 3차선 이상의 교량은 2대 이상을 교폭 및 교축방향으로 동시에 재하시켜 시험하는 것을 원칙으로 한다. 이때, 각 시험차량의 총 중량차이는 최소가 되도록 하고, 같은 모델의 차량을 사용하는 것이 좋다.

3.4.2 정적 재하시험과 의사정적 재하시험

(1) 의사정적 재하시험을 실시하는 경우에는 정적 재하시험을 생략할 수 있다.

(2) 정적 재하시험은 계측기기의 부착, 측정장비와 계측기기의 연결, 측정장비 및 계측기기의 점검, 시험차량의 중량 및 제원 확인, 재하위치표시 등이 완료되면 시작한다. 특히, 정적 재하시험시에는 재하시험 대상 경간에 영향을 줄 수 있는 범위내에는 재하차량 이외의 차량은 재하되지 않아야 한다.

(3) 재하시험 준비가 모두 완료되면 측정장비의 영점 조정을 반드시 실시하여야 한다. 시험경간에 시험차량을 포함한 활하중이 전혀 재하되지 않은 상태에서 매 재하 경우마다 영점 조정을 실시하여 시험결과를 정리할 때 반영토록 한다.

(4) 시험차량은 계측기기 부착위치에 최대 응답이 발생하도록 계획된 재하위치에 정확히 재하하며, 이때 상부구조의 진동, 소음, 충격 등이 측정결과에 영향을 미칠 수 있으므로 시험차량은 시동을 끈 후 구조체의 응답시간을 고려하여 약 1분 정도의 측정대기

시간을 가진 후 측정하여야 한다. 이때 재하기술자가 재하상황을 측정기술자에게 통보하면 측정기술자는 정적 변형 및 처짐을 측정하고, 측정완료 했음을 다시 재하기술자에게 통보한다.

(5) 측정이 끝나면, 시험차량은 재하시험 대상 경간에 영향을 줄 수 있는 범위에서 벗어나 다음의 재하경우를 준비한다.

(6) 측정기술자는 정적하중이 완전히 제거된 후의 잔류량을 측정한다. 발생된 잔류량은 초기값과 비교 확인하여, 탄성복원의 유·무, 잔류변형의 유·무, 계측기기이상의 유·무를 평가하고, 동적응답자료와 비교하여 내하력평가시 이를 종합적으로 검토한다.

(7) 정적재하시험의 하중재하위치 및 하중에 의한 계측기기의 신뢰도를 확인하기 위하여 첫 번째 재하위치에 대해서는 시험재하를 실시한다. 시험재하는 측정장비의 영점 조정, 정적하중재하 및 제거가 완료되면 동일한 재하위치에서 동일한 방법으로 다시 한 번 측정한다. 이와 같이 하나의 재하위치에 2회 재하하여 측정된 측정자료를 비교하여 2회 측정치의 차이가 측정치의 5% 이내이면 본 정적재하시험을 실시하고, 그 차이가 5% 이상이면 재하위치, 계측기기 및 측정장비 상태 등을 점검한 후 다시 측정한다.

(8) 정적재하시험시 유의사항은 아래와 같다.

① 계측장비는 잡신호를 최소화시키기 위해 접지를 시키고, 입력전압을 확인한다.

② 발전기를 사용할 경우에는 자동전압조정기(AVR)를 사용한다.

③ 계측장비 근처에서 무전기 사용을 금하며, 사용할 때에는 무전기로 인한 영향을 받지 않도록 떨어져 사용한다.

④ 시험차량이 2대 이상인 경우에 계획된 위치에 정확하게 정적재하를 한 후 시험차량의 간격을 기록하여 내하력평가시 사용한다.

⑤ 재하위치를 표시할 때 표시선을 길게하여 시험차량에 의해 시선을 방해받지 않고 재하위치를 확인할 수 있도록 한다.

⑥ 재하위치를 표시할 때 재하경우와 시험차량의 방향 및 바퀴를 표시하면 재하경우의 수가 많을 때에도 혼돈 없이 수행할 수 있다.

(9) 평가대상교량의 현장여건, 교통량 등을 감안할 때 정적재하시험에 소요되는 시간동안 차량의 전면교통통제를 실시하는 것이 바람직하지 않다고 판단될 때는 의사정적재하시험을 실시할 수 있다.

(10) 의사정적 재하시험은 동적재하시험과 마찬가지로 차량주행시험을 실시하여 계측된 응답파형으로부터 정적응답을 간접적으로 유추하는 재하시험방법이므로 동적측정장

비를 이용하여야 한다.

(11) 의사정적 재하시험은 아래와 같은 요령으로 실시한다.

① 시험대상교량에 정적재하시험과 같은 요령으로 재하경우별로 재하위치를 표시하여 둔다.

② 시험 대상 교량 전후방에 신호 및 교통통제요원을 배치하고, 차량의 통행이 없는 시기에 시험차량을 교량으로 유도하여, 재하위치를 통과하도록 한다.

③ 차량의 통행이 없는 시기를 확보하기 곤란한 경우에는 시험차량의 전후방에 주행유도 차량을 운행하여, 시험차량이 평가대상교량을 통과할 때까지 다른 차량의 교량진입을 통제한다.

④ 의사정적 재하시험에서는 시험차량의 속도는 약 10km/h 를 유지하도록 한다.

⑤ 의사정적시험에서 계측된 자료에서 동적효과를 제거하여 정적효과를 구한다.

(12) 의사정적 재하시험의 하중통과위치 및 하중에 의한 계측기기의 신뢰도를 확인하기 위하여 첫 번째 동적주행시험에 대해서는 시험재하를 실시한다. 시험재하는 동일한 주행코스에 대해 2회 시험하여 측정된 측정자료를 비교한다. 이와 같이 하나의 재하위치에 2회 재하하여 측정된 측정자료를 비교하여 2회 측정치의 차이가 측정치의 5% 이내이면 본 동적주행시험을 실시하고 그 차이가 5% 이상이면 주행위치, 계측기기 및 측정장비 상태 등을 점검한 후 다시 측정한다.

(13) 재하경우별 측정이 모두 완료되면 계측기기 및 정적재하시험 장비를 해체한다. 정적재하시험이 완료된 후 바로 동적주행시험을 실시하는 경우에는 재하시험계획서에 의거하여 동적주행시험에 사용되는 계측기기는 동적주행시험장비와 연결한다.

3.4.3 동적주행시험

(1) 동적주행시험은 시험차량의 주행속도에 따른 동적응답으로부터 실제 대상교량의 충격계수 및 진동특성 평가를 위한 시험으로, 계획된 주행위치를 최저속도로 주행한 후 10 km/h씩 증가하면서 현장여건상 가능한 최고속도까지 속도별로 실시한다.

(2) 각 계측기기로부터 측정장비까지 연장한 리드와이어들은 동적응답측정장비에 연결시키며, 측정장비는 모두 접지시킨다. 또한, 리드와이어의 저항을 검사하고 계측기기의 특성치를 동적측정장비에 맞게 입력한다.

(3) 시험경간에 시험차량을 포함한 활하중이 전혀 재하되지 않은 상태에서 측정장비의 영점조정을 실시한다. 정적재하시험과 같은 요령으로 주행속도별로 매회 영점 조정을 한다.

(4) 동적주행시험은 주행속도를 10km/h부터 현장여건상 가능한 한 최대 주행속도까지 10km/h간격으로 속도를 증가시키면서 교량의 동적응답신호를 측정한다.

(5) 재하기술자가 시험차량의 주행상황을 확인하기 위해 동승하여 시험차량의 출발, 시험대상구조물로 진입, 통과 등 일련의 상황을 통보한다.

(6) 동적변형, 처짐 및 가속도는 주행속도별로 각각 측정하며, 자유진동이 완전히 소멸된 것을 확인한 후 측정을 완료한다.

(7) 동적주행시험의 하중통과위치 및 하중에 의한 계측기기의 신뢰도를 확인하기 위하여 첫 번째 동적주행시험에 대해서는 시험재하를 실시한다. 시험재하는 동일한 속도에 대해 2회 시험하여 측정된 측정자료를 비교한다. 이와 같이 하나의 재하위치에 2회 재하하여 측정된 측정자료를 비교하여 2회 측정치의 차이가 측정치의 5% 이내이면 본 동적주행시험을 실시하고, 그 차이가 5% 이상이면 주행위치, 계측기기 및 측정장비 상태 등을 점검한 후 다시 측정한다.

(8) 각 속도별 측정이 모두 완료되면 계측기기 및 동적 재하시험장비를 해체한다. 특히, 가속도계는 해체시 충격으로 큰 손상을 입을 수 있으므로 주의하여 해체한다.

(9) 동적주행시험시는 다음 사항을 유의하여 시행하여야 한다.

① 계측장비는 잡신호를 최소화하기 위해 접지를 시키고, 입력전압을 확인한다.

② 발전기를 사용할 경우에는 자동전압조정기(AVR)를 사용한다.

③ 계측장비 근처에서 무전기 사용을 금하며, 사용할 때에는 무전기로 인한 영향을 받지 않도록 계측장비로부터 충분히 떨어진 거리에서 사용한다.

④ 주행위치는 가능한 계측기기 부착위치 상부로 선정하고, 시험차량이 표시된 주행위치를 정확히 통과할 수 있도록 표시한다.

⑤ 시험차량의 주행상황을 확인하고 통보하기 위해 동승한 재하시험기술자는 시험대상구조물의 진출입시 10초 이상의 여유를 가지고 통보하여 동적응답 신호의 손실을 방지하여야 한다.

⑥ 시험차량에 동승한 재하시험기술자는 주행시 목표한 속도와 다소 차이가 생길 수 있으므로 시험대상구조물 진입 및 주행시 주행속도를 파악하여 통보한다.

⑦ 시험차량은 시험대상구조물에 진입하여 완전히 통과할 때 까지 가속하거나 감속해서는 안되며 일정한 속도로 통과해야 한다.

⑧ 시험차량의 운전자에게 주행위치 및 주행방법을 미리 설명하여 최상의 시험자료를 측정할 수 있도록 한다.

3.5 계측결과의 정리 및 분석

(1) 계측 결과의 분석은 계측의 목적에 따라 달라지지만 일반적인 정적재하시험의 계측결과는 다음 사항에 대하여 검토할 수 있다.

① 처짐, 응력 및 응력보정계수 산정

재하시험을 실시한 경우, 재하차량에 의한 교량의 처짐과 응력의 크기를 평가하여 설계하중에 의한 활하중의 영향을 분석한다. 또한, 계측에 의한 결과와 이론적인 구조해석 결과와의 비교를 통하여 응력보정계수를 산정한다.

② 하중횡분배 효과 확인

하중횡분배 효과란, 교량의 상부구조에서 하중이 횡방향으로 분배되는 정도를 나타내는 것으로 횡분배 효과는 처짐 및 변형률의 실측값에 의해 하중경우별로 측정단면에서 검토한다. 처짐 및 변형률 계측을 분석한 결과 횡분배가 불량한 경우에는 손상 및 결함의 영향, 보수된 부재의 보수 효과 등에 의한 것일 수 있으므로 하중횡분배가 불량한 원인을 검토하여야 한다.

③ 변형률을 이용한 중립축 위치 결정

상부 슬래브 또는 거더 상·하부에서 계측된 변형률을 이용하여 실제 중립축을 확인하고, 이를 이론에 의한 값과 비교하여 교량의 실 거동 상태를 평가한다. 일반적으로 실험결과에 따르면 재하시험결과로 구한 중립축은 이론적인 방법으로 구한 중립축보다 상향으로 평가되는 것으로 알려져 있다. 이는 이론적인 방법으로 중립축을 산정시 고려하지 않은 연석, 포장층, 중앙분리대 등과 상부구조가 일체적인 거동을 하기 때문인 것으로 알려져 있다. 계측자료에 의한 값과 이론에 의한 중립축의 위치가 크게 다른 경우 그 원인을 충분히 규명하여야 한다.

④ 합성작용의 평가

합성형교의 경우 거더와 상부 슬래브에서 계측된 변형률을 서로 비교하여 합성 여부를 확인한다. 합성거동이 확인되면 구조해석시 합성단면으로 해석한 결과와 실측값을 비교한다. 만약 측정값으로부터 비합성 거동을 하는 것으로 판명되면 그 원인을 충분히 규명해야 한다.

(5) 구조해석 결과와 계측 결과의 비교를 통하여 해석 모델의 적정성을 확인할 수 있다.

3.5.2 동적재하시험 계측 결과의 분석은 다음 사항에 대하여 실시한다.

(1) 동적주행시험에서 각 속도별로 측정된 변형률 또는 처짐의 시간이력곡선으로부터 실측충격계수를 산정한다. 동적주행시험 결과로부터 산정된 실측충격계수가 『도로교설계기준』에서 규정한 충격계수의 적용한계(i=0.3)를 초과하는 경우에는 원인을 분석하여야 한다.

(2) 동적주행시험 결과를 FFT(Fast Fourier Transform)분석하여 교량의 고유진동수를 평가하고, 구조해석에 의한 결과와 비교 평가한다. 이때, 구조해석 결과와 큰 차이가 있을 경우에는 그 원인에 대한 분석을 실시하여야 한다. 필요시 유사한 제원의 교량 진동 특성과 비교하여 교량의 진동 특성을 평가할 수 있다.

CHAPTER

21 교량 장기 유지관리계측

1 일반사항

1.1 적용범위

(1) 본 장은 정밀 시공 및 유지관리를 위해 일정기간 동안 또는 상시에 걸쳐 수행되는 장기계측에 적용한다.

(2) 장기계측으로는 사장교나 현수교와 같은 특수 교량의 유지관리시 교량의 안정화 과정이나, 상태를 지속적으로 모니터링하는 것과 같이 교량의 구조적인 특성이 복잡하여, 공용 중에 교량의 상태를 지속적으로 분석할 필요가 있을 때 실시하는 계측 등에 적용될 수 있다.

(3) 본 장에 명시되어 있지 않은 사항은 총칙의 내용에 준하고, 총칙에도 명시되어 있지 않은 사항은 관련 전문시방서, 지침서 또는 전문서적에 의한다.

1.2 계측 대상 선정

(1) 교량 구조물 유지관리계측은 공사 중 안전 및 품질관리뿐만 아니라 유지관리를 위해 설치한 계측기기를 연속성 있게 활용하여 계측하는 것을 원칙으로 한다.

(2) 유지관리계측을 신규로 실시하고자 하는 교량은 정밀점검 혹은 정밀안전진단을 통하여 교량의 안전성을 평가하고, 관리주체가 교량의 안전상에 문제가 있다고 판단되는 경우 장기적인 유지관리계측 대상으로 선정한다.

(3) 안전성에 문제가 없다고 판단되는 교량이라 할지라도 교량의 붕괴 시 사회·경제적으로 미치는 영향이 큰 것으로 판단되는 경우 교량 관리주체의 판단에 의거 계측관리 대상 교량으로 선정할 수 있다.

(4) 공사 중 안전관리를 위하여 설치한 계측기기가 유지관리계측으로 이관된 경우 교량의 주부재가 안정화되었다고 판단될 때까지 계측 관리하여야 한다.

1.3 계측계획의 수립

(1) 공사 중 안전 및 품질관리뿐만 아니라 유지관리를 위해 설치한 계측기기를 연속성 있게 활용하는 경우 공사 중 실시한 계측결과를 분석하고, 유지관리계측에 적합한지를 검토하여 유지관리계측 계획을 수립하여야 한다.

(2) 계측계획은 상부구조, 하부구조 및 기초를 대상으로 안전성 검토 결과를 면밀히 분석하여 계측계획을 수립하여야 한다.

1.4 계측단면의 선정

(1) 계측단면의 선정은 교량을 대표할 수 있는 단면, 큰 변형이 예측되는 단면, 붕괴시 가장 영향범위가 큰 단면을 선정하여야 하고, 구조적으로 가장 위험한 단면을 주 계측단면으로 선정하여야 한다.

(2) 상부구조의 주계측 단면은 고정하중의 최대 효과가 발생되는 곳, 활하중에 의해 최대 효과가 발생되는 곳, 고정하중과 활하중이 동시에 작용하였을 때 최대 효과가 발생되는 곳을 선정하여야 한다.

(3) 연약지반, 하상, 해상에 위치하고 있는 하부구조는 기초가 연암에 거치되지 않은 한 준공 후 소정기간동안 침하여부를 계측할 수 있도록 계측단면을 선정하여야 한다.

1.5 계측항목의 선정

(1) 유지관리시 계측에서 RC슬래브교, RC라멘교, RC T형교, RC 박스거더교, PSC 빔교, PSC 박스교, 플레이트 거더교, 강합성 상자교 등의 상부구조는 처짐, 변형률, 가속도를 기준으로 계측항목을 선정하여야 하며, 하부구조는 침하, 측방유동 및 세굴을 기준으로 계측항목을 선정한다.

【표 30】 교량장기계측의 계측항목에 따른 계측기기

측정항목	설치부위	계측기기
주요 거더의 처짐 교량의 신축량	경간중앙부 신축이음부	변위계
콘크리트 및 철근, 강재의 응력	경간중앙부, 지점부	변형률계
균열 거동	균열	균열게이지
가속도	주요경간 중앙부	가속도계
온도측정	대표위치	온도계
레벨관리	하부구조	프리즘 및 광파측거기
기울기관리	교대	경사계
세굴	기초	

(2) 사장교 및 현수교는 상부구조의 형상관리, 케이블의 장력, 처짐, 응력 및 고유진동수를 기준으로 계측항목을 선정하여야 하고, 하부구조는 기울기, 응력 및 고유진동수를 계측관리하여야 한다. 또한, 온도 및 바람에 의한 영향을 파악하기 위하여 온도 및 풍속을 측정하여야 한다.

【표 31】 사장교의 장기계측 측정항목 및 계측장치

측정항목	설치부위	계측기기
교량의 형상	지상계측실	광파측정기
케이블 장력	케이블	케이블장력계 가속도계
교량의 처짐	주경간 중앙부	변위계
주탑 · 주형의 온도(온도변형) 케이블 온도(길이, 장력변화)	주탑, 거더, 케이블	온도계,
풍향 · 풍속	주탑 및 주경간의 중앙	풍향풍속계
부재의 3방향 가속도(동적하중, 변위)	주탑, 케이블, 주형	가속도계
부재의 주요부위 응력	주탑 및 주형	변형률계
주요부재의 기울기	주탑	경사계
상부구조의 수축 및 신장(온도)	신축이음, 받침	변위계

【표 32】 현수교의 장기계측 측정항목 및 계측장치

측정항목	설치부위	계측기기
교량의 형상	지상계측실	광파측정기
앵커볼트 축력, 케이블 장력	주탑기부, 케이블 정착부	케이블장력계
주형의 연직, 수평 변위	주경간 중앙부	변위계
주탑 · 주형의 온도(온도변형) 케이블 온도(길이, 장력변화)	주탑, 주형, 케이블	온도계
주탑정부와 주경간중앙부의 풍향 · 풍속	주탑 및 주경간의 중앙	풍향풍속계
각 부재의 3방향 가속도 (동적하중, 변위, 진동)	주탑, 케이블, 주형	가속도계
각 부재의 주요부위 응력	주탑 및 주형	변형률계
주요부재의 기울기	주탑	경사계
상부구조의 수축 및 신장(온도)	신축이음, 받침	변위계

1.6 계측기기의 배치

(1) 각 지점의 계측기기 및 기타 장비는 구조물의 손상을 최소화하고, 경비 절감/잡신호제거/유지관리가 용이한 최적 지점에 설치하도록 계획하여야 한다.

(2) 하중에 의한 영향을 측정하기 위해서는 고정하중의 최대 효과가 발생되는 곳, 활하중에 의해 최대 효과가 발생되는 곳, 고정하중과 활하중이 동시에 작용하였을 때 최대 효과가 발생되는 곳에 배치하여야 한다.

(3) 연약지반상에 위치하고 있는 교대는 측방유동여부를 파악하기 위하여 교대 흉벽부에 경사계를 배치하여야 한다.

(4) 기초침하가 예상되는 곳에는 교각 상단에 고정프리즘을 배치하고, 상부구조의 형상관리를 위해서는 상부구조의 주요 절점에 고정프리즘을 배치하여 정밀 광파측거기를 이용하여 레벨을 관리하여야 한다. 고정프리즘과 광파기 등의 측량기기 또는 광파측거기를 이용하여 레벨을 관리하는 경우, 국가에서 설치한 인근의 1등 수준점에서 측량된 기준점을 배치하고 관리하여야 한다.

(5) 온도계는 직사광선에 노출된 부위와 직사광선에 노출되지 않은 부분에 각각 설치하여야 한다.

(6) 가속도계는 상부구조에서 최대 처짐이 발생된 곳에 배치하고, 하부구조는 최상단에 배치하여야 한다.

(7) 케이블교의 장력을 관리하기 위해서는 가능한 케이블 길이의 중간부에 가속도계를 배치한다. 단, 케이블 중간부에 접근할 수 없는 경우에는 최대 접근 가능한 위치에 가속도계를 배치하여야 한다.

2 재료

2.1 계측시스템 선정

(1) 계측기기, 스위치박스, 데이터 수집 장치(Data Logger), 기록기, 데이터 저장 및 분석을 위한 컴퓨터, 그 밖의 주변기기 등을 포함한 계측 자료 획득시스템과 계측 자료 전송시스템을 포함하여 계측에 필요한 모든 장치 및 운용시스템의 선정은 총칙편의 2. 재료를 참고하여 상세한 현장조사를 실시한 후 선정하여야 한다.

3 시공

3.1 계측기기의 설치

(1) 계측기기 부착위치를 교량의 해당부재에 표시하기 위해서 줄자나 표척 등을 이용한다. 설계도면과 실구조물의 제원이 상이한 경우가 있으므로, 부착위치를 표시하기 이전에 제원을 확인하여 계측기기 부착위치를 정확히 표시한 후 설치하여야 한다.

(2) 교량에서 주로 사용하는 가속도계는 용량이 ±1 g 정도인 소형의 것을 주로 사용하므로 설치 및 해체시 예기치 못한 충격으로 손상을 받는 경우가 있으므로 주의해야 한다. 설치방법에는 측정면에 접착제를 이용하는 접착방식과 별도의 설치용 지그를 이용하여 고정하는 방법이 있으며 장기계측용으로는 설치용 지그를 이용하여 고정하는 방법을 원치긍로 한다.

3.2 계측장비의 설치위치 선정

(1) 각 계측기기에서 연결되는 리드와이어의 길이가 가장 짧게 될 수 있는 곳으로 선정한다. 계측 장비의 설치 여건이 양호하지 못하여 리드와이어의 길이가 길어져 오차의 혼입이 커질 경우에는 무선계측을 고려할 필요가 있다.

(2) 주변에 변압기 등 잡신호 발생 가능성이 없는 곳과 전원 공급이 유리한 곳으로 선정한다.

(3) 우천 또는 대기온도가 계측장비의 작동에 주는 영향이 가장 적은 곳으로 선정한다.

CHAPTER

22 터널 유지관리계측

1 일반사항

1.1 적용범위

(1) 본 장에서는 터널이 완공된 후 사용기간 중에 굴착면 주변지반 및 간극수압의 변화등의 영향으로 인하여 발생하는 콘크리트 라이닝의 변화양상 등에 대한 터널구조물의 변상여부에 관한 정보를 관리주체에 조기에 제공함으로서 그에 따른 대책을 세울 수 있도록 하여 터널의 안정성을 확보하기 위한 계측관리에 적용한다.

(2) 본장에 명시되어 있지 않은 사항은 총칙의 내용에 준하고, 총칙에도 명시되어 있지 않은 사항은 관련 전문시방서 또는 전문서적에 의한다.

1.2 계측 대상 선정

(1) 터널 구조물 유지관리계측은 공사 중 안전 및 품질관리뿐만 아니라 유지관리를 위해 설치한 계측기기를 연속성 있게 활용하는 것을 원칙으로 한다.

(2) 유지관리 중인 터널에서 터널에 인접한 건설공사와 같이 터널에 영향을 줄 수 있는 범위내에서 주변지반의 변화가 발생되거나, 대상터널의 붕괴 발생시 사회·경제적으로 미치는 영향이 큰 것으로 판단되는 경우 터널의 관리주체의 판단에 의거 계측관리 대상으로 선정할 수 있다.

1.3 계측계획의 수립

(1) 유지관리계측 계획은 터널의 형식, 규모, 용도, 지반조건, 주변 환경, 계측의 목적 등을 고려하여 체계적으로 계획을 수립하여야 한다.

(2) 공사 중 안전 및 품질관리뿐만 아니라 유지관리를 위해 설치한 계측기기를 연속성 있게 활용하는 경우, 관리주체는 공사 중 실시한 계측결과를 분석하고, 유지관리계측에 적합한지를 검토하여 유지관리계측 계획을 수립하여야 한다.

(3) 유지관리계측을 위해 신규로 계측기기를 설치하고자 하는 경우에는 안전성 평가를 면밀히 분석하여 계측계획을 수립하여야 한다.

1.4 계측단면의 선정

(1) 터널에 영향을 줄 수 있는 범위내에서 터널에 영향을 줄 수 있는 주변지반의 변화가 발생될 것으로 예상되는 구간에서는 최대 영향을 받을 것으로 예상되는 단면을 계측단면으로 선정하여야 한다.

(2) 유지관리계측을 위한 단면선정은 터널의 용도, 규모, 지반조건, 시공이력 등을 고려하여 관련성을 파악할 수 있도록 하여야 하며, 특히 지반이 취약하고, 지질변화가 심하여 과다변위가 예상되는 구간, 주요구조물 인접지나 향후 구조물이 터널에 근접하여 신축이 예상되는 구간, 공사 중에 큰 범위로 붕락이 발생된 부위, 정밀안전진단 결과 계측관리가 필요하다고 판단되는 구간을 선정하여야 한다.

1.5 계측항목의 선정

(1) 유지관리를 위한 계측항목은 터널의 용도, 규모, 지반조건, 주변환경 등을 고려하여 선정하여야 하며, 계측항목은 숏크리트에 근접된 원지반의 작용하중(토압, 간극수압 등) 측정, 콘크리트 라이닝의 철근응력과 콘크리트 응력측정, 표면부착식 내공변위 측정 순으로 선정하여야 한다.

(2) 굴착면 주변지반의 변화와 영향으로 인하여 터널 라이닝에 작용하는 토압의 변화를 측정하여 간접적으로 배면지반의 거동과 압력을 파악하기 위한 계측을 위해 토압계를 설치하며, 터널 라이닝 배면에 설치된 토압계는 터널 구조물의 안정성 판단의 자료로 활용되고, 간극수압과 상호보완적으로 측정 및 관리되어야 한다.

(3) 굴착면 주변지반의 변화와 영향으로 인하여 터널 라이닝에 작용하는 지하수위 변화에 따른 간극수압을 측정하여 배면지반의 거동과 압력을 파악하기 위한 계측으로 간극수압계를 설치하며 라이닝 배면에 설치된 간극수압계는 터널 구조물의 안정성판단의 자료로 활용하여야 한다.

(4) 터널 유지관리시에 콘크리트 라이닝의 내공단면 변위로서 수평, 수직의 2차원 또는 수평, 수직, 종방향의 3차원 변위를 측정하여 터널 구조물의 안정성을 판단하는 자료로 활용하여야 한다.

(5) 콘크리트 라이닝의 응력을 파악하기 위해 온도 측정게이지가 내장된 매립식 또는 표면부착식 콘크리트 변형률계(Strain Gauge) 또는 철근 변형률계(Strain Gauge)를 설치하고, 콘크리트 라이닝의 응력을 계측하여 터널 구조물의 안정성을 판단하여야 한다.

(6) 라이닝의 변위를 측정하기 위한 계측으로 표면부착식 변위측정계를 설치하며 지반변형 및 콘크리트 라이닝 응력 측정 결과와 종합적으로 분석하여 터널 구조물의 안정성을 판단하여야 한다.

1.6 계측기기의 배치

(1) 유지관리계측을 위해 신규 설치되는 계측기기는 형식 및 규모, 지반조건, 현장조건, 기존 공사 중 계측결과, 주변지반의 여건변화, 정밀안전진단 결과 등을 고려하여 안전관리가 필요한 위치에 계측기기를 배치하여야 한다.

(2) 주 계측단면은 계측결과의 신뢰성 확보를 위하여 충분한 양의 계측기기를 배치하여야 한다.

(3) 라이닝의 변위 측정을 위해서는 표면부착식 변위측정용 계측기기를 배치하는 것을 원칙으로 한다. 라이닝의 변위를 반사경과 광파기 등의 측량기기 또는 전자레벨을 이용하여 측정하는 경우에는 인근의 국가에서 설치한 1등 수준점에서 측량된 기준점을 배치하고 관리하여야 한다.

(4) 라이닝의 응력을 측정하기 위해서는 구조해석결과 최대응력이 발생되는 지점에 변형률계를 배치하여야 한다.

(5) 토압을 측정하기 위해서는 구조해석결과 최대응력이 발생되는 지점에서 라이닝에 수직방향으로 토압계를 배치하여야 한다.

(6) 간극수압을 측정하기 위해서는 토압계와 동일 위치에 간극수압계를 배치하는 것을 원칙으로 한다.

(7) 구체적인 계측기기의 배치에 대해서는 상세한 현장조사, 터널 주변의 지반안정검토 및 라이닝 안전검토 등을 실시하여 배치 계획(설치위치, 배치밀도 등)을 수립하여야 한다.

2 재료

2.1 계측시스템 선정

(1) 계측기기, 스위치박스, 데이터 수집 장치(Data Logger), 기록기, 데이터 저장 및 분석을 위한 컴퓨터, 그 밖의 주변기기 등을 포함한 계측 자료 획득시스템과 계측 자료 전송시스템을 포함하여 계측에 필요한 모든 장치 및 운용시스템의 선정은 총칙편의 2. 재료를 참고하여 상세한 현장조사를 실시한 후 선정하여야 한다.

3 시공

3.1 계측기기의 설치

(1) 계측책임자는 계측기기의 제작사가 제공한 지침서에 명시된 절차에 따라서 정확하게 기기를 설치하여야 한다.

(2) 계측기기 설치는 공사 중 또는 공사 완료 후 공용중에 이루어지며, 예상치 못한 문제에 접하게 될 경우 수정에 어려움을 받게 되므로 원활한 기기설치를 위해서는 계측수행팀과 시공자, 감독자간의 상호 공조체계가 구성되어 계측기기가 정상적인 기능을 발휘할 수 있도록 정밀하게 설치하여야 한다.

3.2 계측빈도

(1) 계측빈도는 터널의 용도, 규모, 지반조건, 시공이력 등을 고려하여 결정하되 계측결과에 따라 적절히 조정할 수 있다.

(2) 일상적인 터널 유지관리 기간 동안은 정기계측을 시행하고, 지진, 홍수, 화재, 사고 등이 발생하거나 터널구조물에 인접하여 공사가 시행될 경우에는 계측빈도를 조정하여 특별계측을 실시하여야 한다.

【표 33】 터널 유지관리계측 측정빈도

구조물 경과년도	측정빈도(수동계측)
준공시	초기치 측정
준공후 1년간	4회/년
준공후 2~3년간	2회/년
준공후 4~10년간	1회/년
준공후 10년	종합측정
준공후 10년경과	1회/2년
- 자동계측의 경우 1회/일 이상을 원칙으로 한다.	

3.3 계측관리 기준

(1) 계측관리기준은 지반의 거동상태, 콘크리트 라이닝의 역학적인 조건, 인접구조물의 안전한계 등에 의하여 결정되므로 기 현장여건을 고려하여 결정하여야 한다. 일반적으로 실내시험, 이론 및 수치해석, 그리고 초기 시공실적 및 유사한 조건을 갖는 터널의 계측결과를 토대로 종합적으로 검토하여 결정하는 것이 합리적인 방법이다.

【표 34】 터널 유지관리계측 관리기준

계측항목	계측관리기준			비 고
	안 전	주 의	정밀분석	
콘크리트라이닝 내공단면 변형률	0.16%	0.2%	0.24%	◦ 전단면 내공변위계 • 허용 변형률= 0.0016(0.16%) - 콘크리트가 탄성 범위내에서 거동하는 최대변형률(0.002) 80%를 적용
콘크리트라이닝 내공단면 변위	± 4mm	± 5mm	± 6mm	◦ 3차원 광파기 측정 (수평, 수직, 내공변위) • 허용 변위량= ± 4mm (철도복선터널기준) (일본 동경교통국 관리기준치(± 5mm)의 80%를 적용)
콘크리트라이닝 휨 압축응력	0.8fca	1.0fca	1.2fca	허용휨압축응력 (fca=0.4fck)
콘크리트라이닝 휨 인장강도	0.8fr	1.0fr	1.2fr	휨인장강도인 파괴계수($fr=2\sqrt{f_{ck}}$)
콘크리트라이닝 철근응력	0.8fsa	1.0fsa	1.2fsa	허용응력(fsa=0.5fy)
터널 토압	0.8P	1.0P	1.2P	P는 설계 토압
터널 간극수압	0.8μ	1.0μ	1.2μ	μ는 설계 간극수압

CHAPTER

23 댐 유지관리계측

1 일반사항

1.1 적용범위

(1) 본 공 후 사용기간 중에 담수 및 주변지반거동, 축조재료특성 변화 등의 영향으로 인하여 발생하는 댐체 거동과 응력상태 등을 측정하여 설계시의 불확정성 확인 및 안정성 평가 등의 안전관리 기본자료를 취득하여 댐구조물의 손상 및 이상거동 여부에 관한 정보를 관리주체에 조기에 제공함으로서 그에 따른 대책을 세울 수 있도록 하여 댐의 안정성을 확보하기 위해 실시하는 계측에 적용한다.

(2) 본장에 명시되어 있지 않은 사항은 총칙의 내용에 준하고, 총칙에도 명시되어 있지 않은 사항은 관련 전문시방서 또는 전문서적에 의한다.

1.2 계측 대상 선정

(1) 댐 구조물 유지관리계측은 공사 중 안전 및 품질관리뿐만 아니라 유지관리를 위해 설치한 계측기기를 연속성 있게 활용하여 계측하는 것을 원칙으로 한다.

(2) 유지관리 중인 댐에서 댐에 인접하여 건설공사와 같이 댐에 영향을 줄 수 있는 범위내에서 주변지반의 변화가 발생되거나, 댐의 붕괴 발생시 사회·경제적으로 미치는 영향이 큰 것으로 판단되는 경우 관리주체의 판단에 의거 계측관리 대상으로 선정할 수 있다.

1.3 계측계획의 수립

(1) 유지관리계측 계획은 댐의 형식, 규모, 용도, 지반조건, 주변환경, 계측의 목적 등을 고려하여 체계적으로 계획을 수립하여야 한다.

(2) 공사 중 안전 및 품질관리뿐만 아니라 유지관리를 위해 설치한 계측기기를 연속성 있게 활용하는 경우 공사 중 실시한 계측결과를 분석하고, 유지관리계측에 적합한지를

검토하여 유지관리계측 계획을 수립하여야 한다.

(3) 유지관리계측을 위해 신규로 계측기기를 설치하고자 하는 경우에는 안전성 평가 결과를 면밀히 분석하여 계측계획을 수립하여야 한다.

1.4 계측단면의 선정

(1) 유지관리계측을 위해 신규로 계측기기를 설치하고자 하는 계측단면은 안전성 평가 결과를 참조하여 댐의 안전에 가장 영향이 큰 단면을 선정하여야 한다.

1.5 계측항목의 선정

(1) 유지관리를 위한 계측항목은 댐의 형식, 규모, 용도, 지반조건, 주변환경 등을 고려하여 선정하여야 하며, 기본적으로 시공중 설치, 운용된 계측기기(댐체의 변형, 응력, 간극수압, 기초의 간극수압, 양압력, 차수벽 변형 등)을 준공 후까지 유지관리계측으로 전환하여 사용하며, 댐체 및 기초를 통과한 침투수량, 지진시 기초와 댐체의 응답가속도 등을 측정하여야 한다.

(2) 중심코어형 사력댐은 유지관리중 댐체의 변형, 응력, 간극수압, 기초의 간극수압, 댐체 및 기초를 통과한 침투수량, 지진시 기초와 댐체의 응답가속도 등을 측정하여야 한다.

(3) 콘크리트댐은 유지관리중 댐체의 응력, 변형, 휨변형량 및 콘크리트 내부응력, 기초의 간극수압, 댐체에 작용하는 양압력, 댐체 및 기초를 통과한 침투수량, 지진시 기초와 댐체의 응답가속도 등을 측정하여야 한다.

(4) 콘크리트 표면차수벽형 석괴댐(CFRD)은 중심코어형 사력댐에서의 댐체 변형과 응력, 차수벽의 변형과 응력, 차수벽 이음부의 변형, 차수벽과 플린스 이음부의 변형, 기초의 간극수압, 댐체 및 기초를 통과한 침투수량, 지진시 기초와 댐체의 응답가속도 등을 측정하여야 한다.

1.6 계측기기의 배치

(1) 유지관리계측을 위해 신규 설치되는 계측기기는 형식 및 규모, 지반조건, 현장조건, 기존 공사 중 계측결과 등을 고려하여 안전관리가 필요한 위치에 계측기기를 배치하여야 한다.

(2) 구조적으로 가장 위험한 단면을 주 계측단면으로 선정하며, 높이 15m 이상의 대댐에서는 3개 이상의 주 계측단면을 설정하여 계측기기를 배치하여야 한다. 계측목적을 고려하여 각 계측기기는 서로의 연관성을 유지하도록 하며, 가능한 한 동일단면에 배치하여야 한다.

(3) 계측기기 설치수량은 기존댐의 설치 실례와 운영실적을 참고하여 정하되 운영기간중의 고장 등을 고려하여 20% 정도의 여유물량을 추가하여야 한다.

(4) 토압은 최대 토압이 작용하는 위치에서 수평, 45°, 135° 비탈면의 3방향별 측정을 할 수 있도록 배치하는 것을 원칙으로 한다.

(5) 댐체의 외부변형은 전체적인 변형거동을 파악할 수 있도록 상류 비탈면, 하류 비탈면, 정상부에 계측기기를 충분히 배치하여야 한다. 외부변형 측정시는 댐의 영향권에서 벗어난 위치에 인근의 국가에서 설치한 1등 수준점에서 측량된 기준점을 설치하고 관리하여야 한다.

(6) 간극수압측정은 댐체 단면중 큰 단면을 포함한 적정 계측단면을 선정한 후, 기초 암반층과 댐체 사이에서 할 수 있도록 배치하되, 저수위별 침윤선을 예상하여 침윤선 해석이 가능하도록 계측단면상의 상류 및 하류부에 계측기기를 적정간격으로 배치하여야 한다.

(7) 콘크리트댐의 변형 측정은 설계도서, 단면조건, 하중조건, 현장상황, 주변 지반조건 등을 고려하여 큰 변위발생 부위를 선정하여 콘크리트 변위를 계측할 수 있는 계측기기를 배치하여야 한다. 수직이음 변위 측정기기는 수직 이음부에 매설되도록 배치하여야 한다.

(8) 콘크리트 표면차수벽형 석괴댐의 변위측정은 콘크리트 차수벽과 프린스 이음부에서 3방향별 변위를 측정할 수 있도록 배치하여야 한다.

(9) 경사측정용 계측기기는 중심코어형 사력댐의 경우 댐체 심벽, 콘크리트 표면차수벽형 석괴댐의 경우 콘크리트 표면차수벽 표면 또는 내부에 배치하여야 한다.

(10) 침투수량 측정장치는 중심코어형 사력댐 및 콘크리트 표면차수벽형 석괴댐의 경우 하류측 기초부, 제체 내부, 콘크리트댐의 경우 갤러리 내부에 설치하여야 하며, 중요구간은 격벽과 별도의 측정장치를 설치하여 총량뿐만 아니라 구간별 침투수량을 측정할 수 있도록 배치하여야 한다.

(11) 댐의 동적거동에 대한 정보를 측정하기 위하여 지진 응답가속도를 기초암반, 양안 암반, 댐체 내부, 중간 표고부 또는 댐 비탈면에 배치하여야 한다.

2 재료

2.1 계측시스템 선정

(1) 계측기기, 스위치박스, 데이터 수집 장치(Data Logger), 기록기, 데이터 저장 및 분석을 위한 컴퓨터, 그 밖의 주변기기 등을 포함한 계측 자료 획득시스템과 계측 자료 전송시스템을 포함하여 계측에 필요한 모든 장치 및 운용시스템의 선정은 총칙편의 2.재료를 참고하여 상세한 현장조사를 실시한 후 선정하여야 한다.

3 시공

3.1 계측기기의 설치

(1) 지중에 매설되는 계측기기는 지반의 교란을 최소화할 수 있는 천공장비를 사용하여 설치하여야 한다.

(2) 토압 측정기기의 측정면이 토압작용방향을 향하여 수직이 되도록 설치한 후 움직이지 않도록 고정하여야 한다.

(3) 간극수압 측정용 팁은 설치전 24시간 동안 정수에 담가놓고, 직사광선을 받지 않도록 하여야 하며, 보관후 케이블에 지시계를 연결한 후 읽음 값이 동일하게 나와 공극이 없다고 판단될 때 설치하여야 한다.

(4) 중심코어형 사력댐 및 콘크리트 표면차수벽형 석괴댐의 침투수량 측정장치는 댐체와 기초부의 침투수량을 측정하기 위해 제체 내부에 집수벽을 설치하여 강우에 의한 댐 비탈면 지표수 유입을 최소화하고, 중요 구간은 격벽과 별도의 유량측정장치를 설치하여 총량뿐만 아니라 구간별 침투수량을 측정할 수 있도록 설치하여야 한다.

(5) 콘크리트댐의 침투수량 측정장치는 기초암반부의 댐체에 설치한 내부점검통로와 연결된 배수공을 통한 배수량과 블록조인트를 통한 누수량을 측정할 수 있도록 설치한다.

(6) 지진 응답가속도 측정기기는 설치위치에 따라 맨홀형(댐체 상부), 시추공 설치(심부 기초암반, 댐체 내부), 구조물 부착형(댐체 외부)으로 설치할 수 있다.

3.2 계측빈도

(1) 유지관리중 계측기간은 아래와 같이 3단계로 구분하며, 댐의 거동이 정상상태에 이른다는 것은 계측결과상의 추가적인 이상변화가 없는 시점을 의미한다. 계측결과 및 현장여건, 지반조건을 감안하여 계측빈도를 변경하고자 할 경우에는 계측자료 분석 등을 통하여 변경의 타당성을 확보하고 감독자의 확인을 받은 후에 조정할 수 있다.

- 제1기 : 담수시작 후 만수 또는 이후 3개월간
- 제2기 : 제1기 경과 후 댐의 거동이 정상상태에 이를 때까지
- 제3기 : 제2기 경과 후

【표 35】 계측기간에 따른 댐 형식별 계측빈도

댐형식	측정항목	제1기	제2기	제3기	비고
중심 코어형 사력댐	침투수량	1회/일	1회/주	1회/월	지진응답가속도는 상시계측을 원칙으로 함.
	댐체변형	1회/주	1회/월	1회/분기	
	간극수압	1회/주	1회/월	1회/분기	
	응력, 토압	1회/주	1회/월	1회/분기	
콘크리트 댐	침투수량	1회/일	1회/주	1회/월	
	양압력	1회/주	1회/월	1회/분기	
	간극수압	1회/주	1회/월	1회/분기	
	온도	1회/주	1회/월	1회/분기	
	응력, 무응력	1회/주	1회/월	1회/분기	
	이음부개도	1회/주	1회/월	1회/분기	
	플럼라인	1회/주	1회/월	1회/분기	
CFRD	침투수량	1회/일	1회/주	1회/월	
	댐체 변형	1회/주	1회/월	1회/분기	
	차수벽 변형	1회/주	1회/월	1회/분기	
	응력, 토압	1회/주	1회/월	1회/분기	
	간극수압	1회/주	1회/월	1회/분기	

(2) 각 계측항목별 결과는 상호 비교분석이 필요하므로 관련 계측항목은 동일시기에 측정을 실시하고, 그 중 빈도가 높은 것은 별도로 측정하여야 한다.
(3) 일상적인 댐 유지관리 기간 동안은 정기계측을 시행하고 이상홍수, 지진, 사고 등 댐 안정성에 영향을 미치는 현상이 발생하거나 댐구조물에 인접하여 공사가 시행될 경우에는 계측빈도를 조정하여 특별계측을 실시하여야 한다.

3.3 계측 기간

(1) 계측기간이 3기에 접어들었을 경우는 응력, 토압, 온도에 대한 계측 필요성 및 신뢰성을 검토하여 계속측정 여부를 결정하여야 한다.

CHAPTER 24 하천제방 유지관리계측

1 일반사항

1.1 적용범위

(1) 본 장에서는 제방이 완공된 후 사용기간 중에 홍수위 및 주변지반거동, 축조재료특성 등의 영향으로 인하여 발생하는 제체 거동과 응력상태 등을 측정하여 제방구조물의 손상 및 이상거동 여부에 관한 정보를 관리주체에 조기에 제공함으로서 그에 따른 대책을 세울 수 있도록 하여 제방의 안정성을 확보하기 위한 안전관리 기본자료를 취득하기 위한 계측에 적용한다.

(2) 본 장에 명시되어 있지 않은 사항은 총칙의 내용에 준하고, 총칙에도 명시되어 있지 않은 사항은 관련 전문시방서 또는 전문서적에 의한다.

1.2 계측 대상 선정

(1) 하천제방의 유지관리계측은 공사 중 안전 및 품질관리뿐만 아니라 유지관리를 위해 설치한 계측기기를 연속성 있게 활용하여 계측하는 것을 원칙으로 한다.

(2) 유지관리계측을 신규로 설치하고자 하는 하천제방은 제방에 영향을 줄 수 있는 범위 내에서 건설공사를 하는 경우나 제방 붕괴시 사회·경제적으로 미치는 영향이 큰 것으로 판단되는 경우 관리주체의 판단에 의거 계측대상으로 선정할 수 있다.

1.3 계측계획의 수립

(1) 공사 중 안전 및 품질관리뿐만 아니라 유지관리를 위해 설치한 계측기기를 연속성 있게 활용하는 경우 공사 중 실시한 계측결과를 분석하고, 유지관리계측에 적합한지를 검토하여 유지관리계측 계획을 수립하여야 한다.

(2) 유지관리계측을 위해 신규로 계측기기를 설치하고자 하는 경우에는 안전성 평가 결과를 면밀히 분석하여 계측계획을 수립하여야 한다.

1.4 계측단면의 선정

(1) 계측단면의 산정은 제방 규모 및 형식, 선형, 제내지의 폭변화, 제방 기초지반을 고려하여 제방의 안전성 평가를 참고하여 주계측단면을 결정한다.

1.5 계측항목의 선정

(1) 제방 구조물 유지관리계측은 공사 중 설계된 계측기기를 연속성 있게 활용하여 계측하는 것을 원칙으로 한다.

(2) 유지관리를 위한 계측항목은 제방의 규모, 용도, 지반조건, 주변환경 등을 고려하여 선정한다.

(3) 제방은 유지관리중 제체의 변형, 기초침하, 수평변위, 간극수압, 지하수위, 제체 및 기초를 통과한 침투수량 등을 측정하여야 한다.

1.6 계측기기의 배치

(1) 유지관리계측을 위해 배치되는 계측기기는 형식 및 규모, 지반조건, 현장조건, 기존 공사 중 계측결과, 공용기간중의 제방의 이력, 제방붕괴시 피해 영향정도 등을 고려하여 안전관리가 필요한 위치에 충분한 수량을 배치한다.

(2) 각 계측기기는 서로의 연관성을 유지하도록 하며, 가능한 한 동일단면에 배치하여야 한다.

(3) 제방의 외부변형은 전체적인 변형거동을 파악할 수 있도록 제내지 비탈면, 제외지비탈면, 둑마루에 충분히 배치되어야 한다. 외부변형 측정시는 댐의 영향권에서 벗어난 위치에 인근의 국가에서 설치한 1등 수준점에서 측량된 기준점을 설치하고 관리하여야 한다.

(4) 간극수압측정은 기초지반과 제방 사이에 간극수압계를 배치하되 저수위별 침윤선을 예상하여 침윤선 해석이 가능하도록 계측단면상의 상류 및 하류부에 적정간격으로 배치하여야 한다.

(5) 침투수는 제방의 제내지측 비탈끝 기초부에 집수정을 통해 집수되어 하류측으로 배수되므로 제외지측 기초부, 제체 내부에 배치한다. 침투수량과 함께 파이핑의 발생을 탐지하기 위해 침투수의 탁도도 병행하여 측정한다.

2 재료

2.1 계측시스템 선정

(1) 계측기기, 스위치박스, 데이터 수집 장치(Data Logger), 기록기, 데이터 저장 및 분석을 위한 컴퓨터, 그 밖의 주변기기 등을 포함한 계측 자료 획득시스템과 계측 자료 전송시스템을 포함하여 계측에 필요한 모든 장치 및 운용시스템의 선정은 총칙편의 2. 재료를 참고하여 상세한 현장조사를 실시한 후 선정하여야 한다.

3 시공

3.1 계측기기의 설치

(1) 제방변위 측정용 계측기기는 제방과 일체 거동을 하도록 단단히 설치한다.

(2) 간극수압 측정용 팁은 설치전 24시간동안 정수에 담궈놓고, 직사광선을 받지 않도록 하여야 하며, 보관후 케이블에 지시계를 연결한 후 읽음 값이 동일하게 나와 공극이 없다고 판단될 때 설치하여야 한다.

(3) 침투수량 측정장치는 제체와 기초부의 침투수량을 측정하기 위해 제체 내부에 집수벽을 설치하여 강우에 의한 제방 비탈면 지표수 유입을 최소화한 상태에서 침투수량을 측정할 수 있도록 설치하여야 한다.

3.2 계측빈도

(1) 유지관리중 계측기간은 아래와 같이 3단계로 구분하며, 제방의 거동이 정상상태에 이른다는 것은 계측결과상의 추가적인 이상변화가 없는 시점을 의미한다.

- 제1기 : 제방 준공후 또는 이후 3개월간
- 제2기 : 제1기 경과후 제방의 거동이 정상상태에 이를 때까지
- 제3기 : 제2기 경과후

【표 36】 계측기간에 따른 제방 형식별 계측빈도

측정항목	제1기	제2기	제3기
침투수량	1회/일	1회/주	1회/월
제체변형	1회/3일	1회/2주	1회/월
간극수압	1회/3일	1회/2주	1회/월

(2) 계측결과 및 현장여건, 지반조건을 감안하여 각 제방 형식별 계측빈도를 변경하고자 할 경우에는 계측자료 분석 등을 통하여 변경의 타당성을 확보하고, 감독자의 확인을 받은 후에 조정할 수 있다.

(3) 각 계측항목별 결과는 상호 비교분석이 필요하므로 관련 계측항목은 동일시기에 측정을 실시하고, 그 중 빈도가 높은 것은 별도로 측정하여야 한다.

(4) 일상적인 제방 유지관리 기간 동안은 정기계측을 시행하고, 이상홍수, 지진, 사고 등 제방 안정성에 영향을 미치는 현상이 발생하였거나 제방구조물에 인접하여 공사가 시행될 경우에는 계측빈도를 조정하여 특별계측을 실시하여야 한다. 특별계측 후 즉각적인 분석을 실시하여, 제체 및 구조물의 이상 유무를 판정하고, 이상이 있을시는 항구적인 대책을 강구하여야 한다.

3.3 계측 기간

(1) 계측기간이 3기에 접어들었을 경우는 정밀안전진단을 통해 현장조사 계측 필요성 및 신뢰성 및 안전성을 확인한 후 계속측정 여부를 결정하여야 한다.

CHAPTER

25 항만 유지관리계측

1 일반사항

1.1 적용범위

(1) 본 장에서는 항만 구조물이 완공된 후 사용기간 중에 조위변화 및 주변지반거동, 타워 크레인 가동, 선박접안 등의 영향으로 인하여 발생하는 항만구조물(케이슨, 안벽 등) 및 주변지반의 거동을 관측하고, 항만구조물의 손상 및 이상거동 여부에 관한 정보를 관리주체에 조기에 제공함으로서 그에 따른 대책을 세울 수 있도록 하여 안정성을 확보하기 위해 실시하는 계측에 적용한다.

(2) 본 장에 명시되어 있지 않은 사항은 총칙의 내용에 준하고, 총칙에도 명시되어 있지 않은 사항은 관련 전문시방서 또는 전문서적에 의한다.

1.2 계측 대상 선정

(1) 항만 구조물 유지관리계측은 공사 중 안전 및 품질관리뿐만 아니라 유지관리를 위해 설치한 계측기기를 연속성 있게 활용하여 계측하는 것을 원칙으로 한다.

(2) 유지관리계측을 위해 신규로 계측기기를 설치하고자 하는 경우에는 항만의 기능에 문제 발생시 사회·경제적으로 미치는 영향이 큰 것으로 판단되는 경우 관리주체의 판단에 의거 계측관리 적용대상으로 선정할 수 있다.

1.3 계측계획의 수립

(1) 공사 중 안전 및 품질관리뿐만 아니라 유지관리를 위해 설치한 계측기기를 연속성 있게 활용하는 경우, 공사 중 실시한 계측결과를 분석하고, 유지관리계측에 적합한지를 검토하여, 유지관리계측 계획을 수립하여야 한다.

(2) 유지관리계측을 위해 신규로 계측기기를 설치하고자 하는 경우에는 항만의 형식 및 규모, 기초지반조건, 현장조건, 기존 공사 중 계측결과, 정밀안전진단 결과를 면밀히

분석하여 계측계획을 수립하여야 한다.

1.4 계측단면의 선정

(1) 계측단면의 선정은 현장 상황을 대표할 수 있는 단면, 큰 변형이 예측되는 단면, 붕괴시 가장 영향범위가 큰 단면을 선정하여야 하고, 구조적으로 가장 위험한 단면을 주 계측단면으로 선정하여야 한다.

(2) 항만구조의 주계측단면은 안정검토를 실시하여 최저 안전율이 산정되는 단면으로 결정하여야 한다.

1.5 계측항목의 선정

(1) 항만 운영을 위한 상부 시설물(안벽, 크레인, 케이슨 등)의 변형(침하, 수평변위)을 측정하여야 한다. 항만 유지관리중 조위, 선박접안, 타워크레인 가동 등에 대한 항만 구조물(케이슨, 타워크레인 레일)의 침하 및 변위(기울기)를 측정하여 항만 구조물의 이상 유무를 파악할 수 있어야 한다.

(2) 항만구조물과 인접한 주변 지반의 장기적인 거동(침하, 수평변형)을 측정하여야 하며, 추가적으로 조위와 지반의 수위변화도 함께 측정하여야 한다. 항만 구조물 인접 지반의 장기 침하 및 수평변형을 측정하여 지속적인 지반변형여부 파악과 함께 항만 구조물에 미치는 영향을 분석할 수 있어야 한다. 또한 조위와 지하수위의 차이에 의한 항만구조물의 영향을 분석할 수 있어야 한다.

(3) 만구조물의 동적 거동에 대한 정보를 필요로 하는 특등급 항만의 경우 지진응답계측기를 설치하고, 정상상태가 유지될 수 있도록 관리하여야 하며, 유지관리 내진설계기술개발 및 개선에 필요한 자료 확보를 위하여 관할기관은 지진계를 설치하고, 운영할 수 있다.

1.6 계측기기의 배치

(1) 항만 운영을 위한 상부 시설물(안벽, 크레인 레일, 케이슨)의 직접적인 침하 및 수평변위는 단면조건, 하중조건, 현장상황, 주변 지반조건, 시공중 계측시 변위량이 많은 지점 등을 고려하여 배치하여야 한다. 또한 동일한 위치에 지하수위 측정 계측기기를 배치한다.

(2) 항만 구조물의 변형 측정은 케이슨, 타워크레인 레일에 일정간격으로 배치하는 것을 원칙으로 한다. 변위 측정 계측기기는 항만 운영에 영향을 받지 않는 위치에 배치되어야 한다.

(3) 항만의 상부구조의 침하를 반사경과 광파기 등의 측량기기 또는 전자레벨을 이용하여 계측관리하는 경우에는 인근의 국가에서 설치한 1등 수준점에서 측량된 기준점을 배치하고 관리하여야 한다.

(4) 조위측정은 항만내에서 조위를 대표할 수 있는 위치에 계측기기를 배치한다.

(5) 항만구조물의 동적거동에 대한 정보를 필요로 하는 경우에는 지진 응답가속도계를 기초암반과 항만구조물에 배치한다. 항만구조물에는 표면 부착형 지진계를 배치하고 기초암반에는 시추공형 지진계를 배치한다.

2 재료

2.1 계측시스템 선정

(1) 계측기기, 스위치박스, 데이터 수집 장치(Data Logger), 기록기, 데이터 저장 및 분석을 위한 컴퓨터, 그 밖의 주변기기 등을 포함한 계측 자료 획득시스템과 계측 자료 전송시스템을 포함하여 계측에 필요한 모든 장치 및 운용시스템의 선정은 총칙편의 2. 재료를 참고하여 상세한 현장조사를 실시한 후 선정하여야 한다.

3 시공

3.1 계측기기의 설치

(1) 항만 운영을 위한 상부 시설물(안벽, 케이슨, 크레인 레일)의 직접적인 침하 및 수평변위 측정장치는 항만 운영상에 영향을 주지 않는 곳에 구조물의 손상을 최소화하고 경비절감, 잡신호제거 및 유지관리가 용이한 최적지점에 설치하여야 한다.

(2) 주변지반의 침하 및 지중수평 측정장치는 항만 운영상에 영향을 주지 않는 곳에 기반암 또는 이와 유사한 견고한 층까지 천공하여 기준점이 흔들리지 않도록 설치하여야 한다.

(3) 지진응답게이지들은 자유장 계측기, 기초부 계측기(지표 및 지중), 항만시설물 계측기(구조물 외부), 액상화 계측기(매립지반)를 설치할 수 있다.

3.2 계측빈도

(1) 유지관리중 계측기간은 3단계로 구분하여 정기적인 계측을 실시하여야 한다.
- 초기계측단계 : 항만 축조 후 1년간
- 일상계측단계 : 초기계측단계 경과 후 정상상태가 유지될 때
- 긴급계측단계 : 항만 축조 후 이상징후 발생시 또는 태풍, 지진등이 발생할 경우 한시적으로 시행

【표 37】 항만 유지관리계측의 계측빈도

구분	측정항목	초기계측단계	일상계측단계	긴급계측단계	비고
항만구조물	구조물 침하	1회/일	1회/주	1회/1시간	지진 응답가속도는 상시계측을 원칙으로 함.
	구조물 수평변위 (기울기)	1회/일	1회/주	1회/1시간	
	크레인 레일 침하	1회/일	1회/주	1회/1시간	
주변지반	지반침하	1회/일	1회/주	1회/1시간	
	지중수평거동	1회/일	1회/주	1회/1시간	
	지하수위계	1회/일	1회/주	1회/1시간	
조위	조위계	1회/1시간	1회/1시간	1회/1시간	

(2) 각 계측항목별 결과는 상호 비교분석이 필요하므로 관련 계측항목은 동일시기에 측정을 실시하고, 그 중 빈도가 높은 것은 별도로 측정하여야 한다.

(3) 일상적인 유지관리 기간 동안은 정기계측을 시행하고 지진, 태풍, 화재, 사고 등이 발생하는 경우에는 계측빈도를 조정하여 특별계측을 실시하여야 한다.

(4) 계측빈도는 계측결과 및 현장여건, 지반조건을 감안하여 계측빈도를 변경하고자 할 경우에는 계측자료 분석 등을 통하여 변경의 타당성을 확보하고 관리주체의 승인을 받은 후에 조정할 수 있다.

3.3 계측결과의 정리 및 분석

(1) 항만 구조물 변위 측정결과는 경시변화 및 변형속도, 부등침하 발생여부 등을 통해 안정화여부를 판단하며, 침하량 및 수평 변위량을 분석하여 안정성여부를 분석하고 상호 영향 여부를 분석한다.

(2) 항만 구조물 주변지반의 변위 및 지하수위 측정을 통해 항만 구조물 인접 지반의 장기 침하 및 수평변형을 분석하여 지속적인 지반변형여부 파악과 함께 항만 구조물에 미치는 영향을 분석한다.

(3) 지하수위 측정결과를 이용하여 조위변화에 따른 수위변화 양상을 분석하고, 조위변화에 따른 변위발생량을 분석하여 항만 구조물의 안정성을 평가한다.

(4) 지진시 응답가속도 측정 결과는 지진시 항만구조물의 동적거동에 대한 정보를 측정하여 지진시 또는 지진 발생 후 항만구조물의 안정성을 확인하고, 내진설계의 가정을 검증하며 설계이론을 개선할 뿐만 아니라, 지진시 항만구조물의 지진 응답가속도 특성을 검토하여 점검기준 수준을 설정하고, 향후 지진시 그 기준 초과시 항만구조물 정밀점검, 거동계측분석을 통해 신속한 대책을 수립하여야 한다.

(5) 계측 분석결과 항만구조물의 안전성에 영향이 있다고 판단되는 경우에는 이에 대한 적절한 응급조치를 취하고, 그 원인을 규명하여 항구적인 대책을 강구하여야 한다.

CHAPTER

26 건축물 유지관리계측

1 일반사항

1.1 적용범위

(1) 본 장에서는 건축물의 유지관리 중 안전관리를 위한 계측에 적용한다.

(2) 유지관리 중 계측은 기울기, 변위, 하중, 침하 등을 계측함으로서 건축물의 궁극적 안전을 도모하기 위해 수행하며, 본 시방서에서 명시하는 계측은 다음 항과 같다.

① 장경간 건축물에서 처짐 관리가 필요한 건축물의 처짐 계측

② 초고층 건축물에서 기둥의 축소량 계측

③ 건축물의 안전에 유해한 것으로 의심되는 균열 발생 시 균열계측

④ 인접건물 시공으로 인한 굴착공사, 진동 등의 영향으로 대상 건물에 손상 발생 또는 손상발생 우려 시의 계측

⑤ 큰 응력이 발생하는 매우 중대한 구조부재의 응력 계측

⑥ 매우 중요한 건축물의 주요 구조부재에 대한 변형률 계측

(3) 본 장에 명시되어 있지 않은 사항은 총칙의 내용에 준하고, 총칙에도 명시되어 있지 않은 사항은 관련 전문시방서 또는 전문서적에 의한다.

1.2 계측 대상 선정

(1) 건축물 유지관리계측은 공사 중 안전 및 품질관리뿐만 아니라, 유지관리를 위해 설치한 계측기기를 연속성 있게 활용하여 계측하는 것을 원칙으로 한다.

(2) 유지관리계측을 신규로 설치하고자 하는 건축은 정밀안전진단을 통하여 건축물의 안전성을 평가하여 구조물의 안전에 문제가 있다고 판단하는 경우 관리주체의 판단에 의해 계측대상으로 선정할 수 있다.

(3) 유지관리중인 건축물에서 안전성에 문제가 없다고 판단된다 할지라도 붕괴 발생시 사회·경제적으로 미치는 영향이 큰 것으로 판단되는 경우와 초고층건물의 경우는 관리주

체의 판단에 의거 계측관리 적용대상을 조정할 수 있다.

1.3 계측계획의 수립

(1) 공사 중 안전 및 품질관리뿐만 아니라 유지관리를 위해 설치한 계측기기를 연속성 있게 활용하는 경우, 공사 중 실시한 계측결과를 분석하고, 유지관리계측에 적합한지를 검토하여, 유지관리계측 계획을 수립하여야 한다.

(2) 유지관리계측을 위해 신규로 계측기기를 설치하고자 하는 경우에는 구조물의 안전성 평가 결과를 면밀히 분석하여 계측계획을 수립하여야 한다.

(3) 초고층건축물의 경우 기둥축소량 해석 이전에 압축강도, 탄성계수, 건조수축, 크리프 시험을 수행하여 기둥축소량 해석이 선행되어야 하며, 이를 참고로 하여 기둥축소량 계측계획을 수립하여야 한다.

1.4 계측단면의 선정

(1) 계측단면의 선정은 건축물을 대표할 수 있는 단면, 큰 변형이 예측되는 단면, 붕괴시 가장 영향범위가 큰 단면을 선정하여야 하고, 구조적으로 가장 위험한 단면을 주 계측단면으로 선정하여야 한다.

(2) 상부구조의 주계측단면은 구조검토 결과를 참고하여 결정하여야 한다.

1.5 계측항목의 선정

(1) 초고층 건축물 또는 동별 층고나 중량의 현저한 차이가 있을 경우, 연약지반에 구축하는 건축물, 주변 공사나 지하수위의 저하, 지반지지력 변화 등에 따른 건물 침하가 우려될 경우 건축물 침하량 및 경사를 측정한다.

(2) 장스팬 건축물, 새로운 구조시스템 또는 대공간 건축물의 지붕 등 구조적 안전성을 면밀히 검토할 필요가 있을 때, 체육관, 공항, 공공청사와 같은 다중이용시설물, 국가기간시설물, 중요시설물 등에서 사용성 및 안전성확인을 위해 처짐관리가 필요할 경우 변위를 측정한다.

(3) 일부 부재 또는 건물이 집중적으로 하중을 받는 경우, 케이블구조, 다중이용시설물, 새로운 형식의 구조물 등 변형률계를 설치하여 구조물의 피해를 사전에 방지하기 위해 변형률 및 응력을 측정한다.

(4) 인장력을 받는 케이블 구조와 같이 구조부재의 손상 또는 파단으로 인해 중대한 구조적 피해가 예상되는 부분에는 작용하는 축력을 측정한다.
(5) 인접현장의 터파기, 터널굴착 등 주변 공사로 인하여 균열이 발생된 구조물은 균열진행성여부를 측정한다. 균열 계측을 하기 이전에 균열의 원인, 균열 형상, 응력상태 등 계측을 하고자 하는 균열에 대한 분석을 먼저 실시하고, 계측관리여부를 판단하여야 한다.
(6) 초고층건물 기둥과 같이 시공 후 탄성수축, 건조수축, 크리프 등의 현상으로 기둥이 축소함으로 인해 구조물의 안전에 영향을 미칠 우려가 있을 경우 기둥축소량을 측정한다.

1.6 계측기기의 배치

(1) 주부재의 안전에 관련된 계측기기는 계측기기 설치 이전에 구조해석을 통해 주부재의 거동 및 응력상태를 파악한 후 배치계획을 수립한다.
(2) 건축물 침하량 및 경사 측정은 구조물의 강성분포와 기초의 강성분포를 고려하여 부등침하 또는 일괄침하 여부를 파악할 수 있는 있도록 배치하며, 계측기기의 설치 위치는 일반적으로 대상 건축물의 주요 수직부재 또는 강성이 높은 수평부재에 설치하여 구조물의 침하를 파악할 수 있어야 한다.
(3) 변위 측정을 위해서는 처짐이 가장 많이 발생하거나 구조부재 중 파손 또는 붕괴유형이 취성적이거나 붕괴되었을 경우 인명 또는 구조물에 치명적 손상이 예측되는 부위에 변위계를 배치한다. 고정프리즘과 광파기 등의 측량기기 또는 광파측거기를 이용하여 레벨을 관리하는 경우, 구조물의 절대침하를 파악할 수 있도록 상대 비교를 위한 기준점으로 국가에서 설치한 인근의 1등 수준점에서 측량된 기준점을 배치하고 관리하여야 한다.
(4) 건축물의 경사를 측정하기 위한 경사계는 대상건축물의 기울기를 가장 잘 나타낼 수 있는 위치에 배치한다.
(5) 변형률계는 계측기는 붕괴유발부재 또는 구조기능상 주요 부재에서 처짐이 가장 많이 발생하거나 변위가 가장 많이 발생할 것으로 예측되는 부위에 배치한다.
(6) 변위 측정을 위한 계측기기는 장스팬, 일부 부재 또는 건축물이 집중적으로 하중을 받는 부재에 배치한다.

(7) 인장력을 받는 케이블의 축력을 측정하기 위하여 설치하는 하중계는 대표부재에 배치한다.

(8) 균열계는 하중에 저항하는 주부재에 발생된 균열에 배치한다.

(9) 기둥축소량 계측기기는 대상 건축물의 수직부재 중에서 최대 하중이 작용하는 부분과 최소하중이 작용하는 기둥을 포함하여 기둥의 파괴 또는 붕괴 시 구조물 전체가 부분적 또는 전체적으로 기능을 유지하지 못하거나 심각한 구조적 손상 및 비구조부재의 기능에 문제가 발생할 우려가 있는 수직부재에 배치한다. 특히 계측기기는 상대비교를 위해 대상 기둥 뿐 아니라 상대변위를 측정할 수 있는 위치에도 설치하여야 한다.

(10) 온도, 습도, 지하수위 등 계측결과에 영향을 주는 인자에 대해서는 대표 단면에 해당 계측기기를 배치한다.

2 재료

2.1 계측시스템 선정

(1) 계측기기, 스위치박스, 데이터 수집 장치(Data Logger), 기록기, 데이터 저장 및 분석을 위한 컴퓨터, 그 밖의 주변기기 등을 포함한 계측 자료 획득시스템과 계측 자료 전송시스템을 포함하여 계측에 필요한 모든 장치 및 운용시스템의 선정은 총칙편의 2. 재료를 참고하여 상세한 현장조사를 실시한 후 선정하여야 한다.

3 시공

3.1 계측기기의 설치

(1) 기둥축소량의 계측기기가 설치되는 기둥은 물리적 축소량 이외의 변수가 작용하지 않도록 하기 위해 균열이나 공극 등 재료적 결함이 없는 기종을 선정하여야 하며, 계측기기는 기둥의 축방향과 나란히 부착하여야 한다.

3.2 계측빈도

(1) 계측 빈도는 재하되는 하중의 변동 빈도, 대상 구조물의 파손·붕괴모드 등을 고려하여 결정되어야 한다.

(2) 계측의 빈도는 계측자료를 정밀분석하여 계측책임자의 확인을 받은 후에 조정할 수 있다.

(3) 침하계의 계측빈도는 변위가 진행 중일 때는 2~3회/1주일 실시하며, 계측자료가 안정되었다고 판단되면 점차 회수를 조절한다.

(4) 변형률 측정은 매주 또는 매월 주기적으로 실시한다.

(5) 응력 측정빈도는 정기적 측정과 부정기적 측정으로 나누어 실시한다. 정기적 측정은 감독자와 설계자 또는 관련자들이 협의하여 그 빈도를 정한다. 부정기적 측정은 바람, 눈 등과 같은 돌발적 하중이 우려될 때 관리자의 판단으로 시행한다.

(6) 기둥축소량 측정은 매주 또는 매달 정기적으로 실시한다.

PART

03

급경사지 계측표준시방서 및 해설서

CHAPTER 27　급경사지 계측표준시방서

CHAPTER 28　급경사지 계측표준시방서 해설서

CHAPTER

27 급경사지 계측표준시방서

급경사지 계측표준시방서 및 해설서는 2016년 6월 국민안전처 지침으로 작성되었으며, 현재는 행정안전부 재난관리실 소관업무이다.

1 일반적 사항

1.1 목적

본 시방서는 「급경사지 재해예방에 관한 법률 시행령」(이하 “시행령”이라 한다) 제4조에 따라 급경사지 붕괴위험지역 지반의 침하・활동・전도 및 붕괴 등에 대한 위치변화와 변형 등 사전에 감지한 계측자료를 특별자치시・도, 시・군·구 재난안전대책본부의 본부장(이하 “시・군·구본부장”이라 한다)에게 실시간 제공하고, 그 데이터의 보존・관리를 위해 상시계측관리에 필요한 사항을 기술하여 인명피해를 예방하는데 그 목적이 있다.

1.2 적용범위

1) 본 시방서는 「급경사지 재해예방에 관한 법률」(이하 “법”이라 한다) 제6조에 따라 붕괴위험지역으로 지정·고시된 급경사지의 상시계측관리가 필요한 경우에 적용한다.
2) 본 시방서의 상시계측관리는 법 제6조에 따라 붕괴위험지역으로 지정·고시된 급경사지 중 정비가 미비하거나, 현실적으로 정비 사업이 불가능한 지역에 적용한다.
3) 본 시방서에 규정되지 않은 사항에 대해서는 대한민국 제정 관련 제 규정 및 시방서나 권위 있는 외국의 시방서를 인용하는 것으로 한다.
4) 객관적으로 품질, 성능이나 경제성이 본 시방서에서 제시된 규정보다 동등 이상으로 유리하다고 판단되면 발주처의 승인을 받아 별도 규정을 적용할 수 있다.
5) 본 시방서는 상시계측관리에 필요한 일반적인 표준규정을 제시한 것으로, 현장 적용에 필요한 세부적인 사항에 대해서는 전문시방서와 공사시방서를 작성하여 시행할 수 있다.

6) 계측기의 종류, 사양, 측정단위, 설치위치 등 세부사항은 해당 공사의 설계도서 및 현장 특별시방서 등에 따른다.

1.3 용어의 설명

1) 급경사지 : 법 제2조제1호 및 시행령 제2조 각 호에서 정의된 것을 말한다.
2) 측정(Measurment) : 장치를 사용하여 물리량(길이, 질량, 온도, 압력 등)을 수치로 나타내는 작업으로서 측정의 대상이 되는 양을 측정량, 측정에 의해 얻어지는 수치를 측정치, 그리고 측정에 사용되는 기계・기구를 측정기 또는 계측기라 한다.
3) 기준점(Reference point): 급경사지에 설치된 계측기기의 상대적 위치를 알기 위해서 계산하거나 측정할 때 표시하는 어떠한 기준이 되는 점을 말한다.
4) 계측(Instrumentation) : 측정 작업뿐 아니라 측정된 데이터의 처리, 분석 작업을 포함하며, 특정의 목적을 위해 사물을 양적으로 받아들이는 방법과 수단을 연구하여 수행하고 그 결과를 바탕으로 어떤 조치를 취하는 것 등을 포함한다.
5) 검사(Inspection) : 어떠한 주어진 규정에 만족하느냐를 결정하는 것을 말한다.
6) 호환성(Interchangeability) : 기계부품이 각각 다른 장소, 시간, 사람에 의해 제작되어 조립하더라도 충분한 기능을 할 수 있도록 하는 것을 말한다.
7) 계측센서 : 외부의 물리적인 자극을 특정한 신호로 변환해 주는 감지 장치를 말한다.
8) 데이터로거 : 계측센서로부터 취득된 데이터(아날로그 신호)를 디지털 신호로 변환해 주는 장치를 말한다.
9) 자동화계측시스템 : 사용자의 개입 없이 계측센서에서 자동적으로 데이터를 수집하여 관리하는 시스템으로서 이미 프로그램으로 된 계측 주기, 전송 주기에 따라 계측센서에서 자동적으로 데이터를 수집하고 입력된 관리기준치에 따라 분석 및 도화의 과정을 수행 할 수 있는 계측관리시스템을 말한다.
10) 정확도(Accuracy) : 계측기기 측정범위의 최대값을 측정했을 때 편차의 절대값과 측정불확도를 합산한 결과[(ㅣ측정값-기준값ㅣ)+측정불확도(신뢰수준 약95 %, k=2)]로서 기준값 FS로 나눈값의 백분율로 표시한 것을 말한다. 여기서 “FS”란 “Full Scale”의 줄임말로 계측센서가 측정 가능한 최대값과 최소값의 차이를 말한다.
11) 정밀도(Precision) : 측정된 양들이 그 값들의 수학적인 평균값에 얼마나 가까운가를 나타낸 것이다. 즉 정밀도는 같은 조건에서 동일한 대상을 반복 측정한 실측치들의 상호 유사 정도를 말한다. 정밀도는 반복성과 같은 뜻으로 해석되기도 한다.

12) 분해능(Resolution) : 계측센서에 있어서 인접한 두 개의 입력신호를 서로 구별하여 처리하는데 필요한 최소한의 입력신호 차이로서 계측기의 측정 최소 읽음 눈금을 나타낸다. 측정값이 전압으로 표현되는 경우 일반적으로 아날로그 센서에서는 0.025 %FS처럼 나타내고, 디지털 센서에서 단계별 표현 가능 전압은 전체 측정범위 전압(Full Scale) V를 2N(N=bit)으로 나눈 것이다. 주로 데이터 측정 장비는 12bit나 16bit를 많이 사용한다.

13) 감도(Sensitivity) : 센서 혹은 측정기가 검지 할 수 있는 최소의 양 또는 최소의 변화량을 의미한다.

14) 잡음(Noise) : 실제 입력신호가 아닌 외부변수의 영향으로 임의적으로 변동되는 측정신호들을 의미한다.

15) 오차(Error) : 측정을 행할 때에는 측정하려는 양에 "이상적으로 맞는 값"이 있음을 무의식적으로 가정하고 있다. 이 값을 참값이라고 하며 측정결과 값과의 차를 오차라 정의한다. 실제로는 참값 대신에 추정치, 예를 들면 다수의 측정치의 평균값을 추정치로 사용하며, 추정치와 측정치 차이를 잔차라 하며 이를 근사적으로 오차라 한다.

16) 스위치박스 : 측점이 많은 경우 수동 측정기만으로 계측기와 연결이 불가능할 때 사용하는 일종의 교환기로서 스캐너라고도 한다.

17) 접지(Earth end) : 보호함, 내부 기기, 전원 접지 단자, 차폐 케이블의 실드 등은 적절하게 접지를 하여 유입된 노이즈(잡음)를 흘려보낼 수 있는 경로를 마련해 주는 것을 말한다.

18) 채널확장장치(Multiplex) : 데이터 취득시스템이 제공하는 채널 수 보다 많은 계측기기를 측정하기 위해서 채널을 확장하는 장치를 말한다.

19) 계측기기 성능검사 : 성능검사 대행자가 계측기기의 성능이 국민안전처장관이 정한 기준에 부합되는지 여부를 검사하는 것을 말한다.

20) 동적범위(Dynamic range) : 장치의 상한 및 하한 사이의 측정할 수 있는 단계의 수를 기록하는데 필요한 비트(bit)의 수를 말한다.

21) 센서보정계수 : 계측기기 측정값으로부터 참값을 구하기 위한 수식의 계수 및 상수를 말한다.

22) 제작사 규격 : 계측기기를 제조한 자가 제공하는 계측기기의 성능에 관하여 규정한 것을 말한다.

23) 측정범위 : 각 계측기기가 측정할 수 있는 최소 및 최대값의 범위를 말한다.

24) 비직선성(Non-linearity) : 계측기기의 입력대비 출력 관계가 이상적인 직선 관계로부터 벗어남의 정도이다. 비직선성에서 나타나는 수치가 작은 계측기기일수록 더 신뢰할 수 있는 계측기기라는 의미이다.

1.4 계측의 분류

1) 급경사지의 계측은 계측목적, 계측기간, 계측시기, 데이터 수집방법, 데이터 전송방법 등의 제반특성에 따라 다음과 같이 분류한다.

【표 1.1】 급경사지 계측 제반특성 분류표

계측목적	계측기간	계측시기	데이터 수집방법	데이터 전송방법
• 안정성 평가계측 • 사용성 평가계측 • 보수보강 계측 • 특별 계측	• 단기 계측 • 장기 계측	• 공사 계측 • 유지관리 계측	• 수동 계측 • 반자동 계측 • 자동 계측	• 유선 계측 • 무선 계측 • 유무선 계측

2) 계측목적에 따른 분류는 아래와 같이 구분한다.

(1) 안정성 평가계측 : 시설물의 안전성 또는 안정성을 평가하기 위하여 실시하는 계측

(2) 사용성 평가계측 : 시설물의 사용성을 평가하기 위하여 실시하는 계측

(3) 보수・보강 계측 : 보수・보강의 효과 및 품질을 평가하기 위하여 실시하는 계측

(4) 특별 계측 : 사고발생 또는 정밀안전진단 시의 내하력 평가 또는 계측대상 시설물의 심층적 거동분석 등 특별한 목적으로 수행되는 계측

1.5 계측계획의 수립

1) 계측계획 수립 시에는 다음 사항을 고려하여야 한다.

(1) 계측대상 시설물의 개요 및 규모

(2) 계측배경과 목적 및 목표

(3) 계측대상 시설물의 구조적 형태(여건, 환경 등의 자료조사 포함)

(4) 계측항목, 계측 범위, 계측위치, 계측 방법 및 시스템의 구성

(5) 계측기기의 종류, 사양 및 수량

(6) 계측오차 발생 가능성에 대한 분석 및 보정방법

(7) 계측기의 설치, 유지관리 방법

(8) 계측 결과의 해석방법
(9) 계측 자료의 보관, 활용 방법 및 체계
(10) 계측 요원의 교육방법

2) 급경사지의 안전성 해석 결과, 상부 및 하부 시설물의 중요도, 차량 및 통행 인구 유무 등의 제반여건을 고려하여 관리주체, 재해위험도 평가책임자 또는 정밀안전진단 책임기술자, 계측 관련 전문기술자 등이 상호 협의하여 수립하도록 한다.
3) 상기 내용에 대한 검토는 공사착공 전 공사감독자와 협의 후 계획전반에 대해 승인을 득하여야 한다.

1.6 계측단면의 선정

1) 계측단면의 선정은 급경사지에 대한 실무경험을 가진 전문가로서 고급기술자 이상의 자격을 가진 자가 해당 급경사지의 재해위험도 평가책임자 또는 정밀안전진단 책임기술자와 협의하여 선정함을 원칙으로 한다.
2) 계측단면은 현장 상황을 대표할 수 있는 단면(구조적으로 취약한 단면, 변형이 예측되는 단면, 붕괴 시 영향 범위가 클 것으로 예상되는 단면 등)을 선정하고 계측기 설치위치는 설치 및 관리가 용이한 곳을 선정하여야 한다.

1.7 기준점의 선정

기준점(Reference point)은 지반변형에 의한 영향을 받지 않는 곳에 설치된 계측기기의 상대적 위치를 용이하게 식별할 수 있도록 선정되어야 하며, 수평 및 수직방향의 움직임이 없도록 고정시켜야 한다.

1.8 계측항목의 선정

1) 계측항목은 계측의 목적과 목표를 달성할 수 있도록 선정한다.
2) 계측항목은 현장여건, 지반상태 등을 고려하여 결과의 신뢰성을 확보할 수 있도록 선정한다.

1.9 계측기기의 배치

1) 계측기기의 배치는 계측의 목적과 목표를 달성할 수 있도록 계측대상과 구간을 정하고, 대상구간 내에 적절히 배치한다.
2) 예·경보의 정확성을 위해 계측대상 급경사지의 규모, 위험도, 붕괴나 활동 등의 위험인자를 교차 또는 상호 비교분석할 수 있도록 일정 범위 내에 가능한 여러 종류의 계측기기를 배치할 수 있다.

1.10 계측기기의 선정

1) 계측기기는 계측목적, 계측기간, 계측항목, 계측대상, 계측방법, 계측환경, 내구성 등을 고려하여 선정하여야 한다.
2) 계측기기는 설치와 측정 및 유지관리가 용이하고, 계측 수행기간 동안의 기능을 유지할 수 있는 품목으로 선정하여야 하며, 계측계획을 수립할 경우 교체 또는 대체가 가능하도록 계측기기 확보 및 운영 계획을 수립하여야 한다.
3) 계측기기는 품질인증을 통과한 제품을 사용하는 것을 원칙으로 하며, 설치 전 「계측기기 성능검사 기준에 관한 규정」에 따라 성능검사에 합격한 제품을 사용하여야 한다.
4) 계측기기는 계측목적에 적합한 정확도를 가져야 하며, 최대 예상변화량 이상의 측정범위를 가져야 한다.
5) 측정시스템은 측정의 편리성, 측정기간 및 빈도 측정방법, 기기의 호환성 및 경제성 등을 고려하여야 한다.
6) 자동측정기기의 경우 이상 작동에 대비하여 수동측정이 가능하도록 조치해야 한다.
7) 산업기술 발달에 따른 새로운 계측기기 및 수입 계측기기는 「계측기기 성능검사 기준에 관한 규정」에 따라 현장 적용한다.
8) 선정대상 계측기기에 대한 도면, 자료 및 시방서를 작성하여 발주처의 사전승인을 받아야 한다.

2 계측시스템

2.1 계측시스템의 구성

1) 계측시스템은 크게 데이터 취득시스템 및 전송시스템으로 구성되며, 향후 시스템 확장 등을 고려하여 구성하여야 한다.
2) 상시 자동화계측시스템의 설계 시 시스템 호환성을 고려하여 통신프로토콜을 규정하고, 데이터파일 형식 등에 대하여는 현장 특별시방서에 수록하여야 한다.

2.2 계측기기의 종류

계측기기는 감지소자(Sensing element)에 따라 분류하고, 대표적인 계측기기의 설명 및 선정 시 고려사항 등을 포함한다.

【표 1.2】 역학계측기기의 감지소자에 따른 분류

역학게이지	대표적 감지소자
응력 및 변형	스트레인게이지(전기저항식, 진동현식, 광섬유 등), 반도체식, 압전소자
변위	스트레인게이지, 포텐셔미터, LVDT, 광학식, 기계식, 공압식, 광섬유
각도	LVDT, 포텐셔미터, 광학식
경사	스트레인게이지, 포텐셔미터 LVDT, 전해질, 광학식 서보가속도센서(+MEMS)
가속도	스트레인게이지, LVDT, 압전소자, 정전용량소자, 서보형, 서보형가속도센서
하중	스트레인게이지, 포텐셔미터, LVDT, 공압식, 유압식, 기계식

2.3 계측 데이터 취득시스템

1) 계측 데이터 취득시스템은 측정의 편리성, 측정빈도, 측정방법, 기기의 호환성 및 경제성 등을 고려하여 구성하고 대상 급경사지의 중요도, 피해발생 시 영향 등을 고려하여 운영방법을 선정한다.
2) 급경사지 붕괴・낙석사고 등의 특성상 피해를 미연에 방지하거나 최소화하기 위해서는 조기에 징후를 감지하는 것이 중요하고, 모니터링과 동시에 신속하게 그 정보를 전달・처리하는 것이 필요하며, 계측 데이터의 수집・처리・해석까지를 일괄하여 처리하는 자동계측을 우선으로 하고, 특별한 경우 발주처와 협의하여 수동계측, 반자동계측을 할 수 있다.

2.4 계측 데이터 통신방법

계측 데이터 통신방법은 주위 환경뿐만 아니라, 유지관리비를 고려하여 결정하도록 하고, 통신 프로토콜은 호환성을 유지할 수 있어야 한다.

2.5 전원 차단기 및 전압 안정기

누전 및 불안정한 전원에 의한 계측시스템의 오작동, 파손, 계측 데이터의 오류를 방지하기 위하여 전원 차단기 및 전압 안정기를 사용하여야 한다.

2.6 보호함

계측기기 및 자동화 계측시스템을 보호하기 위한 보호함은 강우·강설에 의한 습도의 영향이 적고, 고온 및 저온에서 견딜 수 있는 내구성을 갖춘 견고한 방수형 제품을 사용하여야 한다.

2.7 노이즈 필터

노이즈(잡음) 발생이 예상되는 부분에는 적정한 노이즈 필터 장치를 사용한다.

2.8 접지설비

접지설비는 주변 환경과 접지의 용도에 따라 적합한 형태를 선정하여야 한다.

2.9 운영시스템 및 프로그램

1) 운영시스템 및 프로그램은 각 계측기기로부터 자동계측시스템으로 전달되는 신호의 관리, 장비의 제어, 계측 데이터 분석 등 종합기능의 컴퓨터 프로그램으로 사용이 간편하여야 하며, 계측 데이터는 실시간 분석되어 도화된 화면으로 표출되어야 한다.
2) 운영프로그램의 계측 데이터 처리 시 계측 데이터의 이상 유무 판단과 문제가 발생할 경우 해결하기 위한 절차 및 방법, 자동 계측자료 파일 관리, 문서 파일형식(워드, 엑셀, 텍스트 파일 등)으로 출력 기능, 관리기준 초과 시 경보발령 기능을 포함하도록 한다.

2.10 정보 전파

1) 현장 계측결과 계측관리 기준치를 넘어서는 계측 데이터에 대한 정보는 다양한 방식으로 전파될 수 있어야 하며, 관리자에게 발생시점, 계측기기 번호, 계측 데이터 등을 포함한 정보는 실시간으로 전파되어야 한다.
2) 계측관리 기준의 '비상단계'의 데이터 등이 감지된 현장은 계측현장 인근의 피해 가능 주민 및 도로사용자 등에게 즉시 통보할 수 있는 '정보시스템'을 마련하여야 한다.

3 설치 및 시공

3.1 계측기기의 설치

1) 현장에 사용될 계측기기는 사용목적과 현장여건에 적합한 장비를 선정하도록 하며, 설치 전에 각종 장비의 시험성적서, 시방서를 발주처에 제출하고 승인을 얻어야 한다.
2) 계측기기와 계측시스템의 설치 위치는 계측대상 구조물의 훼손이 최소화 되는 곳 중 변위 및 변형감지가 용이한 곳에 설치하여야 한다.
3) 계측기기와 계측시스템은 제작 및 제조사가 제시하는 설치 지침서에 따라 정확히 시공하여야 하며, 설치 전 계측책임자는 설치 지침서 내용을 사전에 검토하여 설치 중 발생할 수 있는 제반 문제점을 파악하고, 대책을 강구하여 시공하여야 한다.
4) 계측시스템의 설치위치는 주변에 변압기 등 잡신호 발생 가능성이 없는 곳과 전원 공급이 유리한 곳으로 선정하고 특히, 우천 시 계측시스템의 작동에 미치는 영향이 가장 적은 곳으로 선정하여야 한다.

3.2 계측기기의 보정

계측기기는 설치 전 및 설치 직후에 동작을 검사하고 필요시 보정하도록 하며, 계측수행 중에도 계측치가 특이하게 변화되는 경우 계측기의 이상 유무를 확인하고 필요시 보정하여야 한다.

3.3 계측시스템의 보호

설치된 계측기기는 주위 환경 및 외부 충격 등에 의해 손상되지 않도록 보호하여야 한다.

3.4 계측 데이터 전송 케이블 설치

1) 계측 데이터의 전송을 위한 케이블은 상시계측용으로서 적합한 형식으로 선정하고, 케이블 포설 계획, 통신 규격과 케이블 연결 및 접속에 대한 설치계획을 수립하도록 한다.
2) 케이블의 접속점이 없이 단일 선으로 구성하도록 하며, 케이블 끝단은 방수 처리하여 측정부터 유지관리까지 물이 침투하지 못하도록 한다.
3) 케이블 연결이 필요한 경우 계측기기와 계측시스템의 제작 및 제조사가 제시하는 방법과 절차에 따라 정확히 시공하여야 한다.

3.5 계측시스템 설치에 따른 검사 및 시험

1) 계측시스템은 현장에서 조립 완성 후 동작검사 및 시험을 거치도록 한다.
2) 현장에서 실시하는 검사는「계측기기 성능검사 기준에 관한 규정」제5조제2항에 따른 외관검사를 실시한다.
3) 설치 공사 후 조정 및 시험을 완료하고, 시운전 시험을 실시한 후 결과 보고서를 작성하여 감독자에게 제출하여야 한다.

3.6 계측기기의 관리

1) 계측기기는 성능 보존 및 계측 결과의 신뢰성 확보를 위하여 제작사가 제시한 방법과 절차에 따라 관리하고, 기기별 표찰과 명찰을 부착하여야 한다.
2) 관리부주의로 인하여 계측기기의 망실이 발생한 경우와 불량 계측기기가 발생한 경우에는 지체 없이 교체하도록 하며, 교체 및 재설치를 할 수 없는 경우에는 전문가의 자문을 통해 별도의 관리방안을 강구하여야 한다.
3) 계측기기에 대한 정기점검을 실시하여야 하며, 정기점검은 시간경과에 의한 데이터 편차 확인을 통한 내구성 판정, 정기적 점검에 의한 판정, 구조물 거동분석 등의 계측 결과 분석에 의한 판정을 종합적으로 고려하도록 규정한다.
4) 효율적인 계측시스템의 유지관리를 위해 단계별 유지관리 계획을 수립하여 계측기기 및 장비를 관리하도록 한다.

3.7 계측의 수행

1) 계측책임자는 계측기기의 특성과 계측기기가 부착된 부재의 거동을 이해할 수 있는 건설 관련 분야의 기술자 등급을 명시하도록 하며, 각 계측항목별 결과는 상호 비교분석이 필요하므로 관련 계측항목은 동일시기에 측정을 실시함을 기본으로 한다.
2) 집중호우 등 급경사지의 안정성에 영향을 미치는 조건이 발생하였을 때는 즉시 측정 및 분석을 실시하여 이상 유무를 판정하고, 이상이 있을 때에는 긴급대책을 강구하여야 한다.

3.8 계측기간

계측기간은 사면이 안정화되는 등 계측목적이 완료되었을 때까지로 하며, 계측결과 분석 및 현장 정밀점검을 통해 급경사지의 지반거동이 안정화 되었다는 전문가의 자문의견이 있을 때까지를 원칙으로 한다.

3.9 계측 데이터의 정리 및 분석

1) 계측 데이터의 정리는 계측 수행 직후에 수행하여야 하며, 현장에서 얻어진 자료는 해당 분야 기술자의 분석을 통해 도표 등으로 가시화하여 감독자에게 즉시 제출하여야 한다.
2) 태풍, 집중호우 등 대상 급경사지의 안정성에 영향을 미치는 조건이 발생하였을 때는 즉시 측정 및 분석을 실시하도록 규정 한다.
3) 계측 분석결과 급경사지의 안전성에 영향이 있다고 판단되는 경우에는 이에 대한 적절한 응급조치를 취하고 감독자에게 사실을 즉각 알려 조치를 취하도록 하여야 한다.

3.10 계측관리 기준

1) 계측관리 기준은 대상 시설의 구조거동에 의한 분석방법과 계측기간 중 경시 변화에 의한 방법으로 결정하도록 하며, 계측관리 기준은 종합적인 검토를 통해 결정하여야 한다.
2) 계측관리 기준은 「급경사지 붕괴위험지역 주민대피 관리기준 제정·운영 지침」에 따라 관심・주의・경계・심각단계로 구분하고, 각각의 단계에 대해 조치사항을 제시하여야 한다.

3.11 계측 결과 보고

1) 계측담당자는 계측수행 후 계측 결과를 지체 없이 보고하도록 하며 측정한 자료의 변화량, 증감정도, 증감속도, 위치를 그래프 및 요약 정리하여 관리기준과 비교분석한 결과를 정기적으로 보고하여야 한다.
2) 현저히 큰 변위가 발생하는 경우 또는 현장 여건상 긴급한 조치가 필요한 경우에는 수시 보고하여 대응할 수 있도록 하여야 한다.

3.12 계측 결과 활용

1) 계측 결과 계측관리 기준이 주의, 경계단계의 데이터 등이 감지된 현장은 보수·보강 방안 설계 자료로 사용하고, 인근 급경사지 계측 관리 시 관리기준 조정 자료로 활용 할 수 있도록 하여야 한다.
2) 계측 결과 계측관리 기준이 경계, 심각단계의 데이터 등이 감지된 현장은 「재난 및 안전관리 기본법 시행령」 제74조(재난관리기금의 용도) 제2항의 「재난재해대책법 시행령」 제55조에 따른 방재시설의 설치(같은 조 제9호에 따른 재난 예·경보시설의 설치로 한정한다) 및 보수·보강에 근거하여 재난관리기금 사용을 위한 자료로 활용할 수 있도록 하여야 한다.

3.13 기술지도와 관리

1) 계측시스템을 시공사가 직영할 경우 급경사지 계측업에 등록된 계측전문업체에 계측업무를 발주하여야 한다.
2) 시공자는 공급한 계측기기와 시스템의 적절한 보수 관리를 위한 예상 유지보수 부품 및 소모품 내역을 제공하여야 한다.

4 관리 감독 및 유지 관리

4.1 관리 감독

1) 급경사지 붕괴나 활동 등은 해빙기, 우기, 지진 등의 외적 요인으로 인해 발생하는 경우가 많으므로 이 시기에 집중적으로 관리할 수 있도록 감독자 및 계측 전문가와 합동으로 '특별점검반' 및 '기획점검반'을 편성하여 운용토록 한다.
2) 계측기기 매설 후 각 계측기기에 표지판을 설치하거나, 계측기 보호 대책을 수립하여 시공에 의한 파손이 없도록 관리 감독하여야 한다.
3) 외부적인 요인에 의하여 계측기기 파손 발생 시 즉시 필요한 조치를 취하여야 한다.

4.2 유지 관리

1) 장기 계측 시 계측기기는 자료 획득의 연속성을 확보하기 위하여 지속적인 유지관리가 필요하며, 구체적인 계측기기의 유지관리 비용은 계측시스템의 계획 시 수립되어야 한다.
2) 계측기기는 성능보존 및 계측결과의 신뢰성 확보를 위하여 제작사가 제시한 방법과 절차에 따라 관리하여야 한다.
3) 계측기기중 수리 및 교체가 불가능한 매설형기기는 작동불량이나 고장에 대비하여 계측계획을 수립하여야 하며, 아울러 준공 후 계측시스템의 하자보수기간 이후에도 정상적으로 작동할 수 있도록 관리주체는 계측시스템 유지보수 계획을 수립하여야 한다.
4) 설치 후 일부가 노출되어 있는 계측기기는 동·식물의 생육 등으로 인한 악영향을 받지 않도록 계측기 주변에 계측기 보호휀스나 보호관 등을 설치하고 유지 관리하여야 하며, 잘 보이는 곳에 표지판을 설치하여야 한다.
5) 날씨 및 동·식물의 생육 또는 기타의 이유로 계측기기가 손상되었을 경우에는 손상된 계측기기 인접부에 계측기기를 재설치한 후 계측을 계속 수행하여야 한다.
6) 계측자료는 해당 붕괴위험지역 지정이 해제될 때까지 저장·보관하여 안정성 및 사용성 평가계측 등 목적에 맞게 이용될 수 있도록 관리하여야 한다.

CHAPTER

28 급경사지 계측표준시방서 해설서

1 설치 및 시공

1.1 일반사항

1) 적용범위

(1) 본 시방서의 상시계측관리는 법 제6조에 따라 붕괴위험지역으로 지정·고시된 급경사지 중 정비가 미비하거나, 현실적으로 정비 사업이 불가능한 지역에 적용한다.

(2) 위 (1)항 이외의 목적에 대한 계측관리는 별도로 계획한다.

(3) 급경사지 상시계측관리용 계측기의 사양, 측정단위, 설치위치 등 세부사항은 해당 공사의 설계도서 및 특별시방서 등에 따른다.

(4) 본 시방서는 공사 중 및 유지관리(자연사면 포함) 중 기본적으로 갖추어야 할 계측에 관한 사항을 정하고 있으며, 현장 상황에 따른 추가 사항은 현장 상황을 고려하여 별도로 정하도록 한다.

(5) 급경사지 상시계측관리 용역 발주자 및 감리원 또는 감독자는 계측책임자가 계측과 관련하여 요구하는 제반사항에 적극적으로 협조하여야 한다.

2) 일반적인 계측의 분류

(1) 일반적으로 시설물의 계측은 계측목적, 계측기간, 계측시기, 하중작용 등의 제반특성, 데이터의 수집방법, 데이터의 전송방법에 따라 분류한다.

(2) 계측목적에 따라 아래와 같이 구분할 수 있다.

① 안전성(안정성) 평가 계측 : 시설물의 안전성 또는 안정성을 평가하기 위하여 실시하는 계측

② 사용성 평가 계측 : 시설물의 사용성을 평가하기 위하여 실시하는 계측

③ 보수・보강 계측 : 보수・보강의 효과 및 품질을 평가하기 위하여 실시하는 계측

④ 특별 계측 : 사고발생 또는 정밀안전진단시의 내하력 평가 또는 계측대상 시설물의 심층적 거동분석 등 특별한 목적으로 수행되는 계측

(3) 계측기간에 따라 아래와 같이 구분할 수 있다.

① 단기계측 : 단기간에 수행하는 계측을 말하며, 크리프나 온도 변화 등이 계측 결과에 큰 영향을 미치지 않는 계측

② 장기계측 : 정밀 시공 및 유지관리를 위해 장기간에 걸쳐 수행되는 계측

(4) 계측시기에 따라 공사 중 계측과 유지관리 계측으로 구분한다.

① 공사 계측 : 공사기간 중 시공자 및 주변 시설물의 안전성을 확보하고, 시설물의 품질 및 초기값을 확보하기 위하여 실시하는 계측

② 유지관리 계측 : 준공된 시설물에 대해서 시설물의 안전성, 사용성 및 내구성을 파악하기 위하여 실시하는 계측

(5) 계측대상 시설물에 작용하는 하중의 특성에 따라 아래와 같이 구분할 수 있다.

① 정적 계측 : 계측 대상의 동적 거동을 분석하기 위하여 필요한 측정 주기보다 낮은 빈도로 측정되는 계측을 의미하며, 비교적 측정 속도가 느린 정적 데이터 취득 시스템(Data Logger)과 계측기기를 사용한다.

② 동적 계측 : 구조물의 동적 해석을 위해 필요한 측정 빈도 이상으로 수행되는 계측을 의미한다. 정적 계측에 비해 상대적으로 짧은 계측 주기를 갖기 때문에 속도가 빠른 계측기기를 선정하여야 하며, 계측기기도 구조물의 동적 거동에 빠른 속도로 반응할 수 있는 제품을 선정하여야 한다. 구조물의 거동분석을 위해서 해석에 필요한 초당 샘플 수, 측정 시간 등을 결정해야 한다. 또한 유지 관리자가 초당 샘플 수와 측정 시간, 횟수를 임의로 조정이 가능하도록 운영 프로그램을 설계해야 한다.

(6) 데이터의 수집 방법에 따라 다음과 같이 구분할 수 있다.

① 수동계측 : 계측기기로부터 데이터를 인력으로 수집하고 그 후의 처리는 별도의 컴퓨터로 처리하는 계측

② 반자동 계측 : 기록지 또는 저장장치에 계측 데이터를 기록할 때 까지를 자동화하고, 그 후의 처리는 별도의 컴퓨터로 처리하는 계측

③ 자동계측 : 데이터 수집, 해석, 그래프화 하는 것까지를 유선, 무선으로 온라인화된 시스템으로 일괄하여 실시하는 계측

(7) 데이터의 전송 방법에 따라 다음과 같이 구분할 수 있다.

① 유선계측 : 계측기기로부터 측정된 계측 데이터를 케이블을 통하여 전송하여 데이터로거 또는 컴퓨터로 직접 데이터를 취득하는 계측

② 무선계측 : 계측기기로부터 측정된 데이터를 케이블을 통하지 않고 무선으로 전송하여 데이터로거 또는 컴퓨터로 직접 데이터를 취득하는 계측

③ 유·무선 계측 : 계측 데이터를 수집하는 과정에서 일부분은 무선에 의해 데이터를 전송하고, 일부분은 유선에 의해 데이터를 전송하여 데이터로거 또는 컴퓨터로 직접 데이터를 취득하는 계측

3) 계측계획의 수립

(1) 계측계획의 수립 시 상시계측관리는 자동계측 방법을 원칙으로 한다.

(2) 계측책임자는 계측착수 전에 기 작성된 계획을 검토하고 현장여건을 반영하여 상세한 계측수행 및 분석계획을 작성하여 발주처의 승인을 득하여야 한다.

(3) 계측 계획서는 계측의 목적을 효과적으로 확보할 수 있도록 다음 사항을 충분히 고려하여 수립해야 한다.

① 계측대상 시설물(공사)의 개요 및 규모

② 계측배경과 목적 및 목표

③ 계측대상 시설물의 구조적 형태(여건, 환경 등의 자료조사 포함)

④ 계측항목, 계측범위, 계측위치, 계측 방법 및 시스템의 구성

⑤ 계측기기의 종류, 사양 및 수량

⑥ 계측 오차 발생 가능성에 대한 분석 및 보정 방법

⑦ 계측기의 설치, 유지관리 방법

⑧ 계측 결과의 해석방법

⑨ 계측 자료의 보관 및 활용 방법 및 체계

⑩ 계측 요원의 교육 방법

(4) 제반 여건상 장기적인 안전관리가 필요한 경우에는 이를 위한 계측계획을 수립하여야 하며, 이에 대한 모든 사항은 준공 시 발주자에게 서면으로 이관하여 시설물 운용 중에도 정기적인 계측이 가능하도록 계획을 수립하여야 한다.

(5) 계측 중에는 동일한 시험이나 계측을 반복하는 것이 어려운 경우가 많기 때문에 계측 준비와 계측 과정에서 오차를 최소화해야 한다. 계측은 일반적인 지침이나 기준에 따라 시행하지만, 계측 데이터에 포함되는 오차는 경험적인 방법으로 판단할 수 있는 경우가 대부분으로서, 신뢰성 있는 결과를 도출하기 위해서는 참여기술자에 대한 충분한 교육계획을 수립하여야 한다.

(6) 계측 결과에 직접적으로 영향을 미칠 수 있는 요인들을 분석하여 계측계획을 수립하여야 한다.

① 계측기기 설치에 따른 영향

㉮ 곡면 부착의 영향

변형률계는 구조부재에 부착시켜 신호를 획득하는 방식이므로 계측기기가 부착될 표면의 처리 및 부착품질에 따라서 계측 데이터의 신뢰성이 영향을 받는다. 강부재 또는 철근에 변형률계를 부착하는 경우, 그라인딩 등으로 청결 작업하는 과정에서 측정 면이 오목한 곡면 형상으로 표면처리 되면 저항 값의 변화를 가져와 계측 오차를 유발시킬 수 있으므로 계측기기의 부착 면은 가급적 평면이 되도록 주의하여야 한다.

㉯ 응력집중 부분의 부착

부재의 단면 급변화부, 부재의 연결부 등에는 응력이 집중되는 현상이 나타날 수 있으므로 이러한 부분들에 변형률계를 부착하고자 하는 경우 계측의 목적이 국부적인 응력집중 현상을 파악하고자 하는 것인지 또는 공칭응력을 파악하고자 하는 것인지에 따라 적절한 위치를 선정하여 부착하여야 한다.

② 계측기기 게이지율의 보정

사용 계측기의 게이지율과 측정에 사용되는 계측기기의 게이지율이 다른 경우, 이에 대한 보정을 하여야 한다.

③ 각도오차

측정하고자 하는 방향과 계측기기의 설치방향이 일치하지 아니한 경우 설치각도 오차가 발생하므로 계측기기 설치 시 설치각도가 측정하고자 하는 방향과 일치하도록 신중히 설치하여야 한다.

④ 계측기기 이동오차

바닥과 구조물 사이에 공간이 있는 구조물의 계측을 위해서는 비계 등을 설치하여 계측기기를 고정하게 되며, 이러한 경우 계측기기를 비계 등에 견고하게 고정하여야 하며, 비계의 움직임 등에 의해 계측오차가 발생하지 않도록 주의하여야 한다.

⑤ 계측 결과의 온도 의존성

전기식 계측기기를 사용하여 측정한 값의 정밀도는 환경, 재질, 시간, 회로, 측정기 등의 영향을 받으며, 그 중에서 가장 큰 원인은 측정 중 온도변화에 의한 계측 데이터의 변화이다. 계측기기를 측정하고자 하는 곳에 부착하면 하중을 가하지 않은 상태에서도 온도의 변화에 따른 저항 값이 달라 계측 값에 영향을 주게 된다. 온도에 의한 영향을 보정하기 위해 일반적으로 자기온도 보정형 계측기기를 사용하거나, 회로구성을 적절히 하는 방법들이 있다. 이에 관련된 상세한 내용은 계측기기 제조사의 사용자설명서를 참고하도록 한다.

⑥ 습도에 의한 영향

계측기기의 측정값은 계측기기 주변의 습도에 의해서도 큰 영향을 받는다. 일반적으로 실내에서 짧은 시간동안 계측이 이루어지는 경우, 방습처리는 불필요할 수 있으나, 장시간 또는 습한 현장에서 재하시험을 실시하는 경우는 방습처리가 필수적이다. 특히, 콘크리트 표면에 계측기기를 부착하는 경우 콘크리트 표면의 건조상태, 측정 장소의 환경 및 콘크리트 내부로부터의 습기 등을 고려하여 적절한 방습처리를 하여야 한다.

⑦ 데이터 전송 케이블 길이에 의한 영향

계측기기와 측정 장비를 연결하는 데이터 전송 케이블의 길이가 너무 길면 저항값이 변화되어 정밀한 측정이 불가능하므로 유의하여야 한다. 케이블의 길이는 센서 종류에 따라 노이즈의 영향을 고려하여 산정한다.

⑧ 직사광선에 의한 영향

계측 수행 중에 노출되어 있는 데이터 전송 케이블에 직사광선 또는 기타의 원인으로 온도가 상승하면 계측오차를 유발한다. 따라서 현장 계측에서 계측기기는 물론, 노출된 데이터 전송 케이블의 관리에 세심한 주의가 필요하다.

⑨ 노이즈(잡음)의 영향

전기식 계측기기로부터 계측된 데이터는 계측기에서 발생되는 매우 미소한 전기적 신호로부터 변환된다. 이 전기적 신호에 계측기의 내·외부에서 발생되는 자기장, 고전압 및 무전기 사용 등의 원인으로 인한 노이즈가 혼입되면 원하는 신호에 대한 계측오차를 발생시키므로 측정 전 노이즈를 제거시켜야 한다. 현장 계측 시 노이즈에 대한 근본적인 문제를 완전히 해결하는 것은 쉽지 않으나, 확실한 접지로 노이즈 감소효과를 얻을 수 있다.

4) 계측단면의 선정

(1) 계측단면은 구조적인 거동 및 안전성에 영향을 미칠 수 있는 구간과 대표적인 단면을 선정하여 계측한다.

(2) 계측단면의 선정은 급경사지에 대한 실무경험을 가진 전문가가 해당 급경사지의 재해위험도 평가책임자 또는 정밀안전진단 책임기술자와 협의하여 선정함을 원칙으로 하고 계측단면은 현장 상황을 대표할 수 있는 단면(구조적으로 취약한 단면, 변형이 예측되는 단면, 붕괴 시 영향범위가 클 것으로 예상되는 단면 등)을 선정하고, 데이터 취득 및 전송시스템은 설치 및 관리가 용이한 곳을 선정하여야 한다.

(3) 계측기간 중 계측기기의 파손 또는 고장 가능성을 고려하여 계측단면을 선정하여야 하며, 계측기기의 설치 및 배선을 확실히 할 수 있는 위치를 선정하여야 한다.

5) 기준점(Reference Point)의 선정

(1) 기준점(Reference Point)은 지반변형으로 인한 수평 및 수직방향의 움직임이 없는 부동점으로 선정되어야 하며, 계측기기의 복구 및 재설치를 위한 원점으로 활용할 수 있어야 한다.

(2) 설치된 계측기기의 상대적 위치를 용이하게 식별할 수 있는 위치에 최소한 3곳 이상을 선정하여 표지판을 부착하여야 한다.

6) 계측항목의 선정

(1) 계측항목은 구조해석, 시공방법, 계측 결과의 활용 목적, 평가방법을 명확히 이해한 후 선정하여야 한다.

(2) 설계 시 수립된 계측계획은 시공 시 확인되는 현장여건, 지반상태 및 초기 계측 데이터 등에 근거하여 필요한 경우 보완하여 적용하여야 한다.

(3) 계측항목은 구조해석, 시공방법, 계측 결과의 활용 목적, 평가방법을 명확히 이해하고 계측대상, 계측기간, 계측장비 등을 고려하여 선정하여야 한다.

【표 1.1】 계측 평가 항목 및 기준

평가항목	평 가 기 준
적 응 성	• 측정간격을 임의로 설정할 수 있는 것 • 측정치의 시계열 표시가 가능한 것 • 전원에 적합한 것 • 계측기의 정밀도와 시스템의 정밀도가 일치하는 것
신 뢰 성	• 낙뢰에 대해서 계측기를 보호하는 기능을 가지고 있는 것 • 정전에 대해서 백업 기능을 가지는 것
편 리 성	• 상황에 따라 계측기기의 추가, 현지국의 증설을 실시할 때 전원장치, 자료송수신장치 등이 기존의 것을 그대로 사용할 수 있는 것 • 계측 결과를 신속하게 전달할 수 있는 것
내 후 성	• 호우 및 폭설 지역 등의 특수성에 대처할 수 있는 것 • 방수, 방습성이 뛰어난 것 • 예측되는 기온 조건에서 정상적으로 작동되는 것
보 수 성	• 점검빈도가 작은 것 • 단시간에 점검할 수 있는 것
경 제 성	• 기능성을 유지하면서 저렴한 계측기

7) 계측기기의 배치

(1) 계측기기의 배치는 계측의 목적과 목표를 달성할 수 있도록 계측대상과 구간을 정하고 대상구간 내에 적절히 배치한다.

(2) 계측대상 시설물의 규모나 위험도를 기준으로 계측기기 배치밀도를 설정하는 것이 바람직하며, 예·경보의 정확성을 위해 붕괴나 활동 등의 위험인자별로 여러 종류의 계측기기를 다수 배치하여 상호의 계측자료를 검토하여야 한다.

(3) 구체적인 계측기기의 배치에 대해서는 상세한 현장조사, 기존자료 및 구조해석 자료를 참고하여 붕괴 또는 활동의 형태를 추정한 후 각각의 원인별로 계측항목과 계측기기의 관련성을 검토한 후 배치계획(설치 위치, 배치 밀도, 설치 깊이 등)을 수립하여야 한다.

(4) 구조적으로 위험한 대표 단면에서 계측대상 시설물의 최대변위 또는 최대응력이 작용할 것으로 예상되는 위치에 중점적으로 계측기기를 배치하여야 한다.

(5) 계측목적을 고려하여 각 계측기기는 서로의 연관성을 유지하도록 하며, 가능한 동일 단면에 배치하여야 한다.

(6) 계측수량의 선정은 계측목적, 결과 분석, 공사 상황, 계측기기의 고장 등을 고려하여 수행되어야 한다.

8) 계측기기의 선정

(1) 계측기기는 계측목적, 계측기간, 계측항목, 계측 대상, 계측 방법, 계측 환경 등을 고려하여 선정되어야 한다.(표 1-2 참조)

(2) 계측기기는 「계측기기 성능검사 기준에 관한 규정」에 따라 성능검사에 합격한 제품을 사용하여야 한다.

(3) 계측기기는 필요로 하는 데이터의 정밀도, 기기 특성, 현장 조건 등을 고려하여 계측항목에 따라 적절한 것을 선정하여야 한다.

(4) 유지관리용 계측기기는 매설형 혹은 외부 노출형을 사용하는데 매설형의 경우 고장 시 수리가 불가능한 경우가 있으므로 기기 작동불량이나 고장에 대비하여 계측기기 선정 계획을 수립하여야 한다.

(5) 각종 계측기기는 작동방식을 가능한 같은 형식으로 선정하도록 한다.

(6) 계측기기는 설치, 측정 및 유지관리가 용이하고, 측정기간 동안의 내구성이 유지되어야 한다. 특히 유지관리로 연계되는 계측기기는 공사기간 동안 내구성이 보장되고 성공된 사용실적이 있는 제품 및 동등 이상의 내구성을 가진 제품이어야 한다.

(7) 계측기기는 계측목적에 적합한 제품을 사용하여야 하며 지표변위계 등 노출 계측센서는 측정범위의 한계를 넘었을 경우 재설치 및 누적변위 관리가 가능하여야 한다.

(8) 계측 데이터의 정확성, 이용성, 경제성 등을 고려하여 다음과 같은 점들을 고려하여 계측기기를 선정한다.

① 계측기기의 정밀도, 반복 정밀도, 강도, 계측범위 및 신뢰도가 계측목적에 적합할 것

② 구조가 간단하고 설치가 용이할 것

③ 온도, 습도에 대해 영향을 적게 받고 보정이 간단할 것

④ 예상 변위나 응력보다 계측기의 측정 범위가 클 것

⑤ 계기 오차 등을 유발 할 수 있는 계측기의 고장 발견이 용이할 것

⑥ 가격이 경제적일 것

【표 1.2】 급경사지 상시계측관리 설치 센서 종류

계측항목	센서 종류	계측통신방식	유무선	사용빈도
지표변위	지표변위계 (지반경사계 포함)	전기식	유선	상
		진동현식	유선	하
		디지털	유선	상
		디지털	유무선	상
	지표면신축계	전기식	유선	중
		디지털	무선	상
	GNSS RTK	디지털	유무선	중
	GNSS 후처리	디지털	유무선	중
	영상계측(이미지프로세싱)	디지털	유무선	하
지표활동 복합	지표변위계	디지털	무선	중상
지중변위	지중변위계	전기식	유선	상
		진동현식	유선	중
변위 계측 크랙 계측	LVDT	전기식	유선	상
		디지털	유무선	상
	크랙게이지	전기식	유선	상
	신축계	전기식	유선	상
		진동현식	유선	하
		디지털	유선	상
		디지털	유무선	상
지하수위	지하수위계	전기식, 진동현식	유선	상
		디지털	유무선	상
		수동식	수동식	하
간극수압	간극수압계	전기식	유선	상
		진동현식	유선	상
		디지털	유선	상
		디지털	유무선	상
지반 함수	함수비센서	전기식	유선	상
		디지털	유무선	상
강우, 강설	강우량계	전기식	유선	상
		디지털	유무선	상
	적설량계	전기식	유선	중

계측항목	센서 종류	계측통신방식	유무선	사용빈도
경사	지중경사계	전기식	유선	상
		디지털	유무선	상
	경사계	전기식	유선	상
		디지털	유무선	상
구조물 거동 및 응력	구조물경사계 (틸트미터)	전기식, 진동현식, FBG광센선식	유선	상
		디지털	유무선	상
	변형률계	전기식, FBG광센선식	유선	상
		진동현식	유선	상
	벽면토압계	전기식	유선	하
		진동현식	유선	하
	앵커하중계	전기식	유선	중
		진동현식	유선	중
	철근응력계	전기식	유선	중
		진동현식	유선	중
	로드셀	전기식	유선	상
낙석감지 관측	와이어단선식 센서	전기식	유선	중
		디지털	유무선	중
	음향센서	디지털	유무선	중

9) 제출물

(1) 계측책임자는 설치 전에 제반 계측 장비에 대한 도면, 자료 및 시방서를 승인용으로 제출해야 한다.

① 시스템 종합 규격 및 설명서

- 본 시방서의 각 항목별로 기술 규격이 일치하도록 작성

② 공급 자재 명세 및 자재별 규격

- 계측기기 성능검사 기준에 관한 규정에 따라 성능검사에 합격한 검사필증
- 제품 및 부속자재 구비 유무

③ 설계·제작 및 시험 계획을 포함한 종합 공정 계획표

④ 기자재 공급 내역

⑤ 기술 자료 및 도면

⑥ 설치를 위한 상세한 방법, 지침 및 도면

(2) 계측책임자는 설치 후 제반 계측시스템 설치에 관련된 제반 서류를 제출하여야 한다.

① 제작공정표

- 설계, 제작, 조립, 시험, 교육 등의 계약 내용 제반에 대한 상세한 단계별 공정표

② 제작기기 규격

- 종류 및 규격
- 도면 및 구조
- 제작 특기사항 및 특성
- 표준도면
- 기타 필요한 사항

③ 설치 공사용 자료

- 기기 간 연결도 및 공급 케이블 내역
- 기기 설치 환경 조건

④ 발주자가 제공할 자료

- 시스템 설계 제작에 필요한 자료

(3) 계측책임자는 계측시스템을 설치한 후 취급설명서와 운전설명서를 제출해야 한다. 각 측정계기에 대한 취급설명서에는 적어도 다음 사항이 포함되어야 한다.

① 작동이론

- 계기의 사용 목적, 계기의 기본측정 원리
- 일련의 작업 과정을 나타내는 입체 묘사 도표
- 시스템의 측정범위, 설치요령

② 작동 및 측정순서

- 장비 측정준비 및 측정 개시를 위한 세부적인 순서
- 사용자 및 장비에 관련된 주의사항
- 계기 설치 후 초기치를 얻는 방법
- 초기치 이후의 계측 데이터를 얻는 순서
- 측정치에 의한 원인 및 영향분석에 사용될 수 있도록 매 측정 시 기록해야 할 시공 및 환경적 사항
- 측정 시 필요한 기구 및 준비물의 목록
- 현장 자료 기록 야장, 완성된 현장 자료 기록 야장의 견본

- 차후 측정 데이터 분석 시 필요한 설치기간 중 기록해야 할 사항

③ 보수 및 유지관리
- 현장 상태로의 보관에 관한 사항
- 장비 교체시기 및 방법에 관한 사항
- 현장점검 사항
- 소모품을 포함한 예비부품의 추천 목록
- 유지관리에 필요한 기구, 예비품, 준비물의 총 목록

1.2 장치

1) 계측시스템의 구성

(1) 계측시스템은 크게 데이터 취득시스템 및 전송 시스템으로 구성한다. 데이터 취득시스템은 계측기기, 스위치박스, 변형측정기, 기록기, 자료저장 및 제어를 위한 컴퓨터, 분석을 위한 컴퓨터, 그 밖의 주변기기 등을 말한다. 전송 시스템은 데이터 전송을 위한 송신, 수신 장치를 말한다.

(2) 계측 데이터 취득시스템 : 데이터 취득시스템은 계측시스템의 핵심으로 브릿지 전원, 신호증폭기, A/D변환기 등의 기본 기능 외에 교환기의 제어와 컴퓨터와의 인터페이스 등의 기능을 가지고 있는 장치를 말한다.

(3) 계측기기 : 센서 및 게이지 등을 말한다.

(4) 스위치박스 : 측점이 많은 경우 수동 측정기만으로 계측기와 연결이 불가능할 때 사용하는 일종의 교환기이며, 스캐너라고도 한다.

(5) 제어 및 분석을 위한 컴퓨터 : 측점수가 많은 실험 및 계측을 하는 경우 측정기만으로 측정 데이터를 실시간으로 분석하는 것은 한계가 있어 측정기와 연결하여 계측을 제어하고 분석하는 컴퓨터 시스템을 말한다.

(6) 히스토그램 분석기 : 구조물의 피로해석 및 이에 따른 잔존 수명 예측에서 정확한 응력 빈도함수를 측정하기 위해서 사용되는 장치를 말한다.

(7) F·F·T 분석기 : Fourier Transform 회로를 이용하여 계측 데이터의 주파수를 분석하고 출력하는 기기를 말한다.

(8) 저장장치 : 계측된 데이터를 저장하는 장치를 말한다.

(9) 차폐 케이블(Shield cable) : 차폐 케이블은 각종 노이즈를 차단하기 위하여 사용하는 데이터 전송용 케이블로서 가는 선을 망사 모양으로 꼰 것과 알루미늄 호일 형태가 있다.

(10) 접지(Earth end) : 보호함, 내부 기기, 전원 접지 단자, 차폐 케이블의 실드 등은 적절하게 접지를 하여 유입된 노이즈를 흘려보낼 수 있는 경로를 마련해 주는 것을 의미하며, 전기 누전 시 사람을 보호할 수 있다. 접지는 검토를 충분히 하고, 품질을 파악하여 적절히 설치하여야 하며, 잘못된 접지는 오히려 노이즈 유입원이 되는 경우도 있다.

(11) 채널확장장치(Multiplex) : 데이터 취득시스템 자체는 크기와 경제성면에서 소수의 채널을 가지고 채널 수 만큼의 계측기기를 측정 할 수 있다. 하나의 데이터 취득시스템이 제공하는 채널 수 보다 많은 계측기기를 측정하기 위해서는 채널확장장치를 사용하여 채널을 확장하는 것이 가능하며, 확장된 채널 수 만큼 연결 가능한 계측기기 수가 늘어난다. 데이터 취득시스템의 제어 신호를 사용하여 확장된 채널의 주소를 지정하여 원하는 계측기기를 순차적으로 측정할 수 있다.

2) 계측기기의 종류

(1) 계측기기는 물리적 에너지를 변환하기 위해 계측기기 재료의 감지 소자가 내장된 변환기에 의해 전기 또는 빛 에너지로 변환되어 데이터 취득 과정을 거쳐 정보화 처리되는 것이다.

【표 1.3】 감지소자에 따른 역학계측기기의 분류

감지 소자	대표적 변환기
전기저항식 게이지	변형, 변위, 하중, 경사, 압력, 토크, 온도, 가속도
LVDT 게이지	변위, 하중, 각도, 압력, 가속도
진동현식 게이지	변형, 변위, 하중, 경사, 압력, 토크, 온도
포텐셔미터	변위, 하중, 각도, 가속도
광학식 게이지	변위, 하중, 각도, 가속도
광섬유 게이지	변형, 변위, 하중, 경사, 압력, 토크, 온도, 가속도

(2) 스트레인게이지(변형률계) : 전기식 스트레인게이지는 금속이나 반도체에서 기계적인 신장 또는 압축을 받으면 그로 인해 저항이 변하는 성질을 이용하는 계측기기이다. 스트레인게이지는 진동현식 계측기기와 함께 역학게이지 중 가장 다양한 변환기가 제조되고 있으며, 건설 및 기계 현장의 다양한 계측 측정에 활용되고 있다. 스트레인게이지에 의한 계측 데이터는 부재의 결함 및 손상 상태, 결선 방법, 와이어의 길이 및 주변 환경 등의 영향을 많이 받으므로 계측기기 선정 시 다음 사항들을 고려하여 선정하여야 한다.

㉮ 용도(콘크리트용, 강재용), 측정항목 및 위치(축응력, 주응력), 기후(일반형, 방수형)

㉯ 측정범위, 사용 온도 범위, 정밀도, 게이지 저항, 게이지 계수율

㉰ 결선방법, 와이어 종류 및 길이, 사용 장비와 호환성 등

(3) 변위계(Displacement) : 변위계측에 이용되는 계측기기의 종류에는 다이알 게이지(Dial gauge), LVDT(Linear Variable Differential Transformer /선형가변 차동트렌스), Ring type 변위변환기, 포텐셔미터(Potentiometer) 등이 있으며, 균열 및 신축이음부의 간격 변화를 측정하기 위해 간혹 균열계 등도 사용된다.

(4) 다이알 게이지(Dial gauge) : 소형으로 적용하기 쉽고, 계측 데이터를 자체와 계측기에 의해 각각 또는 동시에 판독할 수 있으나, 동적변위의 측정은 불가능하며, 대부분 실험실 수준의 계측에서 사용되고 있다.

(5) 선형가변 차동트렌스 게이지 : LVDT(Linear Variable Differential Transformer)는 코일의 상호 유도작용을 이용하여 직선변위 및 각 변위를 전기신호로 변환하는 계측기기이다. 현장계측에서 가장 일반적으로 사용되는 변위변환기로써 정·동적 변위측정에 사용된다.

(6) Ring type 변위변환기 : 구조물의 변위에 따라 Ring에 부착된 변형률 계를 이용하여 Ring의 변형을 변위로 환산하여 측정하는 계측기기로 교량의 정·동적 처짐 측정에 사용된다.

(7) 포텐셔미터(Potentiometer) : 가변저항 양단에 정전압을 인가한 상태에서 피측정 물체에 연결된 와이퍼(Wiper)가 저항체 위를 이동하면 저항이 변위량의 크기에 비례하여 변화하는 전압을 얻는 원리를 이용하는 계측기기이다. 저항을 사용한 접촉식 포텐셔미터는 접촉단자의 마찰력에 의한 마모로 인해 수명의 신뢰성이 낮고 측정 장소의 환경적인 영향에 민감하여 사용이 부적절한 경우가 있다.

(8) 광학식 변위게이지(Optical displacement sensor) : 위치검출소자(PSD : Position Sensitive Device)를 이용하여 반도체의 표면저항을 이용해서 1개의 핀 접합으로 입사광점의 위치를 검출하는 반도체 소자이다. 각 변위 측정에 적합한 PSD에는 1축 방향만의 광을 검출하는 1차원 PSD와 평면상의 광점 위치를 검출할 수 있는 2차원 PSD가 있다.

(9) 진동현식 게이지 : 구조는 강철 피아노선과 전자석으로 구성되며, 강철 피아노선(현)을 양단에 일정한 장력이 유지되도록 정착하고 전자석에 펄스를 인가하여 현이 자력선에 의해 고유 진동주파수로 진동하는데 이때, 현의 장력에 따라 진동 주파수가 변하

게 되며, 변화된 진동 주파수를 측정하여 현의 장력을 계산한다. 이와 같이 외력의 변화를 현의 주파수 변화로 계측하는 원리를 이용하는 계측기기이다. 진동현식 계측기기의 장점은 현의 진동주파수를 전송하므로 전기식 게이지에 비해 감지신호를 장거리 전송하여도 신호의 감쇄가 없다. 단점은 온도계수가 크고, 신호의 감지 범위가 다른 소재에 비해 낮다. 진동현식 게이지는 스트레인게이지와 함께 역학게이지 중 가장 다양한 변환기로 제조되고 있으며, 주로 건설 현장에 많이 적용되고 있다.

(10) 광섬유 센서 : 표면에 물리적인 격자를 새긴 광섬유나 혹은 인위적 처리가 없는 광섬유 심선자체에 빛을 투과 시킨 후, 반사된 빛의 파장변조에 의해 따른 물리량을 감지하는 센서이다. 광섬유는 그 자체가 신호 전달 역할을 하므로 하나의 단일 광섬유선을 이용하여 구조물의 여러 부위에서 측정된 데이터 취득, 처리할 수 있는 다중점(Multi-point) 센서 또는 분포(Distributed) 센서의 구현이 가능하다. 이렇게 여러 지점에 대한 측정을 동시에 할 수 있다는 장점과 더불어 그 물리적인 부피, 무게 등이 작아서 광섬유 센서가 교량, 콘크리트 구조물 등에 삽입될 경우 전체 구조물의 크기를 늘리지 않고 기계적 특성과 안정성에 영향을 미치지 않으면서도 진동, 변형률 등의 물리량을 정밀하게 측정할 수 있다.

(11) 가속도계 : 가속도 변환기는 구조물의 진동을 전기적인 신호로 변환하여 물리량 값을 지시계 또는 자료 처리장치에 전송한다. 가속도 변환기는 원리에 따라 여러 가지 형식이 있으며, 현재 일반적으로 많이 사용되는 형식으로는 전기식, 서보형식 및 압전형식 등이 있다. 가속도 변환기는 계측 대상 주파수 전체 범위를 계측할 수 있는 사양을 선정해야 한다. 특히 주파수 특성에 따라 계측 데이터의 시간 간격을 설정하는 것이 중요하다.

3) 계측 데이터 취득시스템

(1) 계측 데이터 취득시스템은 편리성, 측정 빈도, 측정 방법, 기기의 호환성 및 경제성 등을 고려하여 구성하여야 한다.

(2) 계측기기 운용기법은 인력에 의한 계측기기 운용과 자동화 장비에 의한 운용기법으로 크게 구분할 수 있으며, 붕괴 및 활동의 진행 특성, 계측대상 시설물의 중요도, 피해 발생 시 영향, 경제성, 계측빈도 등을 고려하여 운용기법을 선택하여야 한다.

(3) 일반적으로 계측관리의 자동화에는 기록지 또는 저장장치에 계측 데이터를 기록할 때까지를 자동화하고, 그 후의 처리는 별도의 컴퓨터로 실시 하는 반자동 계측관리 기법

과 자료 수집, 해석, 그래프화 하는 것까지를 유선, 무선으로 온라인화 된 시스템으로 일괄하여 실시하는 전자동 계측관리 기법 및 상기의 두 가지 방법을 병용하는 기법으로 구분하며, 계측대상 조건을 고려하여 운용기법을 선정하여야 한다.

(4) 피해를 미연에 방지하거나 최소화하기 위해서는 조기에 징후를 감지하는 것이 중요하고, 모니터링과 동시에 신속하게 그 정보를 전달, 처리하는 것이 필요하며 계측자료의 수집, 처리, 해석까지를 일괄 처리하는 자동화 기술을 사용하는 것을 원칙으로 한다.

(5) 계측 데이터 자동화 취득시스템은 계측기로부터 계측 데이터를 원격계측실의 컴퓨터로 전송하여 원격컴퓨터에서 계측 데이터의 저장, 분석이 가능해야 하며, 필요시 수동계측이 가능한 시스템으로 계획하는 것을 원칙으로 해야 한다.

(6) 계측 데이터 취득 자동화 장치는 각 지점의 계측기기를 원격지에서 원격 제어하여 계측의 빈도를 조정할 수 있도록 계획하여야 한다.

(7) 계측 데이터 취득 자동화 장치를 사용하는 경우 안정적으로 계측 데이터를 수집, 저장, 송신할 수 있도록 전원 공급 장치를 설치하고 전압안정장치, 제습장치, 항온장치(제습, 항온장치는 현장 여건에 맞추어 온·습도에 대한 내구성을 갖춘 장비로 대체 할 수도 있다) 낙뢰 방지장치 등의 부속기기를 설치해야 하며 필요한 경우 진동의 영향을 받지 않도록 방진장치를 계획하여야 한다.

【표 1.4】 전원 공급장치의 설치 유무

종류	공사 계측	유지관리 계측
정전압 공급장치	설치	설치
무정전 전원공급장치	미설치	설치
각종 Noise 저감장치	설치	설치

4) 정적 계측 데이터 취득시스템

(1) 정적 데이터 취득시스템은 정적 계측기기로 측정할 수 있는 신호처리회로와 데이터의 저장 메모리, 컴퓨터와의 통신을 위한 통신 인터페이스장치가 내장되어야 한다.

(2) 정적 데이터 취득시스템은 다양한 전기적 신호를 처리할 수 있어야 하며, 계측기기의 정밀도를 안정적으로 보장하여야 한다.

(3) 정적 데이터 취득시스템은 측정 데이터의 저장, 일정 주기로 자동 측정할 수 있는 스케줄 설정기능, 자가진단기능 및 자동복귀기능을 갖추어야 한다.

(4) 다수의 계측기기를 연결하기 위한 채널확장장치(Multiplex)를 사용하는 경우 데이터 로거의 제어신호에 따라 순차적으로 측정이 이루어져야 한다.

5) 동적 계측 데이터 취득시스템

(1) 동적 데이터 취득시스템은 계측대상 시설물의 동적 분석이 가능한 측정 속도를 수행할 수 있어야 한다.
(2) 동적 데이터 취득시스템은 계측 데이터가 임계치 이상의 값을 갖는 경우에 계측 시작과 저장을 지시하는 트리거 기능을 보유하여야 한다.
(3) 동적 계측 데이터를 저장할 수 있는 적절한 용량의 내장메모리가 장착되어 있거나 외부 메모리장치를 연결할 수 있어야 한다.
(4) 대용량 데이터 전송이 가능한 통신 인터페이스장치를 내장하고 있어야 한다.

6) 계측 데이터 통신방법

(1) 계측 데이터 통신방법은 유선 및 무선방식을 사용할 수 있다.
(2) 계측 데이터 통신방법은 전압드롭, 전자기 간섭 등 주위 환경 뿐 만 아니라, 유지 관리비를 고려하여 결정하여야 한다.
(3) 유선에 의한 통신에는 차폐 케이블(Shield cable)을 사용하여야 한다.
(4) 무선에 의한 통신에는 무선 통신관련 법규에 위배되지 않은 방법을 적용하여야 한다.
(5) 자동계측시스템의 통신장치는 현장의 제반여건을 고려하여 선정 및 보완하여 구축하도록 한다.
(6) 공사 중 계측과 연계하여 장기계측을 수행할 경우에는 통신시스템에 대한 장기간 안정성과 유지관리의 효율성 및 경제성 등을 고려하여 통신시스템을 계획하여야 한다.
(7) 통신 매체는 RS232, RS485, RS422, UTP, 광케이블, 모뎀, 무선 RF 모뎀, 무선 CDMA 모뎀, 802.11(a,b,g) 등의 방식을 사용할 수 있어야 하며, 통신 프로토콜은 MODBUS 또는 FIELDBUS를 사용하여 호환성을 유지할 수 있어야 한다.
(8) 통신망 구축 시 도면에 표시된 규격 또는 그 이상의 규격을 사용하여야 한다.
(9) 통신용 케이블의 배선은 색상을 통일하여 배선하도록 하며, 접속방법은 안정적인 결속이 되도록 견고한 고정방식을 적용하여야 한다.

7) 전원 차단기

(1) 누전에 의한 자동화계측장치의 오작동, 파손, 계측자료의 오류를 방지하기 위하여 전원 차단기를 사용한다.

(2) 전원 차단기의 용량은 전체 시스템의 소비전류를 감안하여 적정한 용량을 선정하여야 한다.

8) 전압 안정기

불안정한 전원으로 인한 자동화 계측시스템의 오작동, 파손, 계측 데이터의 오류를 방지하기 위하여 정전압, 정주파수를 공급할 수 있는 전압 안정기를 사용하여야 한다.

9) 무정전 전원 공급 장치

(1) 정전 및 단전으로 인한 계측 데이터의 손실을 최소화하기 위하여 무정전 전원 공급 장치를 사용한다.

(2) 무정전 전원 공급 장치의 용량은 시스템 소비전류와 지속시간을 감안하여 적정한 용량을 선정하여야 하며, 정전압, 정주파수를 공급할 수 있어야 한다.

10) 보호함

(1) 보호함은 계측기기 및 자동화 계측시스템을 보호하기 위하여 사용한다.

(2) 보호함의 재질은 주변여건에 따라 선정하여야 한다.

(3) 보호함은 잠금장치를 장착하여 외부인의 접촉을 방지하여야 한다.

(4) 보호함은 내부장치 및 배선의 점검이 용이한 크기이어야 한다.

11) 노이즈 필터

노이즈 발생이 예상되는 부분에는 적정한 노이즈 필터 장치를 사용하여야 한다.

12) 접지설비

(1) 접지설비는 주변 환경과 접지의 용도에 따라 적합한 형태를 선정하여야 한다.

(2) 접지설비는 가능한 현장구조물의 접지설비를 사용하며, 현장여건이 여의치 않을 때는 별도의 접지공사를 하여야 한다.

(3) 접지설비는 접지로 인하여 오히려 시스템에 역기능이 발생할 경우에는 설치 여부를 재검토하여야 한다.

13) 운영 시스템 및 프로그램

(1) 일반사항

① 운영 시스템 및 프로그램은 각 계측기기로부터 자동 계측장치로 전달되는 신호를 관리하고, 장치를 제어하며, 계측 데이터를 분석하는 종합기능의 컴퓨터 프로그램이어야 한다.

② 운영 프로그램의 기능은 그래픽을 바탕으로 구성되어 사용이 간편해야 한다.

③ 자동화 계측시스템으로부터 전달되는 계측 데이터는 실시간으로 디스플레이가 가능하여야 한다.

④ 운영 프로그램의 계측 데이터 처리 시 요구되는 기능은 다음과 같다.

㉮ 계측 데이터의 이상 유무 판단 절차

㉯ 계측기기의 타입별, 계측기기 위치별 관리한계의 설정

㉰ 관리기준(트리거링)에 의한 자동 계측 데이터파일 관리

㉱ 계측기기의 전기적 신호를 공학적 수치정보로 전환 기능

㉲ 계측 데이터의 용지 인쇄 및 문서(워드, 엑셀, 텍스트 파일 등) 파일형식 출력 기능

㉳ 관리한계 초과 시 경보발령 기능

(2) 운영 프로그램 구성

① 운영 프로그램은 그래픽 화면 구성으로 설치단면의 위치 및 단면 내 설치된 계측기기의 위치를 표기하여 사용자가 이해하기 쉽도록 구성되어야 한다.

② 계측 데이터는 시간이력에 대한 그래프로 표현 되어야 하며, 계측항목에 따른 다양한 비교 분석 기능이 가능하여야 한다.

③ 원격으로 자동화 계측시스템을 제어하여 계측빈도 및 설정상태를 조절할 수 있어야 한다.

④ 자동계측의 결과는 인터넷을 통하여 운영자에게 실시간으로 제공되어야 한다.

⑤ 운영 프로그램은 자동계측 데이터 외에 수동계측 데이터 및 기타 관측 자료를 입력할 수 있어야 하며, 종합적인 분석이 가능하여야 한다.

14) 정보 시스템

(1) 일반사항

현장의 계측 결과에 대한 정보는 다양한 방식으로 전파될 수 있어야 한다.

(2) SMS 문자

① 휴대폰 문자 전송방식을 이용하여 관리자에게 즉시 정보가 전달되어야 한다.

② SMS 문자 내용에는 발생시점, 계측기기 번호, 계측 데이터(측정값)가 포함되어야 한다.

(3) 경광등

현장의 여건에 따라 경광등을 사용한다.

(4) 사이렌

현장의 여건에 따라 사이렌을 사용한다.

1.3 설치 및 시공

1) 계측기기의 설치

(1) 현장에 사용될 계측기기는 현장여건 및 사용목적에 적합한 장비를 선정하여 구매하여야 하며, 계측기기의 구입 및 설치 전에 각종 장비의 시험성적서, 시방서 등을 발주처에 제출하고 승인을 얻어야 한다.

(2) 계측을 위한 계측시스템의 설치 위치는 다음과 같은 조건을 고려하여 결정한다.

① 각 계측기기에 연결되는 데이터 전송 케이블은 길이가 가장 짧게 될 수 있는 곳으로 선정한다. 계측시스템의 설치 여건이 양호하지 못하여 데이터 전송 케이블의 길이가 길어져 노이즈 발생 우려가 있을 경우 노이즈필터링 장치를 설치하여야 하나, 노이즈필터링 장치가 여의치 않을 경우에는 무선계측을 고려할 필요가 있다.

② 각 지점의 계측기기는 구조물에 손상을 최소화 하고, 경비 절감, 노이즈제거, 유지관리가 용이한 최적 지점에 설치한다.

③ 주변에 변압기 등 노이즈 발생 가능성이 없는 곳과 전원 공급이 유리한 곳으로 선정 한다.

④ 우천 또는 대기온도가 계측시스템의 작동에 주는 영향이 가장 적은 곳으로 선정한다.

(3) 각 위치별 계측기기 및 기타 장비는 감리원 또는 감독자가 승인한 도면에 표시된 지점과 위치에 설치되어야 하며, 현장 여건상 설치가 곤란한 경우 감리원 또는 감독자에게

보고 및 승인을 얻은 후 변경하여야 한다.

(4) 계측책임자는 각 기기별 설치지침서를 사전에 검토하여 설치 시 발생될 수 있는 제반 문제점을 파악하고, 이에 대한 대책을 수립하여야 한다.

(5) 계측책임자는 계측기기의 제작사가 제공한 지침서에 명시된 절차에 따라서 정확하게 기기를 설치하여야 한다.

(6) 계측기기는 설치되는 부재와 확실하게 부착되어 그 부재의 거동을 정확히 측정할 수 있어야 하며, 계측기기는 외부의 영향으로부터 충분히 보호되고 견고하게 설치되어야 한다.

(7) 계측기기 부착위치를 해당 부재나 위치에 표시하기 위해서 줄자나 표척 등을 이용한다. 설계도면과 실구조물의 제원이 상이한 경우가 있으므로 부착위치를 표시하기 이전에 제원을 확인하여 계측기기 부착위치를 정확히 표시한다. 이때 표시선은 표면처리 시 지워지지 않도록 소요길이보다 길게 표시한다.

(8) 콘크리트 표면 부착의 경우에는 공극이나 균열을 피하여 표면을 연마한다. 표면에 공극이나 균열이 존재하면 에폭시 등 보수재를 이용하여 공극을 채우고, 보수재가 경화된 후에 표면을 재연마하여 매끄럽게 한다.

(9) 표면처리 완료 후 다시 부착위치를 표시하는 것이 표선작업으로서 표선은 선정된 계측기기 부착위치를 응력방향과 일치하도록 정확히 표시한다.

(10) 계측기기와 데이터 전송 케이블의 결선부분은 납땜처리를 하고, 납땜을 한 부위는 비닐절연테이프로 마감한다.

(11) 계측기기와 데이터 전송 케이블을 연결한 후에 데이터 전송 케이블 끝단에서 저항값을 다시 검사한다.

(12) 모든 계측기기는 가능한 전기적 노이즈, 주파수 등의 영향을 최소로 받는 상황에서 설치하고, 초기치 측정을 완료하여야 한다.

(13) 계측시스템에 공급되는 전원 상태는 안정적이어야 하므로 다음과 같은 사항을 설치 전에 확인해야 한다.

① 계측기에 필요한 전원의 규격을 확인하여 필요한 전원을 확보하도록 한다.

② 공급되는 전원을 멀티미터로 확인하여 적정한 전압이 안정적으로 공급되는지 확인한다.

③ 전원이 불안정한 경우, 자동전압 조절기를 이용하여 안정된 전원이 공급될 수 있도록 한다.

④ 정전 또는 단선은 시험일정 및 결과에 차질을 초래할 수 있으므로 예비전원을 확보하도록 한다.

2) 계측기기의 보정

(1) 계측기기는 설치 전 및 설치 직후에 동작성능을 검사하고, 필요시 보정하여야 한다.
(2) 계측수행 중 계측치가 특이하게 변화되는 경우 계측기의 이상 유무를 확인하고, 필요시 보정하여야 한다.

3) 계측기기의 보호

(1) 설치된 계측기기는 공사 또는 기타의 영향으로 손상되지 않도록 보호하여야 한다.
(2) 설치된 계측기기 주변은 계측기기 관리 및 계측 수행을 위하여 날씨 및 동·식물의 생육으로 인한 악영향을 받지 않도록 충분한 보호조치를 취하여야 한다.

4) 데이터 전송 케이블 설치

(1) 계측 데이터의 전송을 위한 케이블은 상시계측용으로 적합한 형식으로 선정하고, 케이블 포설 계획, 통신규격과 케이블 연결 및 접속에 대한 설치계획을 수립하여야 한다.
(2) 계측 데이터 전송 케이블은 전용 케이블을 사용하여야 하며, 계측기기와 연결 후 측정지점까지 단일선으로 구성하여야 한다.
(3) 통신 배선의 접속은 배선선로의 전기저항, 절연저항, 인장강도의 저하가 발생하지 않도록 시행되어야 한다.
(4) 통신 배선의 접속은 반드시 점검이 용이한 장소에서 시행되어야 한다.
(5) 배선 연결용 커넥터 사용 시, 주위에 충분한 여유가 있는 장소에 수분 등으로부터 밀폐된 접속함을 부착하고, 그 속에서 연결하여야 한다.
(6) 계측용 배관을 설치하여 모든 계측기기의 배선을 보호하여야 한다.
(7) 계측용 배관은 케이블의 단면적이 32%를 초과하지 않도록 한다.
(8) 계측용 배관은 계측 데이터 전송 케이블을 단독으로 사용하여야 한다. 다만, 계측용 케이블에 통신장애를 일으키지 않는 타 케이블은 감리원 또는 감독자가 확인하여 공동으로 사용할 수 있다.
(9) 케이블 끝단은 방수처리를 하여 측정 시부터 유지관리 시까지 물이 침투하지 못하도록 하여야 한다.
(10) 케이블의 끝부분에는 계측기기의 종류, 번호, 선 종류 등을 표시하여 서로 바뀌지 않

도록 하여야 한다.

(11) 데이터 전송을 위한 모든 장비는 향후 확장 및 확대를 고려하여 계측시스템이 운영될 경우에 대비하여 장비 선정 시 호환성을 고려해야 한다.

【표 1.5】 계측용 케이블의 조건

구 분	공사 중 계측 및 유지관리용 계측(공통)
배관단면적	【케이블 단면적의 총합계가 배관단면적의 32%이하】 "전기통신설비의 기술기준" 및 "전기설비기술기준" 규정 준용
배관내 포설	【통신선과 전력선 구분 포설】 "전기설비기술기준" 규정 준용

5) 계측시스템 설치에 따른 검수 및 시험

(1) 계측 장비는 아래의 검수와 시험을 거쳐야 한다.

① 현장에서 인도 시 검수

② 현장에서 조립 완성 후 최초 동작 검사

(2) 계측기기의 검수와 시험에는 다음 내용이 포함되어야 한다.

① 시스템 가동 여부

② 데이터 취득 처리

③ 계측 데이터의 신뢰성

(3) 계측기기의 인도 시 외관조사를 실시하여 이상이 없어야 한다.

① 깨짐, 흠집, 부식, 나사풀림

② 형식 및 제조번호 이상 유무

(4) 장기 또는 상시 계측을 위한 설치 공사 후 조정 및 시험을 완료하고, 다음과 같이 시운전 시험을 실시해야 한다.

① 계측기기 설치 책임기술자는 무부하 상태에서 기기의 1차 시운전에 대한 책임을 지며, 시험 완료후 시험 결과 보고서를 감리원 또는 감독자에게 작성・제출하여야 한다.

② 종합 시운전은 부하 상태에서 시운전으로 본 설비와 관련된 타 장비와의 종합적인 시운전을 포함하여 총괄적인 기능을 이룰 수 있게 하여야 한다.

③ 시운전 시험기간은 최소 30일 이상이어야 한다.

6) 계측기기의 관리

(1) 계측기기는 성능보존 및 계측 데이터의 신뢰성 확보를 위하여 제작사가 제시한 방법과 절차에 따라 관리하여야 한다.

(2) 계측기기 및 데이터 취득시스템에는 지침 표찰과 명찰을 부착해야 한다.

(3) 설치된 계측기기는 계측기명, 위치, 초기측정일자와 초기측정값이 기록된 표시판을 설치하여 관리하여야 한다.

(4) 계측기간 중 계측기기가 손상되었을 경우에는 계측기기 파손 즉시 감리원 또는 감독자에게 보고한 후 재설치하여 계측을 계속 수행하여야 한다.

(5) 계측기간 중 관리부주의로 인해 계측기기의 망실이 발생한 경우와 불량 계측기기 발생 시는 수급인의 부담으로 지체 없이 교체하여야 한다. 단, 교체 및 재설치를 할 수 없는 경우에는 전문가의 자문을 구하여 별도의 관리방안을 강구하여야 한다.

(6) 계측시스템은 혹한기에도 가동되도록 적절한 보호조치를 해야 한다.

(7) 계측기기에 대한 정기적 신뢰성 평가를 실시하여야 하며, 신뢰성 평가는 시간경과에 따른 데이터 값의 편차 확인을 통한 내구성 판정, 정기적 점검에 의한 판정, 구조물 거동분석 등의 계측 데이터 분석에 의한 판정을 종합적으로 고려하여야 한다.

(8) 계측 관리업무에 종사하는 자는 다음과 같은 사항을 준수해야 한다.

① 계측기기나 계측시스템의 결함, 파손을 초래하는 요인을 사전에 조사하여 고장발생을 미연에 방지하도록 최선을 다하여야 한다.

② 계측기기나 계측시스템의 이상 유무를 조기에 발견하고, 발견 즉시 조치하여야 한다.

③ 안전을 최우선으로 하여 모든 작업을 진행시킨다.

④ 상세한 작업 계획을 수립하여 최대의 작업 효과를 가져 오도록 함으로써 예산 낭비의 요인을 없애도록 한다.

(9) 계측관리 업무를 효과적이고 체계적으로 수행하기 위해서는 다음과 같은 운영 방침을 수립하여야 한다.

① 계측 시설물에 대한 지속적인 점검과 정비를 효과적이고 체계적인 방법으로 실시한다.

② 계측기기의 관리를 우선으로 하고, 부속 시설물(케이블 등)도 정비를 철저히 하여야 한다.

③ 정비를 효과적으로 수행하기 위해서는 보수의 타당성을 사전에 충분히 판단한 후,

적정한 규모와 경제적인 방법으로 적기에 시행한다.

(10) 효율적인 계측시스템의 유지관리를 위해 다음과 같이 단계별 유지관리 계획을 수립하여 계측기기 및 장비를 관리하여야 한다.

① 공사 중 상시계측은 자동화 계측인 경우 1일 1회 이상, 수동계측인 경우 1주일 1회 이상, 유지관리 계측은 자동화 계측인 경우 1일 1회 이상, 수동계측인 경우 월 1회 이상 계측시스템을 확인하며, 이상 발견 시 감리원 또는 감독자에게 즉시 보고할 수 있도록 계측기기 및 계측시스템의 이상 유무를 현장에서 확인 조치하는 일상관리 계획을 수립한다.

② 분기별 1회 이상 계측기기 및 계측시스템 이상 유무, 데이터 저장 및 계측기와의 통신상태, 운영 소프트웨어의 작동상태, 계측기기, 계측기기 및 장비간의 데이터 전송 케이블의 이상 유무 등을 점검하는 정기관리 계획을 수립하여야 한다.

③ 정기점검을 기초로 전체 시스템에 대한 정밀점검을 실시하는 정밀관리 계획을 수립하여야 한다.

④ 구조물의 이상 거동 발생 및 계측 데이터의 관리기준치 초과 시, 천재지변(지진, 대홍수, 태풍 등), 구조물 내 화재발생, 구조물 파손 등의 사고발생, 인접지역의 굴착공사 등 긴급사항 발생 시 전 시스템을 정밀점검 하는 긴급관리 계획을 수립하여야 한다.

7) 계측의 수행

(1) 현장에서 계측 데이터의 분석이 이루어지도록 관련 장비와 시스템을 사무실내에 설치하여야 한다.

(2) 계측의 수행과 관리는 시공자나 유지관리 주체가 계측전담반을 직접 운영하거나 급경사지 계측전문 업체에 위탁하여 수행할 수 있다.

(3) 계측책임자는 계측기기의 특성과 계측기기가 부착된 부재의 거동을 이해할 수 있는 지반관련 분야의 기술자이어야 한다.

(4) 자동 계측시스템을 설치한 경우, 모든 계측기기는 항시 작동상태에 있어야 하며, 관리기준치 이상의 모든 측정 데이터를 상시 측정 기록할 수 있어야 한다.

(5) 계측기기는 한번 측정할 때마다 최소 3회 이상 측정한 후, 그 평균값을 측정결과로 채택하여야 한다.

(6) 각 계측항목별 결과는 상호 비교분석이 필요하므로 관련 계측항목은 동일시기에 측정

을 실시하고, 그 중 빈도가 높은 것은 별도로 측정하여야 한다.

(7) 홍수, 지진 등 시설물의 안정성에 영향을 미치는 현상이 발생하였을 때는 즉시 측정 및 분석을 실시하여 시설물의 이상 유무를 판정하고, 이상이 있을 시는 긴급대책을 강구하여야 한다.

8) 계측 빈도

(1) 계측 빈도는 급경사지 상부 가옥 및 구조물 등의 하중에 의한 붕괴유발시설 및 위치와 붕괴와 직접적 관련이 없는 시설 및 위치로 분류하여 정한다.

(2) 급경사지 상부 가옥 및 구조물 등의 붕괴유발시설 및 위치에 추가적인 하중이 가해지는 실시간 동안에는 실시간 계측을 실시하고, 붕괴와 직접적 관련이 없는 시설 및 위치는 통상적인 계측빈도를 적용한다.

(3) 계측대상 시설물의 공사 진행현황 또는 시설물에 영향을 줄 수 있는 사항 등을 고려하여 단계별로 계측 주기를 결정한다.

① 시운전 단계 : 계측기기 설치 후 1개월 이상

② 일상계측 단계 : 계측을 시작하여 계측 완료시까지 실시

③ 중점계측 단계 : 대상시설물에 주요하중이 작용하는 기간에 실시

④ 특별계측 단계 : 측정치가 이상거동을 보이는 경우 안전이 확인될 때까지 특별 관리를 하면서 실시

(4) 공사 중 계측 빈도를 결정하는 방법은 일반적으로 공사 진행에 따라 작업원의 안전 확보가 우선되는 경우 또는 장마, 태풍, 지진 등에는 계측빈도를 증가하도록 한다.

(5) 계측항목과 빈도를 현장 여건을 감안하여 변경 하고자 할 경우에는 계측 데이터 분석 등을 통하여 변경의 타당성을 확보하고, 감리원 또는 감독자의 확인을 받은 후에 조정할 수 있다.

9) 계측기간

(1) 유지관리 계측기간은 공사 중 계측 데이터의 수렴이 확인될 때부터 계측목적이 완료될 때까지를 원칙으로 한다.

(2) 계측의 목적, 계측대상 시설물의 위험상황, 계측기기의 특성, 계측기의 배치, 현장 조건(특히 보전대상 구조물), 기상 요인의 영향 등을 고려하여 계측기간을 설정하여야 한다.

(3) 유지관리 계측은 특별한 사유가 없는 한 지속적으로 실시되어야 한다.

(4) 일반적인 계측기간의 개시 시기 결정을 위한 기본적인 사항은 다음과 같다.

① 모든 계측기기는 가능한 전기적 노이즈 및 주파수 영향을 최소로 받는 상황에서 계측을 개시하여야 한다.

② 공사개시 전에 설치할 수 없는 계측기기에 대해서 계측기기를 설치할 수 있는 조건이 되면 즉시 설치 및 계측을 개시하여야 한다.

③ 육안으로 확인되는 변형이 발생되면 즉시 계측을 개시하여야 한다.

(5) 일반적인 계측기간의 완료 시기 결정을 위한 기본적인 사항은 다음과 같다.

① 공사 중 계측은 계측 데이터의 수렴이 확인될 때까지를 원칙으로 한다.

② 가시설의 계측은 가시설 철거 직전까지 실시한다. 단, 토류벽과 같이 단계적 철거를 하는 경우, 단계적으로 계측을 완료하여야 한다.

③ 공사 중 계측대상 시설물 및 구조물은 계절변화에 따른 기상 요인의 영향 등이 미치는 영향을 판단하기 위해서 충분한 기간 동안 계측을 계속하고, 기상 요인의 영향에 의한 변동을 확인하여 완료하여야 한다.

④ 공사 중 계측이 유지관리 계측으로 이관되는 계측의 경우 기상요인에 의한 변동만이 확인되는 계측기기는 시설물 유지관리부서와 협의하여 측정종료하고, 시설물 유지관리에 필요한 계측기기만을 계측하는 것을 원칙으로 한다.

10) 계측 데이터의 정리 및 분석

(1) 계측 데이터의 정리는 계측 수행 직후에 수행하여야 하며, 현장에서 얻어진 데이터는 즉시 공사현황 및 기상상태 등을 고려한 분석을 통하여 성과를 도표 등으로 가시화하여야 한다.

(2) 모든 통신, 기술내역서, 도면 등에서 측정단위로서 SI단위를 사용하고, 도면이나 인쇄물에서 다른 단위를 사용했을 때는 이에 상당하는 SI단위를 첨부해야 한다.

(3) 모든 계측 데이터 기록지에는 사업명, 위치, 계측대상 시설물명, 측점, 계측항목, 계측위치, 측정일시, 측정자 등을 기재하여야 한다.

(4) 계측 데이터는 측정일자, 경과일수, 초기치, 금회 변위, 누계변위를 정해진 양식에 계측항목별로 정리하고 "시간(경과일수)-계측 데이터"를 그래프로 표시하여 계측 데이터의 변화 경향을 신속히 파악할 수 있도록 하여야 한다.

(5) 계측 데이터는 지반의 거동을 이해할 수 있는 경험이 풍부한 해당 분야 건설관련분야의 기술자에 의하여 분석되어야 한다.

(6) 당해 현장 또는 유사 현장에서 수행한 수치해석결과, 경험치, 타 계측 결과 등을 참조하여 분석하며, 각종의 계측 데이터를 상호 연계시켜 분석하여야 한다.

(7) 태풍, 지진 등 계측대상 시설물의 안정성에 영향을 미치는 현상이 발생하였을 때는 즉시 측정 및 분석을 실시하여야 한다.

(8) 계측 분석결과 구조물의 안전성에 영향이 있다고 판단되는 경우에는 이에 대한 적절한 응급조치를 취하고, 감리원 또는 감독자에게 이 사실을 즉각 알려 조치를 취하도록 한다.

(9) 공사 중 계측 수행에서 설계 내용과 계측 데이터의 분석 결과가 상이하여 설계변경이 필요한 경우에는 이를 감리원 또는 감독자에게 보고하고 승인을 받아야 한다.

11) 계측 관리기준

(1) 계측 관리기준은 대상 시설의 구조가동에 의한 분석방법과 계측기간 중 통계적인 경시변화에 의한 방법으로 결정하여야 한다. 계측 관리기준은 실내시험, 이론 및 수치해석, 그리고 초기 시공실적 및 유사한 조건을 갖는 계측 데이터를 토대로 종합적인 검토를 통해 결정하는 것이 합리적이다.

(2) 관리기준치의 결정은 설계・시공에 포함되는 많은 가정 조건이나 주변 환경조건 등을 고려하여 관리하기 쉽도록 여러 단계에서 판단할 수 있도록 설정한다.

(3) 재료의 성질에 의한 계측 관리기준은 구조 계산서를 참고하여 결정하여야 한다.

(4) 계측기간 중 계측 데이터의 변화에 의해 계측 관리기준은 일일변화, 주간변화, 월간변화의 절대변화량 및 변화속도 등을 참고하여 지속성 또는 급변성에 대해 각각 결정하여야 한다.

(5) 계측 관리기준은 관심, 주의, 경계, 심각수준으로 구분되는 4단계로 구분하여 각각의 단계에 대해 조치사항을 제시하여야 한다.

【표 1.6】 관리수준에 따른 대응방안(예시)

관리 수준	대 응 방 안
관심 수준	통상의 시공 및 사용 중 관리체계 유지
주의 수준	육안관측 강화, 계측 빈도의 증가, 주변 조사, 사용중단 및 통행제한에 따른 대책 검토
경계 수준	시공 및 사용 중단, 육안관측 강화, 계측 빈도의 증가, 주변 조사, 응급대책
심각 수준	시공 및 사용 중지, 대피·통행금지, 엄중 경계

12) 계측 결과 보고

(1) 계측담당자는 계측수행 후 계측 결과에 이상이 있을 경우 지체 없이 보고 하여야 하며, 그 방법은 감리원 또는 감독자와 협의 하여야 한다.

(2) 측정한 자료의 변화량, 증감정도, 증감속도, 위치를 그래프 및 요약 정리하여 주간보고를 하여야 한다.

(3) 측정한 자료는 변형량, 증감정도, 증감속도, 위치를 그래프 및 요약 정리하여 관리기준과 비교분석한 결과를 월간보고하여야 한다.

(4) 현저히 큰 변위가 발생하는 경우 또는 현장 여건상 긴급한 조치가 필요한 경우에는 수시 보고하여 대응할 수 있도록 하여야 한다.

(5) 대상시설물의 계측이 종료되면 공사기간 중 모든 계측기록결과와 성과분석자료 등을 종합 정리하여 감리원 또는 감독자에게 제출하여야 한다.

13) 직영 관리체계의 기술지도와 관리

(1) 계측시스템을 시공사가 직영할 경우 급경사지 계측업에 등록된 급경사지 계측전문 업체에 계측업무를 발주하여야 한다. 계측전문 업체는 현장 규모에 따라 기술자를 현장에 투입하고 계측기 설치 및 관련 작업에 대한 관리와 기술 지도를 해야 한다.

① 현장에서 장비의 포장 해체

② 장비의 검수와 시운전

③ 계측기 설치감독

④ 시스템 운용

⑤ 감리원 또는 감독자에 대한 기술지도 정보 및 자료제공

(2) 계약자는 공급한 장비의 적절한 보수 관리를 위한 예상 유지보수부품 및 소모품 내역을 제공하여야 한다.

2 공사 중 상시계측

2.1 일반사항

1) 적용범위

(1) 본 시방서에서 계측관리는 급경사지 절취공사 중의 안전관리를 목적으로 한다.

(2) 본 규정에 명시되지 않은 사항은 관련 설계도서 및 시방서에 따라 공사감독자, 감리원, 계측책임자, 시공관련자 등과 협의 후 계획한다.

2) 계측계획의 수립

(1) 공사착수 전에 설계 시 작성된 계획을 검토하고 현장여건을 반영하여 계측기기 설치 및 수행, 분석, 유지관리용 계측기기의 초기치 설정 및 보호 등에 대한 계획을 작성하여 감리원 또는 감독자의 승인을 득하여야 한다.

(2) 설계 시 수립된 계측계획은 시공 시 확인되는 현장여건, 지반상태 및 초기 계측 결과 등에 근거하여 필요한 경우 보완하여 적용하여야 한다.

(3) 지반의 변위계측은 기울기, 균열의 변화, 지중 수직·수평 변위, 지하수위, 간극수압, 강우량 등의 계측 계획을 수립하고, 구조물 변위 계측은 기울기, 배면 지중 공극수압, 구조물 응력, 토압, 그 외 낙석 감지 등에 대해 계측계획을 수립하여야 한다. 이때 급경사지 상부 배면 및 급경사지 하부의 시설물의 중요도, 차량 및 통행 인구 유무 등의 제반여건에 따라 가감하거나 생략할 수 있다.

(4) 사면 굴착의 영향권에 있는 특정 구조물 안전성을 판단하기 위한 지중수평변위 측정, 시설물 경사도 측정, 균열 폭 측정, 지하수위 측정, 발파진동 및 소음측정 등도 필요에 따라 사면 공사 중 계측에 포함한다.

3) 계측단면의 선정

(1) 구조적인 거동 및 안전성에 영향을 미칠 수 있는 구간과 대표적인 단면을 선정하여 계측한다.

(2) 계측위치의 선정은 현장 상황을 대표할 수 있는 장소, 또는 변형이 예측되는 장소를 선정하여야 하고 구조적으로 위험한 단면을 주 계측단면으로 선정하며, 설치위치는 사전에 감리원 또는 감독자에게 보고 후 시행하도록 한다.

4) 기준점(Reference Point)의 선정

(1) 기준점(Reference Point)은 지반변형으로 인한 수평 및 수직방향의 움직임이 없는 부

동점으로 선정되어야 하며, 계측기기의 복구 및 재설치를 위한 원점으로 활용할 수 있어야 한다.

(2) 설치된 계측기기의 상대적 위치를 용이하게 식별할 수 있는 위치에 최소한 3곳 이상을 선정하여 표지판을 부착하여야 한다.

5) 계측항목의 선정

(1) 급경사지 계측항목은 계측관리의 목적, 변위 및 변형 상황, 붕괴형태, 현장 조건 등을 충분히 검토하여 결정하여야 한다.

(2) 계측기기는 필요로 하는 데이터의 정밀도, 기기 특성, 현장 조건 등을 고려하여 계측항목에 따라 적절한 것을 선정하여야 한다.

【표 2.1】 계측항목과 계측기기

<table>
<tr><th>현상</th><th>계측의 대상</th><th>계측항목</th><th>계측수순, 계측기명</th><th>설치장소 및 설치방법</th></tr>
<tr><td rowspan="11">활동거동</td><td rowspan="7">지표면 변동 (변형, 변위)</td><td>지반 신축 변위량</td><td>지표면 신축계</td><td>지표면의 균열을 포함한 위치에 다수 설치</td></tr>
<tr><td>지반 경사 변위량</td><td>지반 경사계</td><td>지표면의 필요 장소에 다수 설치</td></tr>
<tr><td>전도, 회전량</td><td>전도스위치</td><td>이동 암괴 표면부의 필요장소에 다수 설치</td></tr>
<tr><td>낙석의 감지</td><td>감지선식 낙석감지기</td><td>낙석, 붕락 발생 장소에 필요 수 설치</td></tr>
<tr><td rowspan="3">지표 이동량</td><td>이동 말뚝 측량</td><td>지표면에 다수 이동말뚝을 설치하여 광파측량 실시</td></tr>
<tr><td>GNSS 측량 (Global Navigation Satellite System)</td><td>지표면에 고정 관측점과 필요 장소에 다수 이동 표점을 설치하여 인공위성에 따라 측량 및 해석</td></tr>
<tr><td>침하핀 측량</td><td>지표의 균열을 낀 침하핀을 다수 설치</td></tr>
<tr><td rowspan="4">지중 변동 (변형, 변위)</td><td rowspan="3">활동면의 위치
활동 암괴 이동량</td><td>삽입식 지중경사계</td><td rowspan="3">보링구멍을 이용하여 활동면을 끼고 다수 설치</td></tr>
<tr><td>고정식 지중경사계 (설치형 지중경사계)</td></tr>
<tr><td>지중 변위계</td></tr>
<tr><td>지중의 융기, 침하량 이동량</td><td>지중 변위계</td><td>보링구멍을 이용하여 변위 발생 깊이 보다 깊게 설치</td></tr>
<tr><td rowspan="4">구조물의 거동</td><td rowspan="4">변위, 변형</td><td>옹벽, 말뚝 등에 작용하는 토압</td><td>토압계</td><td>구조물의 필요장소에 다수 설치</td></tr>
<tr><td>앵커에 작용하는 장력 등</td><td>로드셀</td><td>앵커 구조물의 필요 장소에 다수 설치</td></tr>
<tr><td>대책공 변형 (축력, 휨모멘트로 환산)</td><td>변형게이지</td><td>대책공의 필요장소에 다수 설치</td></tr>
<tr><td>철근의 변형 (축력, 휨모멘트로 환산)</td><td>철근계 (록볼트, 네일링 축력계)</td><td>원지반 보강재로서의 철근에 있어서 필요 장소에 다수 설치</td></tr>
</table>

현상	계측의 대상	계측항목	계측수순, 계측기명	설치장소 및 설치방법
구조물의 거동	변위, 변형	구조물 변위량	구조물 표면경사계	필요에 따라 구조물 표면에 다수 설치
			광파 측량법	대책공이나 기설 구조물 표면의 필요 장소에 다수 표점을 설치하여 광파측량 실시
		강관 말뚝 변위	삽입형 지중경사계	강관 말뚝 내부의 필요 장소에 다수 설치
		균열 폭, 진행 속도량	균열게이지	대책공이나 기설 구조물 표면에 발생된 균열을 끼고 다수 설치
		뿜어 붙이기의 열화도, 공동추정	열 적외선 영상법 (리모트센싱기법)	적외선 카메라에 의한 뿜칠 콘크리트 표면 온도 정보의 영향 해석을 하여 배면 공동을 추정
수문상황	지하수변동 수압변동	지하수위	지하수위계	관측정이나 보링공내를 이용하여 설치
		활동면의 간극수압변동	간극수압계	보링공내의 활동면 예측 부근에 설치
	기상 자료	누적우량, 우량강도 실효우량, 융설량	우량계	계측 대상 사면에 가급적 근접된 적절한 장소에 수평으로 설치
		융설량의 추정	적설량계	계측 대상 사면에 가급적 근접된 적절한 장소에 수평으로 설치
	지하수 배수 효과	배수량의 변화	유량계	배수로의 필요 장소에 방축을 만들어 다수 설치 배수로의 노치 등에 다수 설치

6) 계측기기의 배치

(1) 계측기기의 배치(설치 또는 배치밀도)는 계측기기의 선정과 동시에 중요한 검토사항으로 급경사지 붕괴나 활동 등의 분포상황, 위험상황, 계측기기의 특성 및 현지조건 등을 고려하여 효율적으로 파악할 수 있는 위치에 배치하여야 한다.

(2) 급경사지의 손상 규모나 위험도를 기준으로 계측기기 배치밀도를 설정하는 것이 바람직하며, 예·경보의 정확성을 위해 붕괴나 활동 등의 위험인자별로 여러 종류의 계측기기를 다수 배치하여 상호의 계측자료를 검토하여야 한다.

(3) 구체적인 계측기기의 배치에 대해서는 상세한 현장조사나 지질조사 등을 실시하여 붕괴 또는 활동의 형태를 추정한 다음, 각각의 원인별로 계측항목과 계측기기의 관련성을 검토한 후에 배치 계획(설치 위치, 배치 밀도, 설치 깊이 등)을 수립하여야 한다.

【표 2.2】 사면의 붕괴 형태와 계측기의 배치(예)

붕괴 형태	대상 지질	계측항목	계측기 및 방법	계측상의 문제점	비 고
평면 활동 붕괴	연암, 경암	① 지표 변위량(수평, 수직성분) ② 지중 변위량(활동면의 확인)	① 지표면신축계, 이동말뚝측량, 침하핀, GNSS 등 ② 지중경사계, 지중변위계 등	활동면 위치나 상부 인장균열의 위치를 예측하기 어렵고, 깎기 후의 거동 계측 가능(지질구조 조사나 땅깎기 후의 사면 상세 관찰을 실시하는 것이 중요)	필요하면 우량계와 지하수위 관측을 실시
쐐기 활동 붕괴	연암, 경암			활동 블록의 사전 결정이 어렵고, 계측위치의 결정이 곤란(지질구조 조사나 땅깎기 후의 사면 상세 관찰을 실시하는 것이 중요)	필요하면 우량계와 지하수위 관측 실시
원호 활동 붕괴	토사, 연암, 경암			활동 블록의 사전 결정이 어렵고, 계측위치의 결정이 곤란(지질구조 조사나 땅깎기 후의 사면 상세 관찰을 실시하는 것이 중요)	필요하면 우량계와 지하수위 관측을 실시
복합 활동 붕괴	토사, 연암, 경암, 암반 땅사태 풍화암 활동			사전조사 결과에서 지질구조를 검토하고 파괴 토체의 범위를 예측하여 계측을 실시할 필요가 있음.(초기 지반변형의 경우 지형을 통한 예측은 곤란)	필요하면 우량계와 지하수위 관측을 실시
전도 붕괴	연암, 경암	① 지표 변위량(수평, 수직성분, 경사량) ② 지중 변위량(활동면의 확인, 수평변위량)	① 지표면신축계, 광파측량법 ② 지중경사계, 지중 변위계	전도와 낙석·붕락의 구별이 의외로 어렵고, 충분한 지질조사를 실시하여 지질구조를 파악할 필요가 있음(계측 자료에서 사면의 안정 평가와 결부시키는 것이 어려움)	
좌굴 붕괴	연암	① 지표 변위량 ② 지중 변위량(수평, 수직 변위량) ③ 대책공 계측	① 광파측량법 ② 지중 변위계 ③ 록볼트 축력계	실측 자료의 암체 좌굴 파괴와 결부 평가가 어려움.	주상절리나 층리가 발달된 경암 사면
응력 개방에 의한 변위	토사, 연암, 경암	① 지표면 변위량 ② 지중 변위량	① 광파측량법 ② 지중 변위계, 지중 경사계, 파이프변형계	응력개방에 따른 지반 팽창인지, 활동이나 붕괴에 의한 변위인지의 구별이 어렵고, 응력 개방에 의한 변위가 발생된 경우 사면과 주변의 안정성 평가가 어려움	열수변질을 받은 바위로 점토광물을 함유하는 경우 많이 발생.
붕락 현상	연암, 경암	① 낙석표면 변위량 ② 낙석감지 ③ 대책공계측	① 광파측량법 ② 낙석감지기 ③ 록볼트 축력계, 숏크리트 응력계	전조 현상이 생긴 다음 붕락이 발생될 때까지의 시간이 짧음. 계측보다 붕락 대책이 우선되는 경우가 많은 편이며, 대책공의 거동 계측 필요.	낙석감지기는 사후 검지이며, 예측되지 않음

7) 계측기기의 선정

(1) 계측기기는 계측목적에 적합한 정확도를 가져야 하며 최대 예상변화량 이상의 측정범위를 가져야 한다.

(2) 급경사지 계측은 장기적인 계측이 되므로 계측기기별 평가항목을 감안하여 선정을 하여야 한다.

8) 제출물

(1) 계측책임자는 설치 전에 제반 계측 장비에 대한 도면, 자료 및 시방서를 승인용으로 제출해야 한다.

① 시스템 종합 규격 및 설명서(System engineering) : 본 시방서의 각 항목별로 기술 규격이 일치하도록 작성하며, 시스템 및 계측기기의 호환성 검토결과가 포함된 자료

② 공급 자재 명세 및 자재별 규격

③ 공정 계획표

④ 기자재 공급 내역

⑤ 기술 자료 및 도면

⑥ 설치를 위한 상세한 방법, 지침 및 도면

(2) 계측책임자는 계약 후 제반 계측시스템 설치에 관련된 제반 서류를 제출하여야 한다.

① 제작공정표 : 계약 내용 제반에 대한 단계별 공정표

② 제작기기 규격 : 종류 및 규격, 도면 및 구조, 제작 특기사항 및 특성, 표준도면, 기타 필요한 사항

③ 설치 공사용 자료 : 계측기기 간 연결도 및 공급 케이블 내역, 기기 설치 환경 조건

④ 발주처가 제공할 자료 명세 : 시스템 설계 제작에 필요한 자료

2.2 장치

1) 계측기기

(1) 지표변위, 기울기, 균열 측정(신축계, GNSS 수신기, 낙석감지기) : 급경사지의 지표면 변동을 확인하기 위하여 설치한다.

(2) 지중경사계 : 급경사지의 활동으로 인한 지중 변위를 확인하기 위하여 설치한다. 천공

할 때 지반의 물성 자료를 확보할 수 있도록 시추 조사 작업이 선행되어야 하며, 그 시추공에 계측기를 설치하는 것을 원칙으로 한다.

(3) 지하수위계 : 급경사지의 자연수위 변위를 확인하기 위하여 설치한다. 센서는 해당 급경사지의 투수계수보다 2배 정도 되는 필터가 내장되어 있어야 한다.

(4) 간극수압계 : 급경사지의 강우와 지하수위 변동에 따른 지반 내 간극수압 변위를 확인하기 위하여 설치한다.

(5) 강우량계 : 급경사지의 강우량 자료 취득을 위하여 사면의 지표에 설치한다. 겨울철에 내리는 눈의 양을 강우로 환산 할 수 있는 강설량계는 현장 여건에 따라 설치한다.

2) 계측 데이터 취득시스템

(1) 붕괴 및 활동의 진행 특성, 사면 및 사면시설의 중요도, 피해 발생 시 영향, 경제성, 계측빈도 등을 고려하여 계측 데이터 취득시스템을 선택하여야 한다.

(2) 급경사지 붕괴 및 활동 등에 의한 피해를 미연에 방지하거나 최소화하기 위해서는 조기에 징후를 감지하는 것이 중요하고, 모니터링과 동시에 신속하게 그 정보를 전달, 처리하는 것이 필요하며 계측 데이터의 취득, 처리, 해석까지를 일괄하여 처리하는 자동화 기술을 사용하는 것이 바람직하다.

2.3 설치 및 시공

1) 계측기기의 설치

(1) 지중에 매설되는 계측기기는 지반의 교란을 최소화할 수 있는 천공 장비를 사용하여 설치하여야 한다.

(2) 천공을 하여 설치하는 계측기기의 기준점은 예상되는 활동면 아래의 변위 발생이 없는 지점의 암반까지 천공하여 설치하여야 하며, 기준점을 기준으로 급경사지의 변위를 계측하는 경우 기준점은 급경사지의 변형 발생 시 영향을 받지 않은 곳에 설치하여야 한다.

(3) 사전조사 결과 공사 중 변위가 발생할 것으로 예상되는 곳은 공사에 선행하여 설치하여야 하며, 계측기 특성상 시공이 완료되지 않은 상태에서 설치가 어려운 것은 해당 급경사지의 시공이 완료된 직후 48~72시간 이내에 설치한다.

2) 계측기기의 보정

(1) 계측기기는 설치 전 및 설치 직후에 동작성능을 검사하고 필요시 보정하여야 한다.

(2) 계측수행 중 계측 데이터가 특이하게 변화되는 경우 계측기기의 이상 유무를 확인하고 필요시 보정하여야 한다.

3) 계측기기의 보호

(1) 설치된 계측기기 주변은 계측기기 관리 및 계측수행을 위하여 날씨 및 동식물의 생육으로 인한 악영향을 받지 않도록 충분한 보호조치를 취하여야 한다.

(2) 강우량계는 설치되는 지점의 강우를 정확하게 측정하여야 하므로 낙엽 등의 영향을 받지 않는 곳을 선정하여 설치한다.

4) 데이터 전송 케이블 설치

(1) 급경사지의 붕괴 특성상 사면의 계측은 실시간 계측이 필요함으로 계측 데이터의 전송을 위한 케이블은 상시계측용으로 적합한 형식을 선정하여야 한다.

(2) 계측 데이터 전송 케이블은 전용 케이블을 사용하여야 하며, 계측기기와 연결 후 측정지점까지 단일 선으로 구성하여야 한다.

(3) 모든 계측기기의 배선은 계측용 배관을 설치하여 보호하여야 한다.

(4) 케이블 끝단은 방수처리를 하여 측정 시부터 유지 관리실까지 물이 침투하지 못하도록 하여야 한다.

5) 계측시스템 설치에 따른 검수 및 시험

(1) 현장에서 실시하는 검수는「계측기기 성능검사 기준에 관한 규정」제5조 제2항에 따라 실시한다.

(2) 장기 또는 상시 계측을 위한 설치 공사 후 조정 및 시험을 완료하고 시운전 시험을 실시해야 한다.

6) 계측기기의 관리

(1) 설치된 계측기 주변은 계측기기 관리 및 계측수행을 위하여 날씨 및 동식물의 생육으로 인한 영향을 받지 않도록 보호조치를 취하여야 하며 계측기기명, 위치, 초기측정일자와 초기측정값이 기록된 표시판을 설치하여 관리 한다.

(2) 날씨 및 동식물의 생육, 발파 또는 기타의 이유로 계측기가 손상되었을 경우에는 손상 계측기 인접부에 계측기를 재설치한 후 계측을 계속 수행하여야 한다.

7) 계측의 수행

(1) 계측의 수행과 관리는 유지관리 주체가 계측전담반을 직접 운영하거나 급경사지 계측 전문 업체에 위탁하여 수행할 수 있다.

(2) 계측책임자는 계측기기의 특성과 급경사지 거동을 이해할 수 있는 지반관련 분야의 기술자이어야 한다.

8) 계측 빈도

(1) 계측 빈도는 급경사지 상황, 현장 특성 및 전문가의 검토로 결정하여야 한다.

(2) 계측 빈도를 결정하는 방법은 일반적으로 사면 상태에 변위 및 변형 현상이 발생하여 시공 중 작업원의 안전 확보가 우선되는 경우 계측 빈도를 늘리도록 한다.

(3) 공사 완료 후 또는 대책공법 시공 후와 같은 경우에는 보통의 빈도로 하는 것을 기본으로 한다.

(4) 급경사지 붕괴나 활동 등은 호우, 융설, 지진 등의 외적 요인으로 인해 발생하는 경우가 많으므로 이와 같은 요인이 발생된 경우에는 당초의 계측 계획으로 설정된 계측 빈도에 구애되지 않고, 호우, 지진 후의 순회, 점검을 실시하는 동시에 계측 빈도를 늘려서 사면 거동을 감시하여야 한다.

(5) 수동계측을 하는 경우 계측 빈도는 표 2-3을 참조할 수 있다.

【표 2.3】 수동계측 시 계측빈도의 목표

<table>
<tr><th rowspan="2">계측 대상</th><th rowspan="2">계측기</th><th colspan="5">계측빈도의 목표(수동계측대상)</th></tr>
<tr><th>조사계획단계</th><th>시공단계</th><th>유지관리단계</th><th>효과판정</th><th>긴급시</th></tr>
<tr><td rowspan="8">지표면변동
(변형,
변위)</td><td>지표면 신축계</td><td rowspan="2">3~4회/년</td><td rowspan="2">1회/일 또는
1~2회/주</td><td rowspan="2">4~6회/년</td><td rowspan="2">1~2회/주
또는 1회/월</td><td rowspan="2">1~2회/일</td></tr>
<tr><td>지반 경사계</td></tr>
<tr><td>전도 스위치</td><td></td><td rowspan="2">상시감시</td><td rowspan="2">상시감시</td><td rowspan="2">상시감시</td><td rowspan="2">상시감시</td></tr>
<tr><td>감지선식
낙석감지기</td><td></td></tr>
<tr><td>이동말뚝 측량</td><td></td><td rowspan="2">1회/일 또는
1~2회/주</td><td rowspan="2">4~6회/년</td><td rowspan="2">1~2회/주
또는 1회/월</td><td rowspan="2">1~2회/일</td></tr>
<tr><td>지표침하핀 측량</td><td></td></tr>
<tr><td>GNSS 측량</td><td></td><td colspan="4">수신기를 설치하면 1~2회/일의 측정 가능. 측정 빈도의 기준은 현재 없으나, 지표면의 수평방향 이동량 측정이 주가 되며, 이동말뚝 측량의 빈도와 같은 정도가 목표임</td></tr>
</table>

계측 대상	계측기	계측빈도의 목표(수동계측대상)				
		조사계획단계	시공단계	유지관리단계	효과판정	긴급시
지중 변동 (변형, 변위)	지중 경사계 (Inclinomete)	3~4회/년	1회/일 또는 1~2회/주	4~6회/년	1~2회/주 또는 1회/월	1~2회/일
	고정식 지중경사계 (In-Place-Inclinometer)					
	지중 변위계 (Rod-Extensometer)					
작용외력	토압계		1회/일 또는 1~2회/주	4~6회/년	1~2회/주 또는 1회/월	1~2회/일
	하중계					
내부응력	변형게이지					
	록볼트, 네일링 축력계					
구조물의 변형, 변위	구조물 표면경사계		1회/일 또는 1~2회/주	6~12회/년	1~2회/주 또는 1회/월	1~2회/일
	광파 측량법					
	지중 경사계					
	크랙 게이지					
변형 (열화도)	열적외선 영상법 (리모트센싱수법)		필요시	필요시	필요시	필요시
지하수변동	지하 수위계	자기기록 매일 관측	자기기록 매일 관측	자기기록 매일 관측	자기기록 매일 관측	자기기록 매일 관측
수압 변동	간극 수압계					
기상자료	우량계	자기기록 매일 관측				
	적설량계	필요시 관측	필요시 관측	필요시 관측	필요시 관측	필요시 관측
지하수 배수효과	유량계	자기기록 매일 관측	자기기록 매일 관측	자기기록 매일 관측	자기기록 매일 관측	자기기록 매일 관측
※ 해빙기·우기·태풍 및 지진 등에는 계측빈도를 늘려야 한다.		사전조사 결과 특히, 관측이 필요한 장소의 위험도 판정 목적	공사 전에 현장 계측을 하며, 대책공 시공이나 공사의 안전 확보	보전 대상물이나 인명의 안전 확보를 위해 긴급대피 등의 조치를 목적	사면붕괴 대책공 시공후의 대책 효과 확인 목적	시공 중이나 유지관리단계에 있어서 붕괴나 사면의 변동이 진행되는 경우

9) 계측기간

(1) 계측기간은 계측의 목적, 급경사지 붕괴나 산사태 등의 위험상황, 붕괴형태, 계측기기의 특성, 계측기기의 배치, 현장 조건(특히 보전대상 구조물) 등을 고려하여 설정 한다.

(2) 계측기간은 급경사지의 규모와 그 영향도, 보전대상 구조물의 중요도, 대책공의 유무, 급경사지 내 시설 등에 따라 결정해야 한다. 급경사지의 변동 상황은 강우나 융설 등 기상 요인의 영향을 파악하기 위해서는 1년 정도 계측을 지속할 필요가 있다.

(3) 일반적인 계측 개시시기와 완료시기 결정의 기본적인 방법은 다음과 같다.

① 사전 현장답사 및 암반 조사에서 불안정 또는 위험한 급경사지로 판단된 경우에는 공사시공 전부터 개시한다.(변형기구의 조사 및 관측, 사면 안정성 평가, 해석 결과와의 대비, 정보화 시공 등의 목적)

② 대책공법 시공 후부터 개시한다.(대책공법의 효과 확인, 보조대책공법의 수립, 역해석 등의 목적)

③ 급경사지 내에서 육안으로 확인되는 변형이 발생된 시기부터 개시한다.(변형기구의 조사 및 해명, 사면 안정성 평가, 시공관리, 대책공법의 수립, 역해석, 붕괴 예측 등의 목적)

(4) 계측 완료시기는 기본적으로 급경사지의 변동이 계측되지 않는 시점을 기준으로 하며, 그 후 급경사지에 융설, 우기, 태풍, 가을비 등이 미치는 영향을 판단하기 위해서 1년간 계측을 계속하고, 그 중간에 있어서도 변동이 보이지 않게 된 것을 확인하여 완료하여야 한다.

10) 계측 데이터의 정리 및 분석

(1) 모든 계측 데이터 기록지에는 사업명, 위치, 급경사지명, 측점, 계측항목, 계측위치, 측정일시, 측정자 등을 기재하여야 한다.

(2) 계측 데이터는 지반거동을 이해하고 사면 절토공사 설계·시공·계측 경험이 풍부한 건설관련분야의 기술자에 의하여 분석되어야 한다.

(3) 계측 데이터 분석결과 급경사지의 안전성에 문제가 있다고 판단되는 경우에는 이에 대한 적절한 응급조치를 취하고, 그 원인을 규명하여 보강 대책을 강구하여야 한다.

11) 계측 관리기준

(1) 계측 관리기준은 지반의 거동상태, 인접구조물의 안전한계와 암반 역학적인 조건에 의하여 결정되므로 기준적인 수치를 정확히 제시하기가 어렵기 때문에 초기 시공실적을 토대로 관리기준을 수시로 수정해 가는 방법이 가장 합리적이고 실질적이다.

(2) 계측 관리기준은 계측 데이터에 대해 안전한 수준을 의미하는 것으로써 사면 특성, 현장상황, 피해발생 시 규모 등을 고려하여 계측 관리기준치를 설정하여야 한다.

12) 계측 결과 보고

(1) 계측담당자는 계측수행 후 계측 데이터에 이상이 있을 경우 지체 없이 일일보고를 하여야 하며, 그 방법은 감리원 또는 감독자와 협의하여야 한다.

(2) 측정한 데이터의 변화량, 증감정도, 증감속도, 위치를 그래프 및 요약 정리하여 주간보고를 하여야 한다.

(3) 측정한 데이터의 변화량, 증감정도, 증감속도, 위치를 그래프 및 요약 정리하여 관리기준과 비교분석하여 월간보고를 하여야 한다.

(4) 현저히 큰 변위가 발생하는 경우 또는 현장 여건상 긴급한 조치가 필요한 경우에는 수시 보고하여 대응할 수 있도록 하여야 한다.

(5) 대상시설물의 계측이 종료되면 공사기간 중 모든 계측기록결과와 성과분석자료 등을 종합 정리하여 감리원 또는 감독자에게 제출하여야 한다.

3 유지관리 상시계측

3.1 일반사항

1) 적용범위

(1) 본 시방서의 계측관리는 급경사지 유지관리 및 안전관리를 목적으로 한다.

(2) 급경사지 유지관리 계측은 시공이 완료된 후 사용기간 중 발생하는 급경사지의 거동을 측정하여 설계시의 불확정성 확인 및 안정성 평가 등의 안전관리 기본 자료를 취득하고, 손상 및 이상거동 여부에 관한 정보를 관리주체에 조기에 제공함으로써 그에 따른 대책을 세울 수 있도록 하여 사면의 안정성을 확인하고 인명과 재산 보호에 그 목적이 있다.

(3) 급경사지 및 관련 구조물 보호를 위한 유지관리계측은 「급경사지 재해예방에 관한 법률」에 따른다.

(4) 위 (1), (2), (3) 항 이외의 목적에 대한 계측관리는 별도로 계획한다.

(5) 본 규정에 명시되지 않은 사항은 관련 설계도서, 설계기준 및 표준시방서에 따라 공사감독자, 감리원, 계측책임자, 시공관련자 등과 협의 후 계획한다.

2) 계측관리 대상 선정

(1) 관리기관은 붕괴위험지역 지반의 침하, 활동, 전도 및 붕괴 등으로 위치변화를 사전에 감지할 필요가 있다고 판단되는 급경사지를 선정하여 계측관리를 실시하여야 한다.

(2) 계측관리 필요 여부를 판단하기 위해서는 재해위험도 평가 또는 정밀안전진단을 통하여 재해위험도 및 사면안정성을 평가하여야 한다.

(3) 재해위험도 평가 결과를 통보받은 관리주체는 실시결과에 급경사지 붕괴와 같은 중대한 결함사항이 포함되어 있는 경우에는 유지관리 목적에 부합한 계측계획을 수립하여야 한다.

(4) 재해위험도평가 결과 계측관리의 필요성이 없다고 할지라도 급경사지 붕괴 시 사회·경제적으로 큰 피해가 우려되는 급경사지는 유지관리기관의 판단에 의해 계측관리를 할 수 있다.

(5) 공사 중 안전관리를 위하여 설치한 계측기기가 유지관리 계측으로 이관된 경우 급경사지가 안정화되었다고 판단될 때까지 계측관리를 하여야 한다.

3) 계측계획의 수립

(1) 공사 중 안전 및 품질관리뿐만 아니라 유지관리를 위해 설치한 계측기기를 연속성 있게 활용하는 경우, 공사 중 실시한 계측 결과를 분석하고, 유지관리 계측에 적합한지를 검토하여 유지관리 계측계획을 수립하여야 한다.

(2) 유지관리 계측을 위해 신규로 계측기기를 설치하고자 하는 경우에는 정밀안전진단 및 재해위험도 평가를 실시하고, 평가 결과 계측계획이 필요하다고 판단되는 경우에 급경사지 관리기관은 계측관리 계획을 수립하여야 한다.

(3) 계측계획은 사면의 안전성 해석결과, 상부 및 하부의 시설물의 중요도, 차량 및 통행인구 유무 등의 제반여건을 고려하여 관리주체, 재해위험도 평가책임자 또는 정밀안전진단 책임기술자, 계측관련 전문기술자 등이 상호 협의하여 수립한다.

(4) 급경사지의 경우 지표의 변위 계측은 기울기, 균열 변화 및 지중 수직, 수평 변위, 지

하수위, 간극수압, 강우량 등 급경사지 감시 및 낙석 감지 등 급경사지 유지관리 목적에 부합한 계측계획을 수립한다.

(5) 옹벽과 같은 구조물이 있는 경우 구조물 변위 계측은 기울기, 배면 지중 공극수압, 구조물 응력, 토압 등에서 구조물의 유지관리 목적에 부합한 계측계획을 수립한다.

(6) 급경사지 붕괴 영향권 내에 특정 구조물의 안전성을 판단하기 위한 지중수평변위 측정, 시설물경사도 측정, 균열 폭 측정, 지하수위 측정 등도 필요에 따라 계측계획에 포함한다.

(7) 유지관리 계측 책임기술자는 기 작성된 계획서의 계측기기 및 계측시스템을 검토하고, 현장여건을 반영한 계측기기 설치 및 계측 수행, 분석, 유지관리용 계측기기의 초기치 설정 및 보호 등에 대한 계획을 수립하여 관리주체의 승인을 득한 후 계측기기 및 계측장치를 설치하여야 한다.

(8) 공사 중 계측에서 유지관리 계측으로 전환 된 경우 계측 책임기술자는 설계시나 준공시 수립된 계측계획에 대해 현장여건, 지반상태 및 초기 계측 결과 등을 검토하고, 필요한 경우 보완하는 계획을 수립하여 관리주체의 승인을 득한 후 적용하여야 한다.

(9) 유지관리용 계측기기중 수리 및 교체가 불가능한 매설형기기는 작동불량이나 고장에 대비하고 준공 후 계측시스템의 하자보수기간 이후에도 정상적으로 작동할 수 있도록 관리기관은 계측시스템 유지보수 계획을 수립하여야 한다.

4) 계측단면의 선정

(1) 계측단면은 급경사지의 정밀안전진단, 현장조사 및 안전성 평가결과를 참고하여 결정하여야 한다.

(2) 계측단면은 현장 상황을 대표할 수 있는 단면, 변형이 예측되는 단면, 붕괴 시 영향범위가 최대인 단면을 선정하여야 하고, 구조적으로 위험한 단면을 주 계측단면으로 선정하여야 한다.

5) 기준점(Reference Point)의 선정

(1) 기준점(Reference Point)은 지반변형으로 인한 수평 및 수직방향의 움직임이 없는 부동점으로 선정되어야 하며, 계측기기의 복구 및 재설치를 위한 원점으로 활용할 수 있어야 한다.

(2) 설치된 계측기기의 상대적 위치를 용이하게 식별할 수 있는 위치에 최소한 3곳 이상을 선정하여 표지판을 부착하여야 한다.

6) 계측항목의 선정

(1) 급경사지 계측항목은 정밀안전진단결과, 계측관리의 목적, 변위 및 변형 상황, 붕괴형태, 사면 상·하부 구조물 및 차량 통행여부 등을 검토하여야 한다.

(2) 계측관리의 주목적과 부합하는 계측항목을 선정하여야 한다.

7) 계측기기의 배치

(1) 계측 데이터의 신뢰성 확보를 위하여 적정한 위치를 선정하여 충분한 양의 계측기기를 배치하여야 한다.

(2) 급경사지의 손상 규모나 위험도를 기준으로 계측기기 배치밀도를 설정하고, 붕괴나 활동 등 위험인자별로 여러 종류의 계측기기를 다수 배치하여 상호의 계측자료를 검토하여야 한다.

(3) 계측기기의 배치에 대해서는 정밀안전진단을 통해 현장조사, 지질조사 및 사면안정검토 등을 실시하여 붕괴 또는 활동의 형태를 추정하고 각각의 원인별로 계측항목과 계측기기의 관련성을 검토한 다음에 배치 계획(설치 위치, 배치 밀도, 설치 깊이 등)을 수립하여야 한다.

【표 3.1】 계측기기별 배치장소 및 설치 방법

현상	계측의 대상	계측항목	계측수순, 계측기명	배치장소
활동 거동	지중변동 (변형, 변위)	지반 신축 변위량	지표면 신축계	지표면의 균열을 낀 다수 배치
		지반 경사 변위량	지반 경사계	지표면의 필요 장소에 다수 배치
		전도, 회전량	전도스위치	이동암괴 표면부의 필요장소에 다수 배치
		낙석의 감지	감지선식 낙석감지기	낙석, 붕락 발생 장소에 필요 수만큼 배치
		지표 이동량	이동 말뚝 측량	지표면에 다수 이동말뚝을 배치하여 광파측량을 한다.
			GNSS 측량	지표면에 고정 관측정과 필요 장소에 다수 이동 표점을 배치하여 인공위성에 따라 측량, 해석한다.
			침하핀 측량	지표의 균열을 낀 침하핀을 다수 배치
		활동면의 위치 활동 암괴 이동량	삽입식 지중경사계	보링구멍을 이용하여 활동면을 끼고 다수 배치
			고정식 지중경사계 (설치형 지중경사계)	
			지중 변위계	
		지중의 융기, 침하량 이동량	지중 변위계	보링구멍을 이용하여 변위 발생 깊이 보다 깊게 배치

현상	계측의 대상	계측항목	계측수순, 계측기명	배치장소
구조물의 거동	작용 외력	옹벽, 말뚝 등에 작용하는 토압	토압계	구조물의 필요장소에 다수 배치
		앵커에 작용하는 장력 등	로드셀	앵커 구조물의 필요 장소에 다수 배치
	내부 응력	대책공 변형(축력, 휨모멘트로 환산)	변형게이지	대책공의 필요장소에 다수 배치
		철근의 변형(축력, 휨모멘트로 환산)	철근계 (록볼트, 네일링 축력계)	원지반 보강재로서의 철근에 있어서 필요 장소에 다수 배치
구조물의 거동	변위, 변형	구조물 변위량	구조물 표면경사계	대책공이나 기설 구조물 표면의 필요 장소에 다수 배치
			광파 측량법	대책공이나 기설 구조물 표면의 필요 장소에 다수 표점을 배치하여 광파측량 실시
		강관 말뚝 처짐량	삽입형 지중경사계	강관 말뚝 내부의 필요 장소에 다수 배치
		균열폭, 진행 속도량	균열게이지	대책공이나 기설 구조물 표면에 발생된 균열을 끼고 다수 배치
		뿜어 붙이기의 열화도, 공동추정	열 적외선 영상법 (리모트센싱기법)	적외선 카메라에 의한 뿜칠 콘크리트 표면 온도 정보의 영향 해석을 하여 배면 공동을 추정
수문 상황	지하수 변동 수압변동	지하수위	지하수위계	관측정이나 보링공내를 이용하여 설치
		활동면의 간극수압변동	간극수압계	보링공내의 활동면 예측 부근에 배치
	기상 자료	누적우량, 우량강도 실효우량, 융설량	우량계	계측 대상 사면에 가급적 근접된 적절한 장소에 수평으로 설치
		융설량의 추정	적설량계	계측 대상 사면에 가급적 근접된 적절한 장소에 수평으로 설치
	지하수 배수효과	배수량의 변화	유량계	배수로의 필요 장소에 방축을 만들어 다수 배치 배수로의 노치 등에 다수 배치

【표 3.2】 계측기 적용 사례

계측 대상	계측기
지표면변동(변형, 변위)	지표면 신축계
	지반 경사계(Tiltmeter)
	전도 스위치
	감지선식 낙석감지기
	이동말뚝 측량
	지표 침하핀 측량
	GNSS 측량(Global Navigation Satellite System)
지중 변동(변형, 변위)	지중 경사계(Inclinometer)
	고정식 지중경사계(In-Place-Inclinometer)
	지중 변위계(Rod-Extensometer)
작용외력	토압계
	하중계
내부응력	변형게이지
	록볼트, 네일링 축력계
구조물의 변형, 변위	구조물 표면경사계
	광파 측량법
	지중 경사계
	크랙 게이지
변형(열화도)	열적외선 영상법(리모트센싱 수법)
지하수위 변동	지하수위계
	간극수압계
기상 자료	우량계
	적설량계
지하수 배수 효과	유량계

8) 계측기기의 선정

(1) 급경사지에 대한 계측을 실시하는 경우, 급경사지의 종류, 지형·지질조건, 재해형태 및 규모 등을 감안하여 이에 적합한 계측기기를 사용하여야 한다.

(2) 계측기기는 필요로 하는 데이터의 정밀도, 기기 특성, 현장 조건 등을 고려하여 계측 항목을 선정하여야 한다.

(3) 계측기기는 설치, 측정 및 유지관리가 용이하고, 측정기간 동안의 내구성이 유지되어야 한다.

(4) 유지관리용 계측기기는 매설형 혹은 외부 노출형을 사용하는데 매설형의 경우 고장 시 수리가 불가능한 경우가 있으므로 기기 작동불량이나 고장에 대비하여 계측기기 선정 계획을 수립하여야 한다.

3.2 장치

1) 계측기기

(1) 지표 변위, 기울기, 균열 측정(신축계, GNSS 수신기, 낙석감지기) : 급경사지의 지표면 변동을 확인하기 위하여 설치한다.

(2) 지중경사계 : 급경사지의 활동으로 인한 지중 변위를 확인하기 위하여 설치한다. 천공할 때 지반의 물성 자료를 확보할 수 있도록 시추 조사 작업이 선행 되어야 하며, 그 시추공에 계측기를 설치하는 것을 원칙으로 한다.

(3) 지하수위계 : 급경사지의 자연수위 변위를 확인하기 위하여 설치한다. 해당 급경사지의 투수계수보다 2배 정도 되는 필터가 내장되어 있어야 한다.

(4) 간극수압계 : 급경사지의 강우와 지하수위 변동에 따른 지반내 간극수압 변위를 확인하기 위하여 설치한다. 간극수압 변위를 0.1MPa 이상의 정확도로 측정할 수 있어야 한다.

(5) 강우량계 : 급경사지의 강우량의 기상 자료 취득을 위하여 사면의 지표에 설치한다. 겨울철에 내리는 눈의 양을 강우로 환산 할 수 있는 강우설량계는 현장여건에 따라 설치한다.

2) 계측 데이터 취득시스템

(1) 붕괴 및 활동의 진행 특성, 급경사지 및 급경사지 내 시설의 중요도, 피해 발생 시 영향, 경제성, 계측빈도 등을 고려하여 계측 데이터 취득시스템을 선택하여야 한다.

(2) 급경사지 붕괴 및 활동 등에 의한 피해를 미연에 방지하거나 최소화하기 위해서는 조기에 징후를 감지하는 것이 중요하고, 모니터링과 동시에 신속하게 그 정보를 전달, 처리하는 것이 필요하며, 계측 데이터의 취득, 처리, 해석까지를 일괄하여 처리하는 자동화 기술을 사용하는 것이 바람직하다.

3.3 설치 및 시공

1) 계측기기의 설치

(1) 지중에 매설되는 계측기기는 지반의 교란을 최소화할 수 있는 천공 장비를 사용하여 설치하여야 한다.

(2) 천공을 하여 설치하는 계측기기의 기준점은 예상되는 활동면 아래의 변위 발생이 없는 지점의 암반까지 천공하여 설치하여야 하며, 기준점을 기준으로 사면의 변위를 계측하는 경우, 기준점은 급경사지의 변형 발생 시 영향을 받지 않은 곳에 설치하여야 한다.

2) 계측기기의 보정

(1) 계측기기는 설치 전 및 설치 직후에 동작성능을 검사하고, 필요시 보정하여야 한다.

(2) 계측수행 중 계측치가 특이하게 변화되는 경우, 계측기의 이상 유무를 확인하고, 필요시 보정하여야 한다.

3) 계측기기의 보호

설치된 계측기기 주변은 계측기기 관리 및 계측수행을 위하여 날씨 및 동·식물의 생육으로 인한 악영향을 받지 않도록 충분한 보호조치를 취하여야 한다.

4) 데이터 전송 케이블 설치

(1) 계측 데이터의 전송을 위한 케이블은 상시계측용으로 적합한 형식을 선정하고, 케이블 포설 계획, 통신규격과 케이블 연결 및 접속에 대한 설치계획을 수립하여야 한다.

(2) 계측 데이터 전송 케이블은 전용 케이블을 사용하여야 하며, 계측기기와 연결 후 측정 지점까지 단일 선으로 구성하여야 한다.

5) 계측시스템 설치에 따른 검수 및 시험

계측시스템은 아래의 검수와 시험을 거쳐야 한다.

① 현장에서 인도 시 검수

② 현장에서 조립 완성 후 시험 작동

6) 계측기기의 관리

(1) 계측기기는 성능보존 및 계측 결과의 신뢰성 확보를 위하여 제작사가 제시한 방법과 절차에 따라 관리하여야 한다.

(2) 설치된 계측기 주변은 계측기기 관리 및 계측수행을 위하여 날씨 및 동・식물의 생육으로 인한 영향을 받지 않도록 충분한 보호조치를 취하여야 하며, 계측기기명, 위치, 초기측정 일자와 초기측정값이 기록된 표시판을 설치하여 관리하여야 한다.

(3) 날씨 및 동・식물의 생육 또는 기타의 이유로 계측기가 손상되었을 경우에는 손상 계측기 인접부에 계측기를 재설치한 후 계측을 계속 수행하여야 한다.

7) 계측의 수행

(1) 계측의 수행과 관리는 유지관리 주체가 계측전담반을 직접 운영하거나, 급경사지 계측 전문 업체에 위탁하여 수행할 수 있다.

(2) 계측책임자는 계측기기의 특성과 계측 데이터 분석을 위한 지반거동을 이해할 수 있는 지반 관련 분야의 기술자이어야 한다.

8) 계측 빈도

(1) 계측 빈도는 급경사지의 변위 및 변형 상황, 위험도, 계측기기의 특성이나 내구성, 현지조건 등을 고려하여 관리주체에서 설정한다.

(2) 급경사지의 붕괴나 활동 등은 호우, 해빙, 지진 등의 외적 요인으로 인해 발생하는 경우가 많으므로 이와 같은 요인이 발생된 경우에는 당초 계측계획으로 설정된 계측 빈도에 구애받지 않고 계측 빈도를 조정할 수 있다.

(3) 수동계측을 하는 경우 계측 빈도는 표 2-3을 참조할 수 있다.

9) 계측기간

(1) 급경사지의 계측기간은 계측목적이 완료되었을 때까지로 한다. 단, 계측을 종료하고자 할 때에는 정밀점검 및 정밀안전진단을 통한 재해위험요인 파악, 재해위험도 평가기준에 따른 재해위험도를 재평가하여 붕괴에 대한 안전성 확보 여부를 확인하여야 한다.

(2) 공사 중 이관된 계측기기를 이용한 계측관리는 기본적으로 급경사지 변동이 계측되지 않는 시점을 기준으로 적설, 해빙기, 우기, 태풍 등이 급경사지에 미치는 영향을 판단하기 위해서 1년간 추가적으로 계측을 지속하고 완료하여야 한다.

10) 계측 데이터의 정리 및 분석

(1) 계측 데이터는 지반거동을 이해하고 지반 관련 분야의 기술자가 분석하여야 한다.

(2) 계측 결과는 당해 현장 또는 유사 현장에서 수행한 수치해석결과, 경험치, 타 계측 결과 및 현장지반조건 등을 참조하여 분석하며, 계측치의 절대변화량 및 변화속도 등을 감안하여 그 안정성을 평가한다.

(3) 계측 데이터 분석결과 급경사지의 안전성에 문제가 있다고 판단되는 경우에는 감리원 또는 감독자에게 즉시 보고하고, 미리 정한 비상대책방법에 따라 행동하되, 적절한 응급조치를 취하고, 그 원인을 규명하여 항구적인 대책을 강구하여야 한다.

11) 계측 관리기준

(1) 계측관리기준은 계측 결과에 대해 안전한 수준을 의미하는 것으로서 사면안정해석 결과뿐만 아니라 사면 특성, 현장상황, 피해발생 시 규모 등을 고려하여 설정하여야 한다.

(2) 관리기준치의 결정은 지반조건, 사면의 특성, 기상조건, 급경사지의 상・하부 구조물 및 통행 유무, 피해발생시 규모 등을 고려하여 관리하기 용이하도록 여러 단계에서 판단할 수 있는 기준값을 설정하도록 한다.

【표 3.3】 관리수준 및 대응방안

관리 수준	대 응 방 안
관심 수준	통상의 시공 및 사용 중 관리체계 유지
주위 수준	육안관측 강화, 계측 빈도의 증가, 주변 조사, 사용중단 및 통행제한에 따른 대책 검토
경계 수준	시공 및 사용 중단, 육안관측 강화, 계측 빈도의 증가, 주변 조사, 응급 대책
심각 수준	시공 및 사용 중지, 대피, 통행금지, 엄중 경계

12) 계측 결과 보고

(1) 측정한 자료의 월간보고, 반기보고, 수시보고, 계측 종료 보고로 나누어 실시한다.

(2) 계측자료는 붕괴위험지역 정비사업 등으로 해당 급경사지의 붕괴 위험요인이 해소될 때까지 보존·관리하여야 한다.

급경사지 계측표준시방서 해설서 참고자료

1. 도로공사 표준시방서, 2009 – 국토교통부
2. 토목공사 표준 일반시방서, 2005 – 대한토목학회
3. 비탈면 표준시방서, 2011 – 한국시설안전기술공단
4. 건설공사 전문시방서, "토목시설물 고유공종", 2007 – 한국토지공사
5. 고속도로공사 전문시방서, "토목편", 2009
6. 주택건설 전문시방서, "토목공사", 2004
7. 건설공사 도로설계기준, 2005표
8. 건설공사 비탈면 설계기준, 2006 – 한국시설안전기술공단
9. 건설공사 및 유지관리 계측표준시방서(안), 2008 –(사)한국구조물진단유지관리공학회
10. 계측기 설치 및 운영지침(안), 2011 – 한국시설안전공단
11. 건설공사 중 및 시설물 유지관리 계측표준시방서(초안) 작성 보고서, 2007
 – (사)한국구조물진단유지관리공학회
12. 두산백과사전 EnCyber & EnCyber.com
13. 급경사지 계측전문인력교육 전문과정 상시계측 분야, 2015
 – (사)사면재해경감협회

건설공사 및 유지관리 계측표준시방서 제정 추진사항

(2008. 12 국토해양부 시설안전과 – 미 제정)

■ 제정 배경

- 건설공사와 유지관리하고 있는 시설물에 대한 품질확보 및 안전관리 위해 계측계획 수립, 계측자재 선정, 계측장치 선정, 계측시행 및 결과분석에 필요한 표준적 시방규정을 제정하여 시설물에 대한 품질향상과 안전사고를 예방하고자 함

■ 국내 계측의 문제점

- 건설공사 시행 중 또는 시설물 유지관리과정에서의 계측관리는 매우 중요하나, 계측에 대한 세부규정이 없어 관리주체별로 자의적 판단하에 임의적으로 계측관리를 시행하고 있는 현실임
- 시설물의 유지관리 계측은,
  - 일부 사장교, 현수교 등에는 개별 시방에 의거 실시하고 있으나, 전반적인 유지관리 계측시스템의 계획 · 설계 · 설치 · 운영 · 분석 등에 관한 시방사항은 없는 상태임
- 건설공사중 계측은,
  - 건설공사 중 사고위험의 개연성이 큰 지하철 · 터널 · 흙막이 · 연약지반 가시설 등에 적용하고 있으나 계측에 관한 용역비 산정기준이 없어 공사비에 반영에 어려움이 있음
  - 수동식, 목측에 의한 아날로그식으로 계측을 하고 있어 측정치의 신뢰성에 문제점 내포
- 계측에 대한 시방기준은 댐설계기준, 터널표준시방서, 건설공사 비탈면설계기준, 도로공사표준시방서 등을 제외하고는 계측을 실시하라는 개략적인 언급만 있을 뿐, 구체적인 설치기준과 계측기기의 기종, 측정정밀도, 측정 빈도, 계측자료의 출력 · 관리 등에 대한 기준이 미비한 실정

■ 계측관련 해외현황

- 계측에 대한 전반적인 시방서에 관련된 자료는 축적되어 있지 않음
- 사면의 계측에 관련된 세계적인 추세
  - 미국 : 사면계측은 시공자 권한으로 위임(계측관련 법규 없음)
  - 캐나다 : 프로젝트마다 사면계측 실시여부가 다름(계측관련 법규 없음)

- 일본 : 대규모 사면에서 대학교수나 전문기술자로 구성된 위원회를 설치하여 사면 계측 필요성 판단(계측관련 법규 없음)
- 각 프로젝트별로 사면계측의 필요성여부를 시공자 또는 전문가 단체에서 다루어지거나 현장여건에 따라 대학교수나 전문위원회를 설치하여 사면계측이 수행되고 있음(미국, 캐나다, 일본에서의 사면계측과 관련된 법규는 없음)

• 계측에 관련된 법규가 없으므로 계측에 대한 시방규정이 없음

■ 문제점

1. 일반사항

• 계측에 필요한 자료(종단면도, 구조해석, 지질분석, 지질주상도 등)를 충분히 확보하여 계측계획(계측기 설치위치 및 항목, 주기 등)을 수립 하여야 하나 일정한 기준이 없이 계측계획 수립

- 현장 여건을 고려한 관찰항목이 구성되지 않는 경우가 많음
- 관리주체의 계측에 관한 전문지식이 부족한 상태로 계측을 실시함으로서, 형식적인 계측을 실시하고 있는 실정임

2. 계측기 선정시 문제점

• 계측목록에 따른 계측기 선정에 대한 기준이 마련되지 않고 계측기기의 성능확인 및 검증자료 미비

⇒ 표준화, 규격화, 내구연한, 관리기준치 등에 대한 정립이 필요

- 계측기기 설치·운영 등의 전문기술자 미확보에 따른 계측기기의 손망실 발생 및 계측결과치의 신뢰도 저하
- 계측기의 검·교정 미이행으로 계측편차가 발생
- 오작동 계측기기에 대한 유지관리 및 하자 방안이 미흡

3. 계측의 문제점

• 건설기술분야의 전문기술자가 아닌 일반기술자 또는 계측기기 수입상 등이 계측을 실시하고 있음

- 계측설계기준치, 예상응력, 주위환경변화 등에 대한 고려나 검토가 되지 않고 있음

• 계측장비(센서)의 검정표(Calibration chart)는 매우 중요하나 국내 사용되는 센서의 대부분은 수입품 또는 국내 영세업체에서 만든 제품으로 계산식의 적용 및 파악이 어려움

- 센서설치 당시의 영점은 계측업체에서 출하 당시의 표준값(Certificated value)과

일치하지 않거나 초기값 측정치가 없이 각 계측업체(판매사) 제시한 검정서를 그대로 사용하고 있어 계측자료의 신뢰성 저하

- 터널 등의 계측시, 온도 및 습도의 변화, 침수 등에 대비한 완전방수형 계측기기를 설치해야 하나 이에 대한 기준이 없어 완전방수가 안되는 저가형 계측기가 사용되고 있는 실정임

4. 계측업체의 문제점

• 계측기술자의 기술습득 부족(전임자로부터 현장에서의 설치 및 측정기능만 전수받은 상태)으로 계측기 설치 부정확 및 자료의 망실율 증가

- 계측업체의 과도한 저가수주 경쟁으로 인한 업체의 경영악화로 적정한 계측기기가 설치되지 않거나 계측전문가가 아닌 일반 기술자에 의해 계측관리가 되고 있어 계측기술 및 신뢰성 저하
- 업체별 기술력 편차가 있어도 이를 판단할 기준 또는 제도적 장치미비
- 기타, 발주방법, 계측관리의 전문성, 계측관리비의 예산산정 및 정산방법, 계측전문가 인력양성, 계측기기 검・교정방법 등에 대한 기준 미비

5. 개선사항

1) 건설공사계측과 관련된 법규 마련(별도 추진)
   • 건설공사 및 유지관리 계측업의 등록, 등록취소 등에 대한 규정
   • 계측기기의 성능검사 및 검교정에 대한 사항(계측기 표준화 및 검교정항목과 시험방법)
   • 계측기기의 내구연한에 대한 사항
   • 계측기기 성능검사기관 등록에 관한 사항
   • 계측관련 기술자에 대한 기준 및 교육 등에 대한 사항
   • 계측대가의 기준에 대한 사항
   • 계측관리용역 발주방법에 대한 사항
   • 부실계측에 대한 영업정지, 처벌기준 등 벌칙에 관한 사항
   • 계측 하도급 방법에 관한 사항
2) 건설공사 및 유지관리에 대한 계측시방 마련
   • 계측관련 용어의 정립 필요
   • 계측계획 수립절차 마련 필요
   • 계측에 필요한 각종 기기 및 장치의 선정 기준 마련 필요

- 계측기기별 설치기준 및 방법, 보호 등에 대한 시방 필요
- 계측기기에 대한 계측 빈도, 계측 방법 등에 대한 지침 필요
- 계측결과의 분석 기준, 방법 및 계측결과 보고에 대한 지침 필요
- 설치되어 있는 계측 시스템의 유지관리 기준에 대한 지침 필요
- 각 분야별 시설물별 특성을 반영한 계측계획 수립 기준 마련 필요

■ 기대효과

- 건설공사 중 계측
  - 정밀계측을 통해 품질확보 및 안전사고를 미연에 방지
  - 품질관리 및 설계시의 불확정성을 확인하여 시설물 안전관리를 위한 자료축적 및 안전성 평가 실시
- 시설물 유지관리 계측
  - 오랜 공용기간으로 노후화된 시설물 또는 사회·경제적으로 중요한 시설물을 정밀계측하여 시설물의 유지관리 효율성 제고

■ 향후 조치계획

건설공사기준 승인 후 관보 공고 - 2009.1월 미승인

■ 그간 추진경위 (2018년도)

- '08.2.5 (사)한국구조물진단유지관리공학회 문서 접수
- '08.2.13~2.26 관계기관 및 단체 협의
- '08.2.27 관계기관 및 단체 협의의견 검토요청(우리부→학회)
- '08.6.20 보완제출(학회→우리부)
- '08.8.7 건기원에 검토요청(우리부→건설공사기준 협의회)
- '08.9.2 검토회신(건설기술연구원→우리부)
- '08.9.8 협의결과 검토요청(우리부→학회)
- '08.10.16 보완제출(학회→우리부)
- '08.10.22 보완내용 검토요청(우리부→학회)
- '08.11.4 검토의견 제출(건기원→우리부)
- '08.11.4 검토협의결과 검토요청(우리부→학회)
- '08.12.4 보완제출(학회→우리부)

■ 제정범위

목 차	내 용
제1장 총칙	1. 일반사항 – 용어정리 – 계획 수립 2. 재료 – 주요 기기의 표준 – 주요 장치의 표준 3 시공 – 계측기기 설치 및 검사 기준 – 계측 실시 주기 및 기간 기준 – 계측결과 보고 기준 – 계측 시스템의 유지관리 기준 – 계측 시스템 운용 기준
제2장 연약지반공사의 계측 제3장 비탈면 깍기공사의 계측 제4장 기초공사의 계측 제5장 콘크리트 온도제어양생시의 계측 제6장 상하수도 관로공사의 계측 제7장 PSC(Pre-Stressed Concrete) 공사의 계측 제8장 포장공사의 계측 제9장 터널공사의 계측 제10장 댐공사의 계측 제11장 하천제방공사의 계측 제12장 항만공사의 계측 제13장 건축공사의 계측 제14장 지하굴착공사의 계측 제15장 발파진동유발공사의 계측 제16장 가물막이 및 동바리 공사의 계측	15개 분야의 건설공사에 대해 건설공사 각각의 특성을 반영하여 제1장 총칙에서 규정하지 않은 계측계획 수립, 계측 실시 및 계측관리 기준에 대해 각 공사별로 추가로 포함하여야 할 표준적 기준 제시
제17장 연약지반의 유지관리계측 제18장 비탈면 및 옹벽(석축)의 유지관리계측 제19장 상수관로의 유지관리계측 제20장 교량의 단기 유지관리계측 제21장 교량의 장기 유지관리계측 제22장 터널의 유지관리계측 제23장 댐의 유지관리계측 제24장 하천제방의 유지관리계측 제25장 항만의 유지관리계측 제26장 건축물의 유지관리계측	유지관리하고 있는 10개 분야의 시설물에 대해 총칙에서 규정하지 않은 각 시설물별 계측대상 선정, 계측계획 수립 및 계측 실시에 관련된 기준 제시

■ 집필진

가. 집필자

분 야	성 명	소 속
총괄위원장	이 송	서울시립대학교 토목공학과 교수
총괄위원	우종태 이채규	경복대학교 건설환경정보과 교수 한국건설품질연구원 이사
연약지반 분야	이규환 박영복	건양대학교 건설시스템공학과 교수 테스콤엔지니어링 대표이사
비탈면 깍기 분야	남순성 이근호	이제이텍 대표이사 호승ENC 대표이사
기초 분야	이채규 황철성 박창호	한국건설품질연구원 이사 경원대학교 토목환경공학과 교수 한국도로공사 도로교통기술원
콘크리트 온도제어 양생 분야	이채규 황철성 박창호	한국건설품질연구원 이사 경원대학교 토목환경공학과 교수 한국도로공사 도로교통기술원
상수도 분야	김승회 구자용	H2O컨설팅 대표이사 서울시립대학교 환경공학부 교수
PSC 교량 분야	이채규 황철성 박창호	한국건설품질연구원 이사 경원대학교 토목환경공학과 한국도로공사 도로교통기술원
포장 분야	이승원 권순민	경복대학교 건설환경정보과 교수 한국도로공사 도로교통기술원
터널 분야	이성기 우종태	태조엔지니어링 사장 경복대학교 건설환경정보과
댐 분야	박한규 전제성	한국수자원공사 댐기술연구소 한국수자원공사 댐기술연구소
하천제방 분야	김상환 유창렬	호서대학교 토목공학과 교수 동아기술공사 이사
항만 분야	이래철 신한기	SQ엔지니어링 대표이사 바이텍 대표이사
건축물 분야	조영상 이성민	한양대학교 건축공학과 교수 한국건설품질연구원
지하 굴착(흙막이) 분야	이 송 박상국	서울시립대학교 토목공학과 교수 주춧돌 ENC 대표이사
발파진동 유발 분야	황현주 우종태	협승엔지니어링 대표이사 경복대학교 건설환경정보과 교수
가물막이 및 동바리 분야	이채규 황철성 박창호	한국건설품질연구원 이사 경원대학교 토목환경공학과 교수 한국도로공사 도로교통기술원
자동화계측 분야	김영배 정계갑	(주)지오넷 대표이사 시블인스트루먼트 대표이사

나. 자문 위원

성 명	소속 및 직위
김 상 환	호서대학교 토목공학과 교수
김 화 중	경북대학교 건축공학과 교수
노 수 종	성암건설산업(주) 대표이사
박 선 규	성균관대학교 토목공학과 교수
안 영 기	(재) 한국건설품질연구원 상임이사
양 지 수	대한주택공사 아산도시사업본부 본부장
정 진 환	부산대학교 토목공학과 교수
채 성 태	한국건자재시험연구원 연구부장
최 기 봉	경원대학교 건축공학과 교수
허 광 희	건양대학교 토목공학과 교수
홍 갑 표	연세대학교 건축공학과 교수

참고문헌

1. 건설교통부 안전기획팀,"건설공사 및 유지관리 계측표준시방서(안) 의견조회", 2008.02
2. 건설기술연구원 건설관리연구실,"건설공사 및 유지관리 계측표준시방서(안) 의견조회", 2008.02.
3. 건설기술연구원 건설관리연구실,"건설공사 및 유지관리 계측표준시방서(안) 보완내용 검토요청", 2008.10.
4. 국토해양부 시설안전과,"건설공사 및 유지관리 계측표준시방서(안) 보완내용 검토요청", 2008.10
5. 국가건설기준센터, "설계기준코드(2016년 7월 1일부터 적용)", 2020.01
6. 우종태, "터널계측의 이론과 실무", 구미서관, 2006.07.
7. 우종태, 한국구조물진단유지관리공학회, "지하구조물 안전계측 이론과 실무", 구미서관, 2006.11.
8. 우종태, "건설계측공학", 구미서관, 2008.09.
9. 우종태, "건설 공사 및 시설물 유지관리 계측시방기준 연구 개발계획서", 건설교통기술연구개발사업, 2006 건설기술혁신사업, 한국시설안전기술공단, 2007.06.
10. 우종태 외,"건설 공사중 및 시설물 유지관리 계측 표준시방서(초안) 작성 최종보고서", 한국구조물진단유지관리공학회, 2007.08.
11. 우종태, "건설 공사 및 시설물 유지관리 계측시방기준 연구 중간보고서", 건설교통기술연구개발사업, 2006 건설기술혁신사업, 한국시설안전기술공단, 2007.11.
12. 우종태, "건설계측(업)의 현황 및 문제점 분석과 지속가능 발전을 위한 대안검토 연구보고서", 한국건설계측협의회, 2008.08
13. 우종태, "건설계측공학", 구미서관, 2008.09.
14. 우종태, "국내 건설계측(업)의 현황과 지속가능 발전을 위한 제언", 대한토목학회, 2009.01.
15. 우종태, "건설계측의 이론과 실무-지상건설시설물편, 연구 최종보고서", 한국연구재단, 2009.09.
16. 우종태, "건설 계측 및 계측업의 현황 분석과 발전방안 연구", 대한토목학회 논문집, 제30권 2D호, 2010.3.30.

17. 우종태, "건설계측의 이론과 실무-지하건설시설물편, 연구 최종보고서", 한국연구재단, 2010.09.
18. 우종태, 이채규, 이래철,"건설 공사 및 유지관리 계측표준시방서(초안)", 한국구조물진단 유지관리공학회, 2010.09.
19. 우종태, "건설환경공학", 구미서관, 2012.01.
20. 우종태, 이래철, "건설계측학", 구미서관, 2013.01.
21. 우종태, 이래철, "건설계측의 이론과 실무-지상건설시설물편", 도서출판 씨아이알, 2014.03
22. 우종태, 권성훈, "건설계측 기본실무", 도서출판 씨아이알, 2015.02.
23. 우종태, 이래철, "건설계측 응용실무", 도서출판 씨아이알, 2016.02.
24. 우종태, 이래철, "건설계측의 이론과 실무-지하건설시설물편", 도서출판 씨아이알, 2017.01.
25. 행정안전부 재난관리실, "급경사지 계측표준시방서 및 해설서", 2016.06
26. 행정안전부 재난관리실, "급경사지 재해예방에 관한 법률, 시행령, 시행규칙", 2020.01

찾아보기

ㄱ

가물막이 및 동바리 공사계측 157
간극수압계 42
감지소자에 따른 대표적 계측항목 32
강관 상수관로 초음파 탐상시험에 대한 결함의 평가점 97
강관 상수관로 초음파 탐상시험에 대한 결함지시 길이의 구분 96
강관 상수관로 추진방향 허용 내하력 97
강우량계 44
건설구조물 공사계측 1
건설구조물 유지관리계측 161
건축 공사계측 137
건축물 유지관리계측 217
계측 5
계측 결과 보고 52
계측 기간 49
계측 자료 전송 방법 35
계측 자료 전송 케이블 설치 46
계측 자료 획득시스템 34
계측 평가 항목 및 기준 245
계측결과의 정리 및 분석 50
계측계획의 수립 24
계측계획의 흐름도 24
계측관리 5
계측관리 기준 51
계측기 적용 사례 283
계측기간에 따른 댐 형식별 계측빈도 205
계측기간에 따른 제방 형식별 계측빈도 210
계측기기 5, 32
계측기기 및 계측시스템의 보정 53
계측기기 일반적인 평가 항목 및 기준 29
계측기기별 배치장소 및 설치 방법 281
계측기기별 설치 방법 39
계측기기의 배치 29
계측기기의 보호 46
계측기기의 선정 28
계측기기의 설치 준비 38
계측기기의 정밀도 33
계측단면의 선정 27
계측빈도 49
계측시스템 5
계측시스템의 구성 32
계측시스템의 운용 53
계측용 케이블의 조건 47
계측의 분류 23
계측의 수행 48
계측주기 49
계측항목과 계측기기 269
계측항목에 따른 대표적 감지소자 32
계측항목의 선정 28
공사 중 상시계측 268
공사시방서(Project specifications) 6
관리수준 및 대응방안 287
관리수준에 따른 대응방안 52, 266
관측(Observation) 6
광섬유 게이지 6
교량 단기 유지관리계측 177
교량 장기 유지관리계측 189
교량장기계측의 계측항목에 따른 계측기기 191
교정(Calibration) 6
국가표준(National standard) 7
국제단위계(ISU ; International System of Units, SI ; System International) 7
국제표준(International standard) 7
국토해양부 노천발파설계지침의 국내 권고기준 155

국토해양부 터널설계기준에서 구조물 손상기준 발파진동 허용기준 156
급경사지 계측 제반특성 분류표 228
급경사지 계측표준시방서 225
급경사지 계측표준시방서 및 해설서 223
급경사지 계측표준시방서 해설 239
급경사지 상시계측관리 설치 센서 종류 247
기둥 축소량 (Column shortening) 측정 139
기술시방(Technical specification) 7

ㄴ

내공변위 및 천단침하계 112
내구성(Durability) 7
누수량 측정 90

ㄷ

다중화기(Multiplex) 8
단기계측 8
댐 공사계측 119
댐 유지관리계측 201
댐체 및 주변지반의 간극수압 측정을 위한 계측기기 배치 121
댐체의 응력 및 변형 측정을 위한 계측기기 배치 120
동적계측 자료 수집 장치(Dynamic data logger) 35
동적계측, 동적측정(Dynamic measurement) 8
동적주행시험 184
동적특성(Dynamic characteristics) 9

ㄹ

로드셀(Load cell) 9
록볼트 축력계 112

ㅁ

막장전방 선행변위 배치 113
말뚝 동재하시험 74
말뚝기초 재하시험 71
말뚝박기 항타기록 71
매설형 계측기기 9
무선계측 9
무정전 전원 공급 장치 36

ㅂ

반자동 계측 10
발파진동 측정 152
발파진동유발 공사계측 149
방사선 투과 측정 90
범위(Range) 10
변위계(Displacement) 10
변형률(Strain) 10
변형률계 45
보정(Correction) 11
비탈면 계측항목과 계측기기의 일반적인 배치 기준 64
비탈면 수동계측 시 일반적인 계측빈도 67
비탈면 유지관리 계측을 위한 계측기기와 일반적인 계측빈도 171
비탈면 유지관리계측을 위한 계측기기 적용 사례 169
비탈면의 붕괴 형태와 계측기기의 일반적인 계측항목 63

ㅅ

사면의 붕괴 형태와 계측기의 배치 271
사장교의 장기계측 측정항목 및 계측장치 191
상수관로 유지관리계측 173
상하수도 공사계측 89
설계도서 12
손실수두 측정 90

숏크리트 응력측정 배치 113
수동 계측 12
수동계측 시 계측빈도의 목표 275
수압측정 90
수평재하시험 80
시험차량 선정 182

ㅇ

아스팔트포장 105
안정성(Stability) 13
연약지반 공사계측 55
연약지반의 일반적인 계측빈도 59
운영 프로그램 37
운영 프로그램 구성 37
유지관리 상시계측 278
유지관리계측 14

ㅈ

자동계측 14
자동화 계측 14
자료수집 장치(Data logger) 14
잡신호(Noise) 15
잡신호의 영향 27
전문시방서 15
전위측정 94
접지설비 37
정적 재하시험과 의사정적 재하시험 182
정적계측 자료 수집 장치(Static data logger) 34
정적계측(Static measurement) 16
종방향 측정범위 111
지중경사계 42
지중변위계 112
지중침하계 43
지표 및 지중침하계 110
지표면 침하판 41
지표면 침하판 레벨 측량 57
지하굴착 공사계측 143
진동현식 게이지 18

ㅊ

층별침하계 59

ㅋ

콘크리트의 응력 및 변형 측정을 위한 계측기기 배치 121
콘크리트타설 공사계측 85
콘크리트포장 105

ㅌ

터널 공사계측 109
터널 유지관리계측 195
터널 유지관리계측 관리기준 199
터널 유지관리계측 측정빈도 199
터널공사에서 계측기기의 일반적인 배치 114
터널공사에서 일반적인 계측빈도 117, 124
터널공사에서 지표지중침하계의 종방향 간격 110
토압계 44
트리거 기능 19

ㅍ

포장 공사계측 103
표준시방서(Standard specifications) 19
품질관리 계측 20

ㅎ

하천제방 공사계측 127
하천제방 유지관리계측 207
하천제방공사에서 계측빈도 129
항만 공사계측 131
항만 유지관리계측 211
항만 유지관리계측의 계측빈도 214

항만공사 계측에서 계측기기별 설치목적 및 이용 133
항만공사 구간의 일반적인 계측 빈도 135
항만공사중 구간별 계측 계획 132
현수교의 장기계측 측정항목 및 계측장치 192
현장타설 콘크리트 말뚝 건전도 검사 72
현장타설 콘크리트 말뚝의 건전도 검사 및 말뚝재하시험을 위한 계측기기 배치 기준 74
현장타설 콘크리트 말뚝의 공대공 초음파 검사 검사빈도 82
현장타설 콘크리트 말뚝의 내부결함 판정기준 83
환경분쟁조정위원회 발파진동 허용기준 156
횡방향 측정범위 111
흐름분포 및 손실수두 측정 94

숫자 및 영문

PSC(Pre-Stressed Concrete) 공사계측 99

우종태

경복대학교 건설환경공학과 교수
경복대학교 건설환경시스템학과 교수

- 학력/자격 – 서울시립대학교 공과대학 토목공학과 (공학사, 공학석사, 공학박사)
  – 토목품질시험기술사, 토목시공기술사
- 경력 – 서울특별시 지하철건설본부 토목감독관
  – 경복대학교 토목설계과 교수, 건설환경정보과, 건설환경디자인과 교수
- 저서 – 최신 건설적산학(기문당, 2019), 건설환경공학(구미서관, 2018) 외 다수

이채규

㈜한국구조물안전연구원 대표이사

- 학력/자격 – 조선대학교 공과대학 토목공학과 졸업((공학사, 공학석사, 공학박사)
  – 중앙대학교 경영대학원 안전보건최고위 과정 수료
  – 토목구조기술사, 토목시공기술사
- 경력 – 호원대학교 산업체 겸임교수
  – 서울시 인재개발원 겸임교수
  – 명지대학교 대학원 스마트인프라유지관리학과 겸임교수
  – 국토교통부 인재개발원 외래강사
- 저서 – 콘크리트구조물의 유지관리(구미서관, 2008),
  토목시공기술사 포인트(예문사, 2004) 외 다수

이래철

에스큐엔지니어링(주) 대표이사

- 학력/자격 – 서울시립대학교 공과대학 토목공학과 (공학사, 공학박사)
  – 부산대학교 대학원 토목공학과 졸업 (공학석사)
  – 서울대학교 행정대학원 국가정책과정 수료
  – 고려대학교 대학원 행정학과 박사수료
  – 토질및기초기술사, 토목품질시험기술사, 토목시공기술사, 건설안전기술사
- 경력 – 에스큐엔지니어링(주) 대표이사
  – (주)한국건설방재연구원 원장
- 저서 – 최신 건설적산학(기문당, 2019), 건설환경공학(구미서관, 2018) 외 다수

건설계측 기술시방서 정가 20,000원

저자 : 우종태 · 이채규 · 이래철

발행인 : 임해진
발행처 : 도서출판 구미서관

인쇄 : 2020년 1월 13일
발행 : 2020년 1월 20일

등록 : 1979년 6월 29일 No.9-6호

주소 : 서울시 마포구 신촌로 2길 5-15 구미빌딩
전화 : 02-333-1101
팩스 : 02-335-2201
http://www.goomibook.com

ISBN 979-11-6257-091-3 (93530)
